Sigmund Freud

哲 人 咖 啡 厅

弗洛伊德人生哲学

（奥）弗洛伊德 著　周斌 译

九 州 出 版 社
JIUZHOUPRESS
全国百佳图书出版单位

人类以文明的理念塑造的一切事物竟然是他们产生痛苦与折磨的根本症结，假如我们抛弃一切文明成果并返回到远古世界的话，那么我们将会获得更加幸福安宁的生活。

——弗洛伊德

出版前言

西格蒙德·弗洛伊德（Sigmund Freud，1856–1939），奥地利精神病学家和心理学家，精神分析学派的创始人。弗洛伊德进行了长期孜孜不倦的理论和临床实践研究，创立了闻名于世的精神分析学说。虽然这一学说自问世以来就处于旷日持久的争议漩涡中，但无论是偏见还是诋毁，都无法否认弗洛伊德是人类思想史上一位极具震撼力的伟大人物。

弗洛伊德独具匠心地描述了个体精神生命中的潜意识因素。潜意识又称无意识，它是潜藏于深处、未被唤起或不自觉反映的意识，也可以说，是一种没有意识到的意识，它与显意识相对应。从另一方面讲，潜意识是人的生物本能、欲望，时常在追求中得到满足，它作为心理深层的基础，决定着个体生命中全部有意识的活动。弗洛伊德强调，个体生命活动的能量来源于本能，本能是推动个体行为的内在动力。人类最基本的本能包括生的本能和死亡本能。生的本能包括性欲本能与生存本能，其目的是保持种族的繁衍与个体的生存；死亡本能派生出攻击、破坏、战争等一切毁灭行为，这种本能在转向机体内部时，会导致个体的自我谴责甚至是自虐和自杀，当它转向外部世界时，则会引起攻击他人的行为。在弗洛伊德看来，死亡是生命的终结，此时个体生命的焦虑和抑郁将不复存在，不再需要为满足生理欲望而抗争。

弗洛伊德还别出心裁地构建了本我、自我和超我的人格三结构学说，并做出惟妙惟肖的分析解释。他认为，本我是最原始的、与生俱来的、无意识的结构部分。它由先天的本能和欲望所组成，是同肉体联系着的。本我不考虑客观环境，一味追求本能欲望的满足，按快乐原则行事。自我是意识的结构部分，在幼儿时期慢慢形成，是受父母权威的压制而逐渐形成的驾驭本我的心理能力。自我代表人的理智和良知，它处于本我和外部世界之间，是外部世界与本我的居间者，主要职能是调节外部世界和本我的冲突，控制本我。超我是人格结构的第三个组成部分，是由父母和师长的指示所形成的结构，是一切道德限制的代表，人类心理结构的文明部分。超我和本我处于直接的冲突之中，其职责是督促自我压抑本我，使本我和欲望不能实现。

此外，弗洛伊德表达了他对人类社会的文明进程以及宗教的观点，并且运用精神分析理论对这些与人类命运息息相关的重大问题进行了深入的分析和阐释。弗洛伊德对于马克思创立的共产主义学说充满了偏见。在他看来，尽管马克思主义已经以冷若冰霜的姿态横扫了所有的唯心主义幻觉，但是这种一厢情愿式的意图无疑是脆弱不堪的无稽之谈，甚至认为该理论与先前的所有思想包括宗教的禁律一样展示了残酷的本性。总之，作为一名历经生活坎坷、备受身心创伤的犹太人，弗洛伊德对人类的命运充满了愤懑与忧虑，认为人类所遭受的痛苦使他们难以获得幸福。

编译弗洛伊德的著作可以从不同的层面揭示其旷世之作的本真意蕴，有助于我们更深入地了解和研究其深邃的思想。本书择取人生哲学作为选译弗洛伊德原著的新颖主题，在对原著中相关章节加以缜密的筛选和整合的基础上，对个体生命活动中的人性、人格、本能等问题加以整合，与已出版的《弗洛伊德心理哲学》一书在内容上相互区别。本书编译内容主要来源于弗洛伊德的《论潜意识》、《诙谐及其与潜意识的关系》、《性学三论》、《日常生活心理病理学》、《精神分析引论》、《自我与本我》、《一个幻觉的未来》、《文明及其不满》等著作。考虑到编译文本的逻辑性、思想性和可读性，本书对每一章节设定了标题，并在文本中对有关术语、人名及地名做了说明性的译注。

九州出版社

二〇〇九年十一月

目录

第一章 人性的奥秘

1. 什么是潜意识

> 认识我们的人性，从认识潜意识开始

精神分析学[1]认为，压抑过程的实质是强迫本能的关键因素无法进入意识领域，而不是这些关键因素被消除或抛弃了。在此种情况下，这些关键性因素只能隐藏在潜意识[2]里。同时，有确凿证据表明，虽然这一观念是无意识的，但它仍然起着作用，并影响着意识的组成。毫无疑问，所有被压抑的事物必然处于潜意识里，但我们依然无法确认所有属于潜意识的内容均由遭受压抑的事物构成，遭受压抑的事物只是极为宽泛的潜意识的一部分而已。

既然如此，我们究竟应当怎样对潜意识进行确切的认识呢？时至今日，我们所知道的潜意识还只是能够通过变形而转化成意识的那部分内容。精神分析的实践使我们认识到，这样的转化是经常性的。为了促使这种转化得以实现，精神

---

① 又称心理分析学、弗洛伊德主义，创始人为奥地利精神病学家弗洛伊德，是西方现代心理学和医学心理学的主要流派之一。狭义的弗洛伊德学说就是精神分析理论或无意识心理学体系，属于精神医学和深层心理学的范畴；广义的弗洛伊德学说则是指精神分析理论在社会科学领域中的扩展和应用，属于心理哲学范畴。——译注

② 又称无意识，它是潜藏于深处、未被唤起或不自觉反映的意识，也可以说，是一种没有意识到的意识，它与显意识相对应。——译注

分析的对象不得不克服某些方面的障碍。

很多持有不同意见的人对我们关于人心中存在着一个潜意识系统的假设表示反对，毋宁说他们把这种假设作为我们进行科学研究的理论前提或目的了。基于这种意见，我们作出如下答复：鉴于我们以诸多证据证实潜意识的存在，那么这一概念的假设就不仅是必要的，而且是合理的。

这一假设之所以是必要的，是因为目前关于意识的资料还明显匮乏，无论是体格健康的人还是患疾病者，他们的心理活动往往要凭借对他们的其他活动的分析和推演来加以解释，然而依靠意识对这一问题加以说明是无能为力的。在这些活动中，不仅有体格健康者的失误动作和梦，还涉及到心理疾病患者所具有的、为数不少的被称为心理症状或某种强迫性意识的表现。我们最为熟悉的个体日常经验会使我们突然产生某种惊异的观念，然而它来自何方并且是如何铸而成的，我们对此仍十分茫然。不仅如此，令我们更为不解的是，还有其他一些心理活动也会产生诸如此类的奇妙效果。这样，如果我们仍然固步自封地囿于原先的旧式思维，认为我们心中任何一个独立的心理活动都能为意识所觉察，那么上述现象势必难以明晰。假如我们仍然固执己见地将其视为隶属于意识的活动，意识活动也就成为一种彼此毫无关联并且失去睿智性的活动。另一方面，如果我们对推断出来的潜意识活动稍加改善，它们极有可能进入一种能经受验证的关联系统中。人们希望分析、推演它们的意义、目的以及动机是合乎情理的，若如此我们就可以突破直接经验的局限。此外，我们还假定存在着一个潜意识领域，这种假设看起来有助于我们设计出某种富有成效、切实可行的方法，该方法会使我们对意识活动的进程施加有益的影响。与此同时，这又会成为无可置疑的证据——藉此证明潜意识的存在。因而，我们会依此认定，那种认为凡是内心发生的一切均不可为意识所识察的见解是毫无根据的。

基于验证潜意识状态存在的需要，可以更进一步说明的是：在某些特定的时刻，意识在个体的内心中仅占据极少的空间。而在大多数情况下，大部分被我们认为是与意识相关的东西都长期地潜伏着，即是说，这些东西都是潜意识的。在我们的潜在记忆都毫无缺漏地成为思考对象时，执意否定潜意识存在的意见便更让人觉得不可理喻了。可能会有人反对，说这些潜在的记忆不应再归于心理活动的范围，因为它们只是一些可继续从中榨取某些心理产品的身体残余。对这种论调的明确回应是：一种潜在的记忆不是身体的残余，而是一种理所当然的心理活动的痕迹。尤为关键的是，我们有必要清醒地认识到，该反对意见是基于这样一个错误的认识：意识活动等同于心理活动。这样一种等同观念尽管还没有被明确提出，却被一些人认为是合情合理的。该等同观念如果不是被当做逻辑推导的理论基础，借以证明心理活动毫无疑问就是意识活动，那么就是一种习惯性话语，被当做专用术语加以垂青。我们认为，习惯性话语的认识由于其破绽百出而显得不堪一击。现在需要讨论的是，这样的论调是否已被证明是实用的，因而我们不可拒斥。就此而言，我们可以这样回答：这种将心理与意识不分彼此的随意等同是不能接受的。其负面影响在于破坏了心理的连续性，使我们陷身于难以走出的心身平行论①的境地。它还易于遭到横加非议，由于它在缺乏任何确切证据的情况下过于乐观地提升了意识的作用，并且它还逼迫我们从心理学研究领域中过早地退却，之后甚至无从寻觅能够替代这一研究活动的新的领域。

多种迹象已经明显地表明：此种不折不扣地潜伏于我们心理生活中的因素，究竟是被归于一种意识的心理状态，还是将其归于某种意义上与身体特性同一的状态——已使未来的笔墨论争难以避免。由此看来，我们最好要将我们的关注点集中于这些虽然具有争议然而又易于确定的性质上来。我们一旦将其身体特性摄入思维中，它们便显得难以接近，没有什么生理学概念或者化学过程可向我们展示它们的性质。另外，我们确切地知道它们与意识的心理过程有着不胜枚举的连接点，它们凭借某种力量可以转变成意识的心理过程或者是为之所替代。进一步来说，一切用来揭示意识的心理活动的范畴，诸如观念、意向、问题，都可运用到它们身上。情况确实如此，我们必须承认这些潜在状态与清醒状态唯一不同之处就是它们缺乏意识性特征，因此我们必须而且应该毫不踌躇地将它们视为心理学

① 解决心身关系的一种二元论观点。它认为心理过程和脑的神经生理过程是各自独立平行的因果系列，互不依赖，无因果关系。——译注

研究的对象，而且也要将其视为意识的心理活动的密友。

将潜在的心理活动拒于心理特性之外的观点可能源自于这样的考虑：对于这一现象的大多数考证仍然没有脱离精神分析的研究课题。那些对病理学事实视若无物的人认为，失误动作对正常人而言是一种偶然事件，并且仍然对《释梦》[1]出版之前对梦的理解的陈旧思想沾沾自喜；他们无力于潜意识心理活动问题的思考，反而是在意识心理学的一些问题上钻牛角尖。然而，在精神分析理论成熟之前，我们的催眠试验特别是催眠后暗示的做法就已经令人信服地证明了潜意识心理的存在及其活动方式。

> 认知内心对象和认知外部世界相比，其不可知的程度十分微弱

由于我们提出的潜意识假说丝毫没有背离人们习以为常的那种普通的思维方式，因而潜意识假说是完全可以被人们接受的。意识仅能使我们每个人了解自身的心理活动状态。就他人心理意识状态而言，我们所能做的仅是依靠类比推导，或者说只能依据他人身上相似的语言和行动方式来实现对其行为和意识的把握。在早期人类发展阶段，该种认同作用[2]就已经从自身衍及他人、动物、植物以及无生命的物体，甚至涵盖了整个外部世界。简而言之，凡个体自我感到与自己极为相似的身外之物体都在这种认同作用之下与自我实现等同。然而，这种认同作用却随着自我与他人和物体之间的区别日

① 亦称《梦的解析》。——译注

② 又称“自居作用”、“表同作用”，一种内化型的防御机制。——译注

益增大而消失殆尽。迄今为止，我们所具有的批评判断力已使我们对动物也有意识的观念产生怀疑。我们更是坚决否认植物也存在意识，并认为那种关于非生物也有意识的非科学设想确系一种神秘主义。但是，即便是在那些由原始的认同倾向对批判力的发挥实施阻碍作用的领域，或者是在那些将一切身外之物都视为与己同类的地方，这种关于身外之物都具有意识的假说也是依靠推论实现的，它绝无可能与个体自身的意识一样迅速做出判定。

精神分析无非是希望我们把上述这种推导过程在我们自身上加以实践，这样一种方式确实与我们的天然倾向相异。在这种情况下，我们必须要指出的是，假使我们自身的多数行为和现象难以和自己所觉知的自我心理活动取得某种联系，那么它们理应会被我们看作是别的事物，而这些行为和活动只能依靠他者的心理活动来做出阐释。进而我们觉得，日常经验使得我们最容易知道如何去分析或理解他人身体上出现的那些与自己相同的行为。与此同时，我们否认自己的心理会产生出该种行为。显而易见的是，对于我们所推崇的那种研究方式——即应附着于自身的行为实践来说，上述问题无疑形成巨大的阻力，因为我们实难谋取关于它的确切知识。

在我们将这种推导过程施于自我身体时，假使我们对身体内部的二元对立失去觉察，仍是无法把内部的潜意识活动加以揭示，那么唯一能获得的只是经由逻辑推演而设立的一种不同的假设：在个体自我中存留着与事先觉察的那种意识合而为一的第二种意识。然而，这是一种需要毫不留情地批驳的观念。原因首先在于，某种本应属于自我但又不为自我所认识的意识，是绝无可能与那种同时属于自己与他者的意识鱼龙混杂的。因而，像诸如此种丧失极其重要特征的意识，我们到底应不应该深入探讨就确实需要商榷了。这样一来，我想就算那些一直对潜意识假说持否定意向的人，也绝不会用无法意识到的意识对其加以替换。其次，研究显示，我们曾经推导而出的那些情况迥异的潜伏性心理活动有着相当大的独立性，并且很难发现它们之间的联系。如此，能否假定我们不仅具有第二种意识，还应具有第三种意识、第四种意识甚至是不可穷尽的意识。最后，我们将进行最为严厉的驳斥，即要考虑到这样一个事实：精神分析显示，我们对于某些潜意识活动过程所内在的独特性质还感到非常生僻，甚至对其难以置信。导致这种认识的原因是，它们与我们所熟识的那种意识的性质截然相反。因此，我们有必要重新修订业已形成的推导过程，我们所要继续的工作并非是推导所谓的第二种意识，而是一种意识也无从知晓的特殊的心理活动。我们有权不使用“下意识”一词，因为这种表述是不科学的，并且很容易产生理解上的混乱。我们的观点与著名的“意识分裂”病例表征并不相左，该病例显示出患者的心理活动分裂为两种，这两种活动会不间断地在两种意识中此起彼伏，交替进行。

鉴于精神分析的需要，我们坚信心理活动就是潜意识的观念以外没有别的可供取舍的思想，意识状态只可按照感知自我外部世界那样去察觉。我们知道，归入精神分析领域中的这种假说——潜意识心理活动，一方面是能使我们在外部事物中觉察自我的古代泛灵论的余音，另一方面，又体现为康德对他人关于外部感知的种种误解施以批判的延续性认识。康德的批判警示我们，绝不能对知觉受主观条件制约的情形熟视无睹，也绝不能将其与我们知觉到的不可认识的事物视为等同。精神分析也提出类似的告诫，决然不可把意识的觉知与作为这种知觉之对象的潜意识相混淆。心理事实同物理事实一样不是我们所发现的那种情况。然而令我们欢欣的是，对内在知觉的修正要比外在知觉的修正显得轻松，内部对象与外部世界相比，其不可知度将会十分微小。

Cs → Ucs，人的心理活动有其特殊的地形图

为了有效地进行下一步的分析工作，请容许我陈述如下这一十分重要而又使人困惑不已的事实：摄入潜意识活动的本性并非是精神活动中一个最为典型的特征，它仅是特征之一。而且，还存在一些可以体现种种不同价值的心理活动，它们也具有潜意识的特征。以此而言，潜意识不仅体现为一些与意识活动相似但因其潜伏的特性而一度使意识不可察觉的活动，而且拥有一些遭受压抑的活动——该种活动假使转化为意识活动，它们必定同意识中那些相异活动判若黑白。基于这种情况，如果我们在述说各种心理活动时，不再对其特性是意识还是潜意识进行穷追不舍

的拷问，并且在对其类型施以区分和联系时，只是遵循它们与本能和目的的关系、它们自身的构成以及它们在自己所属的心理系统内的等级等等，就可以使各种误解化为无形。然而如此一来，也会有诸多理由表明我们的设想是面临严重困难的。例如，提到“意识”与“潜意识”时会凸显语境问题，即有时是在描述意义上使用，有时是在系统意义上使用。就后一个意义而言，难免让人觉得困扰，因为这两个词是指代两个具有不同特性的心理系统。为了避免理解上的混乱，可以按照我们区分心理系统的方式，采用随意性的称谓——最好不要使人们自然而然地联想到这些称谓属于意识。需要首先说明的是，我们用以区分心理系统的依据何在？这样，意识的属性问题就必须要提上日程了，其属性是我们进行一切分析研究的基点。在下文的阐述中，意识和潜意识置于系统意义中使用时，前者简写为 Cs，后者简写为 Ucs。

接下来，我们对精神分析做出一些定论性的阐释。一般来讲，每一心理活动包括两个阶段，其间还有“检查”环节作为过渡性的衔接。潜意识的心理活动属 Ucs 系统，处于第一阶段。在由此进入第二阶段之前，如果未能通过“检查”，就暂时被阻碍，对此我们称之遭受“压抑”，而不得不继续留存于潜意识之中。反之，如果它可以通过“检查”关口，就进入我们称为 Cs 系统的第二个阶段。需要指出的是，虽然它事实上已隶属于 Cs 系统，但还不能认为该心理活动具有意识的特征。换言之，它在这一时刻就已经显示出向意识转化的倾向或可能，但不能断言它已经是意识。只有当某些条件完全具备时，它才可能冲破阻碍而成为意识的对象。如果就 Cs 系统拥有转变为意识的这一功能而言，我们可以将其称之为“前意识”[1]。进而，如果我们能确证还有某种检查的职能部门具有验证前意识成为“意识”的责任，就可以在如何区分前意识和意识的问题上进一步明晰化。现在来讲，考虑到“检查”行为在由 Ucs 向 Pcs(或 Cs) 转化的阶段中责无旁贷，因而我们丝毫不能否认 Pcs(前意识) 系统所具有的 Cs 系统特性。

精神分析学关于上述三种心理系统之存在的论述，使其在意识心理学基础上的研究实现了一定的跨越。这种跨越的表征在于精神分析对一些新课题的设想以及自我所补充的新鲜血液。我们以前在探究精神分析与意识心理的主要区别时，重在关注精神分析在研究心理活动过程中所呈现的动态性。时至今日，精神分析在基于这种区别的基础上拓展为一种“心理地形学”[2]的理论。其意义之指向，旨在试图将研究领域扩展至“深层心理学”[3]。当我们谈及某种特定的心理活动时，不可避免地要涉及到它属于何种系统或者是在哪些系统间发生的。进而，如果我们换个角度对其进行分析，那么这种学说的日益完善将指日可待。

① 精神分析学派的用语，指人的心理结构的一个领域或一个层次。——译注

② 弗洛伊德早期提出的心理或人格结构学说。主张人的心理由潜意识(深层)、前意识(中层)、意识(表层)等三个层次所构成。——译注

③ 指弗洛伊德创立的潜意识心理学。——译注

“心理地形学”理论的提出要求我们必须具备严谨的态度，因而我们不得不接受因此而生的诸多疑问的挑战。基于一种心理活动由 Ucs 系统进入 Cs(或 Pcs) 系统的考虑，我们是否可以确证该项转化已有了前述观念的更新——即该种观念的再次摄入。如此，它可能在新规划的心理结构中矗立，并且与之前已驻扎的潜意识和谐并存吗？再假如，我们能否坚持这样一种认知，即这种转化过程充其量是该项观念的自发性的状态变化，也就是说同样位置上发生的同样材料的变化？的确，诸如此类的问题显得艰深晦涩，但这些问题由于关系到心理地形学概念的准确把握或者是鉴于透析心灵的希望所引导，就不可避免地要提到议事日程上来。困难之处在于，该问题不单纯属于心理学的研究视阈，而是一个牵涉到心理器官与解剖两者关系的难题。无论如何，这两者的关系是存在的：研究结果为我们提供的诸多不容辩驳的证据表明，心理活动与大脑的各种机能有着密切的关系。我们的研究将会随着大脑每一结构成分具有的不同功能的发现，以及每一结构成分与身体的某一特殊部位、某种特殊的心理活动形成一定的关联而实现一定的跨越，尽管这种跨越的实现程度还无从知晓。但令人遗憾的是，藉此而试图寻求任一心理活动的具体位置的图谋，任何关于观念在神经细胞内存储的设想以及由神经纤维传导兴奋的努力都将表现为一种奢求。无独有偶，同样的失望情绪也来自于当前科学研究的未尽之处——即试图在大脑皮层地带对 Cs 系统的心理活动的解剖处实施定位，或者是如何在大脑皮层下发现潜意识活动的解剖位置——均是心理学的无用武之地。目前，心理地形学与解剖学的关联还无从谈起，与心理地形学相关的是置于身体任何一个部位的心理器官的内部区域。

对于这种研究，我们的工作进程不会出现任何羁绊，或者说我们可以按照该项工作的发展态势而随心所欲。但在目前情况下，我们仍需对所提出的假设还局限于图解式的说明保持清醒的认识。关于上述两种假说的第一种，我们只能称之为极不成熟却又便于利用的假说：某一观念的 Cs 阶段，其实是在保持原状态不变时实现的位置变化。第二种假说是这样的，即这种观念所处位置没有发生变化，但其状态或功能发生了变化。对此，我们考虑到其实现的可能性较强而应予以优先对待，但也应指出，这一假说因其可塑性差而难以控制。关于心理地形学的假说，我们只能从地形学角度将其划分为 Ucs 系统和 Cs 系统，这也说明了同一观念有可能同时置于心理器官内的两个区域。事实上，一种观念在没有遭受到检查失败时会发生一定的位移。

精神分析的实践可以证实这一奇特的观念。如果同一位患者交流那些为他原先所有，又在压抑之后为我们所发现的观念时，我们不会猛然发现他心理状态的任何变化。这种交流没有达到预期目标，即未能帮助他越过压抑的藩篱，同样也说明压抑作用仍然存在。因此我们还不能寄希望于这种潜意识观念实现向意识的转化。截然不同的是，初始阶段我们只能对这一压抑的观念进行排斥。实际上，就这个患者的心理机制而言，上述观念是以两种不同的形式出现在两个不同的位置上的。具体而言，第一种是他对我们的观念传达采取了意识记忆的听觉形式，第二种则是他针对这一观念的原有经验所实现的潜意识记忆。这样，具备意识特征的观念冲破藩篱与其潜意识的记忆取得联系。在此之前，由压抑而生的抗拒则难以消除，而取得成功的唯一途径是潜意识记忆向意识的转化。我们如果对这一问题仅进行浅层分析，就会认为意识观念和潜意识观念无非是同一内容在两个不同地形学位置上的各自显示。然而略加思考之后，就会发现此时患者所获信息与其遭受压抑的记忆也仅仅是表面上的吻合。就心理意义而言，虽然两者的内容似有相同，但对某一事件的听觉效应与对其的亲身经验是不可同日而语的。

就现在情况而言，在上述两种可能性之间进行选择还为时尚早。在接下来的分析中，我们可能会遇到的某些因素将促使我们有所选取。或许，我们会觉得上述问题的设想存在不当之处，因此，我们在对潜意识和意识观念做出进一步区分时，理应采取新的方式。

上述对于观念的分析仅是问题的一个方面。现在，我们将面临一个新的问题，对这一新问题的解释也将有助于进一步理解我们业已提出的理论。关于意识观念和潜意识观念的存在，我们已经做了一定的说明。问题是，潜意识内是否存在本能冲动、情绪和感情，我们能否对其进行整合性的阐释？

潜意识中的本能冲突和情感

我个人认为，对本能的理解不能指望潜意识与意识之间的对立。在意识的对象中，本能无立足之地，或者说可以成为意识对象的只能是本能的观念再现。而且，本能如果不以观念的形式再现，它即使在潜意识领域中也无安身之所。这同时说明，如果本能不能伴随着某种观念而展现，或者是其自身状态无法明了地显示，那么我们就对它感到讳莫如深。在日常话语中，诸如“某种潜意识的本能冲动或者某种被压抑了的本能冲动”等表达虽不严谨但并无大碍。但涉及到本能冲动的科学理解时，真正与其意识相当并能表达其含义的就是潜意识，除此之外的任何术语的使用都将产生误解。

上述这些意见将便于我们回答潜意识感情、潜意识情绪和潜意识情感等问题。情绪的本质在于我们对情绪的觉察，觉察即是指情绪在意识之中。因此，当我们进一步分析潜意识的性质时，对于情绪、感情、情感的阐明是不可或缺的。同时，我们发现在精神分析的实践中往往习惯于将这些概念称之为潜意识的爱、恨、愤怒等，并会莫名其妙地使用诸如“潜意识的犯罪意识”等这样令人感到奇怪的合成词，或者是发明像“潜意识的焦虑”这样一些具有内在矛盾的词组。难道是诸如此类的称呼比我们常常提及的“潜意识本能”还意义深刻吗？

刚才这两种表达模式难以相互符合。像下面这种情形可能出现，即我们对某种情感的或情绪的冲动获得了感知，但同时也对其进行了歪曲的解读。考虑到恰如其分的表达或用语遭到拒斥，它只好另觅新的观念，而错误的是我们想当然地把它视为这一观念的具体呈现。如果我们可以将它与那种恰到好处的观念的联系加以复原，就会把原先的情感变化称为“潜意识冲动”，但是我们应该清楚它的情感效应从未披上潜意识的外衣。在此期间，真正经历的是这一观念承受了我们所谓的压抑。至于“潜意识情感”和“潜意识情绪”等术语，从一般意义上讲是指本能冲动在遭受压抑之后发生的量变。

这一变化或许表现为三种情形：(1) 遭受压抑之后，这种情感全部或部分地得以保留；(2) 该种情感将会发生质的变化，焦虑成为其首先转变的结果；(3) 情感受到压制或是某种其他因素对它的发展施以遏制。我们知道，压制的真正目的即在于限制情感的发展，如果这一目标不能实现，那么压制便没有获得实效。情况表明，如果情感的发展被压抑有效地遏制，那么这些情感就具有潜意识的特征。因此，我们应该承认这些称谓的使用必须一以贯之。但如果我们将其与潜意识观念加以比较，则发现两者之间存在显而易见的差别。潜意识观念在遭受压抑之后，仍会在 Ucs 系统中以一个真实结构的面目出现，但是处于 Ucs 系统中与之相应的潜意识情感仍被压抑而举步维艰。从严而论，事实上根本就不存在潜意识观念意义上的潜意识情感，虽然我们并没有觉得这一称呼有什么不妥之处。应该提及的是，在 Ucs 系统中有可能存在着某些可以转化为意识的情感因素。实际上，它们之间的全部区别在观念上表现为记忆痕迹的摄入，而情感或情绪则显示出释放的迹象，直至发展为我们称之为感情的那种形态。到目前为止，我们关于情感和情绪的知识对于将这种区别加以明晰的要求来说还远远不够。

下面这个事实使我们兴致盎然。本能冲动转化为情感说明压抑可以对本能施以有效的遏制，于此我们觉察到 Cs 系统总是对情感进行抑制，并同时增加了此种活动的能动性。它强有力地彰显了压抑的本性，因为压抑的作用不仅表现为阻止观念进入意识，而且还在遏制情感的同时引发肌肉的运动，反之亦然。我们可能会这样认为，只要 Cs 系统控制了情感表现和肌肉运动，人的心理就将处于正常状态。但是，该控制系统同上面提到的两种相互邻近的释放活动之间的关系却有着严格的区别。Cs 系统对自动性动作的控制显得恒久有效，足以抵御神经症的反复冲击，只有在患精神病的时候才遭到破坏。相比之下，该系统对情感变化的控制则有弱化倾向。我们在日常生活中往往发现，Cs 系统和 Ucs 系统对于情感优先控制权的交锋始终在持续着，其复杂性表现为：它们对某些领域的控制时而泾渭分明，时而犬牙交错、难分彼此。

Cs 系统在情感发展和施以身体动作时的重要作用，使我们对替代性观念在病情诊断方面所起作用的认识更为清晰。情感发展有可能直接源于 Ucs 系统的运作，因而情感往往附着焦虑的特征，这是由于焦虑与所有处于压抑状态下的情感频繁交换的缘故。然而在大部分情形中，本能的冲动总显得迟滞不前，一直持续到在Cs系统中发现某种观念的替代品。这样，情感就可以从Cs系统中的替代性观念中发展起来，而这一替代性观念的特性又决定了由此而来的情感的质的特征。正如先前所讲，处于压抑过程中的情感在与其所隶属的观念分道扬镳之后，它们各自继续沿着特有路径不断变化。从理论视角出发，这种描述性的过程是无可厚非的，但事实上情感变化并不能直接产生，只有当它越过藩篱进而在Cs系统中找到一个新替代者后，这种变化才能得以实现。

2. 心理动态探秘

催眠实验使我们获得更多的知识

由于某种观念或者其他心理构成随着时间的推移在我们的意识中时隐时现，所以我们以为这些心理成分在记忆中持续稳定，它们的重新浮现也不是我们所面临的新的感受。对这一事实，我们往往将其解释为：概念或者其他心理构成虽然潜伏在意识中，并且在我们的思想中起起伏伏，然而我们仍然无法猜度它是以何种形式出现在这一过程中的。

在这一问题上，我们随时准备恭候来自哲学领域的挑战——潜伏这一概念是物理学的研究对象，而并非源于心理学的关涉，它归属于物理学对同一心理现象重现的探讨。

对此，我们认为这一概念是对纯粹心理学研究范围的僭越，它仅仅是通过简易手段以假言推理来断定意识与心理是相同的应用术语。不假思索地行使其对运用心理学解释普通事实（如记忆）的否决权，这种粗暴的做法显然是不明智的。

关于“意识”这一概念，我们对它只能做出唯一的界定：它出现在我们的思想中并且为我们所觉察。对于何为“潜伏”，可以用“潜意识”这一概念表示，这使我们设想存在多种理由认定它存在于我们心中，也似乎雷同于对于那些经历的记忆。也因此，我们无法切实地感受究竟什么是潜意识，但基于众多可靠证据和明显征兆所形成的理论支撑，我们毫无理由拒绝潜意识概念的设立。

假使在记忆或关于潜意识的附加思索之外，毫无任何其余的经验感受可以促使我们形成恰如其分的论断，那么后续的工作势必是无聊的叙述抑或是分门别类而已。然而，众人皆知的“催眠后暗示”实验提升了意识与潜意识之划分的重要意义，这看起来使我们研究的价值得以提升。

在伯恩海姆[1]所做的催眠实验中，先引导某个人进入催眠状态，之后再让他从催眠状态中恢复清醒。在此人处于催眠状态时，医生指示他要在清醒后的半个小时或其他一个固定的时间点完成一个动作指令。当他摆脱催眠状态后，我们显然觉得他正处于正常状态，医生的行为指令对

①伯恩海姆（1840—1919），法国心理治疗家，南锡学派代表人物，主要研究癔症、催眠和心理治疗。——译注

他来说仿佛从未发生。但是不知道是何种缘故，在半小时之后或其他时段，被催眠者的头脑中倏然产生做出医生行为指令的冲动，之后便在意识的支配下做出行为。我们很难对这一现象作出什么解释，仅仅知道在此情形中，医生的行为指令在被催眠者的心理中处于潜伏状态或是潜意识状态，等到预定时间点来临时进入意识。在此过程中，并非是被催眠者的心理毫不保留地进入意识，而只是在心理产生实施医生行动指令的意念。那些医生的指令、催眠术的影响以及催眠的回忆过程等与该意念相关的其他意念，一直埋藏在潜意识之中。

催眠实验使我们获得更多的知识，鉴于其中产生的这种离奇的现象，我们可以从纯粹性的理论分析过渡到动态性的研究。催眠实验中关于医生的行动指令不仅在某一时刻成为一种意识的对象，而且令人始料不及的是，这种奇异现象使人的观念呈现出某种主动性，即这一观念一旦被意识所觉察就会迅速转化为相应的动作。显而易见的是，医生的行为指令便是被催眠者作出行动的真正动因，这样，医生的观念也会具有明显的主动性。但需要明确的是，该种观念不会像行动的观念一样在意识中显现，它的特征仍然是潜意识的，因而我们说它虽然具有主动性，但同时仍囿于潜意识之内。作为我们努力的结果，催眠后暗示只是一种实验室的产物。关于癔症[1]理论，是由让内[2]首先提出，

① 又称歇斯底里症，是由精神刺激或不良暗示引起的一类神经精神障碍。——译注

② 让内（1859—1947），法国精神病学家、变态心理学家。——译注

继而约瑟夫·布洛伊尔[1]和我本人详尽阐述的。如果我们对此加以认可，就不会在诸如此类的自然事实面前惊慌失措，因为这些事实清晰地反映了催眠后暗示的心理特征。

对于癔症患者来说，普遍存在着一种主动性的、潜意识意向的观念，癔症的所有症状也都来源于此。多种事实表明，在癔症患者中，他们的心理状态总是受到这些观念的左右。例如，患有癔症的妇女呕吐在很大程度上是由怀孕的观念导致的。按照我们的理论，该妇女并无此种观念的知识，虽然我们依靠精神分析可以很容易地从她的心理中观测出这种观念，并使其进入她的意识领域。该癔症妇女所实施的行为，在一定意义上可以被认为是她生命中那些出乎意料的体征的戏剧性的重现，与此相关的记忆便会随着无意识的动作体现出主动性的特征。由此，我们获悉这种具有主动性和潜意识特征的观念，事实上在其他形式的神经症的心理分析中普遍存在。

神经症现象的分析告诉我们，处于潜伏期或者潜意识的观念是不可轻易放弃的，此种观念在心理中的存在便是一个最具有说服力的间接证明。同时，毫无疑问地说，该观念的存在也是意识的直接证明。可以说，意识和潜意识这两种相异概念的设立，对于补充精神分析学知识以及概念分类的合理性研究是有意义的。于是，下面的观点就习以为常了：起初，某种潜伏性的观念在我们心中还是微弱

① 约瑟夫·布洛伊尔（1842—1925），奥地利医生。1895 年，他与弗洛伊德合作出版了《癔病研究》一书。——译注

的，但如果这种微弱一旦得以强化后就会转化为意识性的观念。当然，我们愿意指出的是，这种现象不能涵盖一切，仍有一些潜伏的观念尽管得以无限的强化也不会因此向意识状态中渗透。这样，我们可以将此种潜伏性观念称为前意识，而用潜意识来说明我们在神经症中研究的那种类型。在此之前，潜意识这一精神分析的专用术语只具有纯粹描述的意义，而现在成为多种内容的摄入状态。因此，该种观念的涵义已不局限在一般意义上的潜伏性观念，而且还特意地包括前意识这种具有一定动力性质的观念，虽然它在融入趋势中显得强烈而活跃，但却依然不能跨入意识的门槛。

关于上述问题，我愿意分析一下据此而引发的分歧，这对于我们接下来的论述是必不可少的。一种观点认为，不妨以“意识的分裂性”假说来取代那种我们原本一无所知的潜意识理论。之所以这样做，是考虑到我们的某些观念或其他心理活动可以独立地显示意识的构成特性，以便与拥有宏大规模的意识心理活动的主体加以区别和隔离。著名的阿扎姆医生的病理案例似乎为我们展示了“意识的分裂性”假说并非是一种不着边际的遐想。

对于这种观点，我认为它是缺乏事实依据的设想，并严厉地反对该理论中关于意识概念的范畴所做出的荒谬分析。我们无权将这一概念的意义扩展到如此的程度，使其能涵盖某些我们自身无法觉察的意识。如果说潜意识观念的存在对于哲学家们而言依然难以接受，那么在我看来，一种无意识的意识的论调则显得更为忘乎所以了。就阿扎姆医生的病理案例中所存在的“意识的分裂性”而言，将此描述话语改为“意识转移”则更为合理。

另一种不同见解源于下面这种情形：我们若将相应的理论应用于常态心理学的分析，那么其结论主要来源于病理条件的相关研究。当然我们可以借助其他的事实对此进行诠释，其表现便是从精神分析中获得的认识。依此来看，接下来的事实可以证明这一点：在身体健康的人身上，我们也会经常发现诸如口误、失去记忆等由机能缺陷引起的状况，这种情形与神经症的症状同样强烈地依赖于潜意识的作用。对此，我们在以后的分析中还将提供更有说服力的论据。

> 我们白天无法觉知的人性在梦境的潜意识中暴露无遗

前意识与潜意识的观念既然得以区分，我们不妨暂时撇开这种划分，去进一步研究有关心理活动的功能与动力关系。由前意识活动进入意识显得并不艰难，但潜意识活动只能维持原状被隔离于意识范围之外。令我们困惑的是，这两种形式的心理活动究竟是一致的，还是从它们产生时就存有根本的差别？还有，此二者为什么随着心理活动的变化而迥然不同？就第二个问题来说，精神分析已为我们做出了毫不含糊的鲜明的论断。在潜意识活动中的事物进入意识状态并非绝无可能，但必须清醒地认识到该目标的实现须以极大的付出为代价。的确，当我们试图完成这一使命时，必然会明显地感觉到某种被排斥的力量，由此也务必将其克服。当这一拒斥力在患者身上施加影响时，我们必然会发现这一迹象，并称之为抗拒。因而，我们知道潜意识观念由于遭受到阻力而被意识拒之门外。这种妨碍性力量排斥了意识的接受行为，但对于前意识观念并不拒绝。

可以断言，精神分析认为那种对潜意识的抗拒仅与由其内容所显示的倾向性密切相关。目前我们所具备的知识可以构建出以下能够普遍实现的理论：潜意识在我们的心理活动过程中是普遍存在的，无论何种心理活动一开始都具有潜意识的特性，它可以默默无闻地留存于此特性之中，也可以在努力之后转化至意识领域，这两种情况取决于它是否遇到抗拒。所以说前意识与潜意识之间的区别并不是先天存在的，而是在面对抗拒时所产生的不同结果。此种情况发生后，可以在意识中出现并且能在任何时刻重现的前意识观念和不能如此的潜意识观念之间的区分，才对我们的研究具有理论和实践意义。我们可以用摄影中的冲像过程对意识与潜意识之间的区别做一番近似的说明。摄影之后我们首先要冲洗底片，因为每一张照片都得进行底片加工过程，只有那些拍摄效果好的底片才有必要进行加工直至最后工序的完成。

需要明确的是，关于前意识与潜意识的区别以及重新确认此种划分障碍的最重要的结果，与对心理生活进行精神分析研究的最终结论并无可比之处。存在一种多数正常人都具有的心理遗迹，这种遗迹与因精神错乱而产生的恶俗症状有极为显著的相似性，即便是哲学家，我们也看不出他们在这一点上比精神错乱者更为明智。这就是我所要说的梦，精神分析是以对梦的探讨为起点的。梦的解析无疑是一门异军突起的科学，也是至今我们要面对的一项尤为繁冗的任务。对于梦的认识，最为通常的描述是：人们白天的心理活动所引发的一系列思维内容在入眠后仍保持着一定的活力因素，并避免了来自于入眠前心理准备所激发的某种抑制作用。在晚间，这一系列的思维活动顺利实现了与潜意识倾向之间的联络。潜意识倾向可能在做梦者的童年就已出现，但因屡屡遭受压抑而不得不被意识所排斥。现在这些思想内容凭借潜意识的协助，使得白天遗留的残迹复活并以梦的形式摄入意识之中。

接下来便是如下三种情形：(1) 昼间的思想痕迹产生变化，在一番伪装之后发生畸变，其实质代表了与之相伴的某些潜意识因素。(2) 这些思想痕迹在它们本不该出现的时刻出现在意识里，并以意识的形式表现出来。(3) 部分潜意识在意识中呈现，它们除此之外别无选择。藉此，我们掌握了寻求思想遗迹的方法。我们通过将梦境中潜伏的思想与梦的显相加以比较后，就可以对它们如何发生变化做出相应的评判。

与我们日常意识活动的生成物相比，梦境中的潜在思想并没有什么不同之处。我们称之为前意识思想，它在我们远离睡眠状态后可以在某些时刻进入自己的意识过程。当梦境中的潜在思想在晚间与潜意识倾向相联系时，便展示出与后者的相似性，并似乎成为潜意识思想的条件，同时受支配潜意识活动的规律的控制。藉此，我们有机会知晓来源于思辨或者其他经验信息的那些无从猜度的事物，也即与意识活动有明显区别的潜意识的活动规律。如果对潜意识特点详加考察，我们就会在梦的解析中对它形成更为深入的认识。

令人遗憾的是，这种期望的实现前景颇为渺茫。如果我们的探讨不能深入到梦的解析中最为复杂的问题中去，那么对现有的结论进行完美的阐释是难以为继的。唯有通过精神分析的方法进行梦的解析，才能正确把握潜意识的变化和过程。如果在这一点上我不能明示的话，这次讨论何时结束我将全然不知。

潜意识的指示价值超越了它的特性

依我之见，我们对潜意识的初步认识是：它是心理活动所蕴含的一种难以名状的特性。而现在这种认识更进一步了。借助某种佐证以及其他更为重要的特征，我们认识到潜意识活动是涉及到某种心理范畴的概念，隶属于心理活动。这一认识要求我们给予特别关注。可以说，潜意识的指示价值超越了它的特性。当我们需要一个恰如其分而又能使人不致眩晕的专业术语表示时，“潜意识”一词是可以被接受和认可的。

进行精神分析的基本前提，即在于心理活动中的意识和潜意识的划分。唯有如此，才能使精神分析掌握发生在心理活动中的那些重要而普遍的病理程序，并将其纳入在科学研究的范围之内。这层意思我还可以以不同方式叙述如下：精神分析虽然严厉拒斥意识是心理活动的本质的断言，但愿意接受那种将意识归入心理活动某一属性的观点。

假使对心理学有兴趣的人都愿意阅读此书，但我还是预料有些读者在某段文字前目光停滞，这种预感是由于此处出现了有关精神分析的第一个专业名词。对大多数有哲学教育经历的人来说，类似此种与心理意识学格格不入的观念是如此的莫名其妙，如果以严密的逻辑推理来看，这些奇谈怪论真是不堪一击。对于这些疑问，我想无非是他们对催眠术和梦的理论知之甚少的缘故，我是基于催眠术和梦的理论与病理状况之间的严格区别做出分析的，而意识心理学并未涉及催眠术和梦的理论。

在我看来，“有意识的”是在最直接、最准确的知觉基础上创建的一个纯粹描述性的专门术语。另一方面，经验告诉我们一种心理要素从一般意义来讲并非总是有意识的。与此不同，意识具有不确定性，现阶段具有意识特征的观念可能在另外某个时间点失去意识的特征，同时我们并不排除某种观念在特定条件下可以再附有意识性，这时我们称之为潜伏状态。

不过，我们对于该观念在变迁过程中如何定义还无从知晓。可以描述的是，该观念具有随时成为有意识的倾向性，或者说它是潜意识的，这都可以说是准确的界定。藉此而言，潜意识意在说明“潜伏的和能成为有意识的”。

然而，哲学家们会毫无疑问地做出回应："您错了，'潜意识'不可用于此处，一个还处于潜伏期的观念根本就不能成为一种心理的要素。"如此，我们在这个问题上和固执者们所进行文字争论只能让人感到百无聊赖。

鉴于心理动力学①在精神分析中的作用和相关经验的考察，我们已在讨论"潜意识"概念的进程中产生出殊途同归的效果。这一探索正是精神分析理论的重要环节，同时还认为潜意识观念未能转化为意识的原因是某种阻力与该种观念相抵触。否则这一转化是可以实现的，因而这些观念与其他普通的、公认的心理要素不会存在巨大差异。事实胜于雄辩，基于精神分析产生的一种方法可以消弭与上述观念相抗衡的阻力，即可以使那些观念转化为有意识的。我们把这些观念在转化为意识之前的状态称为压抑，而产生和维持这种压抑的阻力在精神分析中被命名为抗拒。

依此而言，潜意识概念源于精神分析中的压抑理论，潜意识的原型就是压抑。但是，在我们所发现两种潜意识中，一种是处于潜伏状态但能转化为有意识的，另一种是遭受压抑而不能实现这种转化的。我们的相关命名和描述难以避免要受到心理动力学研究的影响。处于潜伏期的、仅限于描述意义、而非心理动力学意义上的潜意识是指前意识，潜意识一词仅限定于那种遭受压抑的心理动力学

---

①指弗洛伊德精神分析的深蕴心理学，即将个体内在深层的潜意识视为人的心理和行为的根本动力。——译注

意义上的使用。如此一来，我们就设定了不再具有纯描述意义的意识、前意识和潜意识这样三个专用术语。显而易见，前意识与潜意识相比更靠近意识。所以，既然潜意识被归于心理要素，我们也就自然而然地把潜伏的前意识也归于心理要素。那么，我们为什么不愿和哲学家们志趣相投，反而固执地要从有意识的心理活动中区分出前意识和潜意识呢？或许，哲学家们认为只要把前意识和潜意识描述为类心理的两种类型或两个阶段，问题就会迎刃而解。但是一经如此，无数的困难将纷至沓来。这样描述的两种类心理在几乎每一方面都和普遍意义上的心理要素一致，这样一种结果从该类描述或者是描述中的关键环节还没能引起人们警觉时起，就不得不游荡在众人偏见的漩涡中。

如果我们没有健忘症的话，在描述性意义上存在两种潜意识，但在心里动力学意义上仅有一种潜意识，因而我们现在就可以愉快地讨论意识、前意识和潜意识这三个专有名词了。基于分析方式的考虑，我们可以在某种情形下对这种区分不必在意，但在另一些情形中这种区分就绝非无关紧要了。现在，我们对潜意识一词的两面性已经习以为常了，并且能在使用过程中游刃有余。当然，要彻底避免这种两面性是不现实的，意识和潜意识的区分最终是一个是非分明的知性问题，而知性行为并没有告诉我们某种事物能否为主体所觉察。问题在于，我们没有什么权力进行抱怨，因为事实所呈现的动力因素本身就无法确定。

> 在睡眠状态中，“自我”仍然对梦起着监察作用

然而，随着精神分析的逐渐深入，一些证据清楚地表明上述这种区分对于实际运用来说还有些不足。我们已经论述了一种所谓自我的观念，即任何一个人都有一个心理过程的持续性组织。自我与意识相联系，它控制着能动性的通路，即可以将激情释放到外部世界中去的路径，也正是这个心理上的调节机构掌控着它自身变化过程的始终。虽然在睡眠状态中，“自我”悄无声息了，但它仍然对梦起着监察作用。此外，自我还执行压抑的功能，如此不仅把某些心理倾向排除在意识之外，而且对这些心理倾向的表现形式或活动施以控制。在精神分析中，这些被拒斥的心理倾向就与自我分庭抗礼，自我对被压抑而言是一种抗拒，精神分析则面临着如何消弭这种抗拒的使命。

目前看来，在精神分析实验期间，当患者的潜意识即将遭受压抑时，他的某些期待性的想象就戛然而止。在我们向他说明这是因为存在着某种抗拒时，他却意识不到这一点，即便他可以从压抑状态中感受到这种抗拒作用，但他对此毫无所知，也无法加以形容。不容置疑的是，既然这种抗拒来源于他的自我并属于自我，我们就会发现自我存在于某种意识之外的居所。这样，自我本身觉察到了某种具有潜意识性质的事物，其所处状态就如同遭受压抑一样，尽管这一事物本身不是有意识的。如果我们要促使它转化为有意识的，就需要采取具有特殊针对性的方法完成这一任务。就观察实践的效果而言，假使我们仍然一成不

变地照搬旧式策略，以求通过意识和潜意识的争论发现神经症，那么我们的行动难免就会深深陷入难以自拔的泥潭之中。因此，我们务必谋求新式的对立思维方式，即以有组织的自我与遭受压抑而被迫分裂出去的自我之间的对立取而代之，该种对立思维模式是建立在我们对心理结构条件作出缜密分析的基础上的。

对于潜意识概念，我们现有的分析显得尤为紧要。如果说对于心理动力学的认识促使我们进行第一次修正，那么我们关于心理结构的充分考察则是导致第二次修正的主要因素。应该明确的是，遭受压抑的事物均处于潜意识状态，而处于潜意识状态并不等同于遭受压抑。上帝所认可的极其重要的那个部分，也即是属于自我的部分，应该而且确定无疑地具有潜意识特性。这种可以融入自我之中的潜意识不同于处在潜伏期的前意识。假设情形与我们的分析一致，它要么失去激活的可能而无法实现向意识的转化，要么在实现这一转化的过程中不存在什么巨大的阻碍。这样，当我们觉察到不得不建立那种可以逃避压抑的第三种潜意识的假说时，就必然要承认以下的事实，即探讨该种潜意识的性质已开始出现了价值式微，因为它或许已经是多种性质的混合物了。这种情形下，我们就不能像原先希冀的那样，将其视为可以做出有深远影响而又必然可靠的结论的依据。同时我们也应对此小心谨慎，切不可对这一性质置若罔闻，这一性质关系到意识与潜意识之间的区分，是精神分析工作的最后底牌，是导引我们探索心理学幽境的唯一的光明使者。

3. 潜意识与梦魇深处之探寻

> 潜意识欲望沿着思维意向的必经之路强力运行

移情[1]是这样一种状况，它是我们昼间的思想遗迹与潜意识欲望相结合，并在潜意识欲望的作用下形成的。这种情形可以在昼间也可以在夜间睡眠状态中构建并呈现。此时，某种欲望已将自身附着于新出现的事物身上，也可以是一个遭受压抑的最近欲望，由于受到潜意识的强化作用而趋于复合。潜意识欲望沿着思维意向的必经之路强力运行，在越出前意识之后逼近意识状态。在此过程中，它也会遭遇监察而且受制于它的阻力。鉴于这一情况，它采用了伪装技术，这是因为欲望对新近事物的移情作用已为此创造了条件。此时，它正转变为那种借助移情作用及监察作用所促成的意念伪装，也即转化为某种被强迫的、不由自主的观念。如果它还想继续向纵深迈进则将步履艰难了，此时前意识系统可能出于阻止欲望入侵的目的而以弱化激情的形式进行自我保护，所以对该种观念施以抵制。藉此，梦的旅行就会暂时停顿而回撤，回归之路由于睡眠状态的特性而显得畅通无阻。

此种观念在回归之路行进是由于记忆群对梦的过程产生了吸引作用。在我们的记忆中，有一部分的存在形式仅

① 精神分析术语，指病人将自己对父母或其他重要人物（如兄弟姐妹、配偶等）的情感和态度转移到治疗者的身上，并相应地对治疗者做出反应的过程。——译注

表现为视觉贯注，并没有形成那种后续式的字符模型。至此为止，梦的旅程已在过去的阶段中得以实现：第一步骤是由潜意识或思想欲望物向前意识转化的发展阶段；第二步骤就是先前描述的那种面对监察作用而折返至知觉的过程。可以发现，当知觉性内容摄入梦的旅程时，这一旅程似乎变得通达起来，它已经成功地避开监查作用以及睡眠状态在前意识领域中的阻力，此时梦的关注视角返回自身，同时也成为意识注意的对象。

作为分析精神实质的意识在清醒状态中具有两方面的兴奋原点，一是那种接纳兴奋的精神系统边缘的知觉，二是它内含着可以容纳苦乐的兴奋，这种兴奋是依附于机构内部能量转移的唯一精神特质。心理动力系统内包括前意识在内的所有其他要素都不具有任何精神特质，因为他们未能将苦乐感导引至知觉系统，也就不能为意识所关注。所以我们敢于断言，苦乐感觉的释放会自动调节精力投注的进程。只是考虑到这种调节工作更深入细致，有必要降低痛苦对观念进程的影响。为此，要首先将前意识与具有精神性质的言语符号的记忆系统联系起来，使前意识可以实现某些吸引意识的作用。由于记忆系统的特殊性质，它使得曾经只是单独作为知觉感官的意识，转变为我们一部分思想观念的感觉器官。因此，我们说目前存在着指向知觉以及指向前意识过程的两个感觉层面。

有必要对如下情形做出假设，睡眠状态在促使指向知觉系统的感觉层面比指向前意识的感觉层面更易于接受兴奋。我们知道，由于前意识在夜间进入睡眠状态从而导致思维暂停，因此思想观念在夜间没有什么动静。当然，只要它在某一时刻成为知觉，就可以借助新的性质促进意识的兴奋。此种感觉兴奋的功能表现为，它引导前意识系统中一部分有效的倾注能量去关注形成兴奋的原因。因而我们必须承认，任何一个梦都具有使前意识系统中那种蓄势待发的力量转化为行动的这样一种催化作用。鉴于这种力量的作用，梦于是接受了我们称之为润饰作用的影响，以保持贯通和易于理解。从而可知，上述这种力量对于梦或者是其他任何知觉内容并无二致，在一定条件下梦也同样受到预期观念的影响。

下面是关于梦的两种或然情形：一是在梦的旅程中，梦的内容吸引意识对自身进行关注而增加强度，进而无暇顾及睡眠的时段和深度所引发的前意识活动；二是梦没有获得何种强度，因而只能继续停留在准备状态，直到梦境结束时关注度兴起并与之相结合。实际上，绝大多数的梦总是要持续到结束，因而往往只能体现较低的精神强度。这种描述可以解释下列情况：当我们从沉睡中惊醒，所感觉的情形一般是梦境中的内容。其实，我们平常说的自然觉醒与此一样，最先想到的是梦的过程给予我们的知觉内容，而我们自身之外的情况是随后发觉的。

人们对于那种能够强有力地将我们从睡眠中惊醒的梦有着浓厚的理论兴趣。当我们想起在其他情况下相似的问题时难免产生这样的疑问：一个梦亦即某种潜意识欲望为什么能够获取干扰力去影响睡眠，也即是去阻止前意识欲望的满足呢？回答这一问题，必须借助我们尚未明晰的能量关系。假使我们已具备了这种能量关系的知识，也许通过比较就可以发现，如果在夜间如同在昼间一样可以对潜意识欲望进行严密克制，那么，让梦的行为自行其是或者单独赋予一定程度的关注，就能够体现为某种能量的节约。实际经验表明，即使是夜间睡眠屡次中断，做梦和睡眠仍然可以各行其是，互不干扰。人们可以再突然觉醒后不久立即重新入眠，仿佛是在睡眠中驱赶苍蝇一般。也就是说，当我们再次入眠时，所谓的睡眠中断已经得到稳妥解决。梦与睡眠欲的满足在某一特殊方向上可以保持恒定，二者之间可以达成默契，彼此融合相处。

潜意识观念在解释意识活动与梦境关系中的作用

我们了解到，目前出现了一种基于对潜意识过程有更多了解的反对意见。在我看来，潜意识欲望是十分强烈的，但在昼间似乎还没有达到足以为人所觉察的强度。然而，假如睡眠状态一直持续下去，潜意识欲望完全可以证明自身有足够的强度形成梦魇并唤醒前意识，为什么这种强力在梦被觉察之后又会荡然无存？与那只不厌其烦的苍蝇去而复返一样，梦就不能中断后继而再现吗？而且我们因何断言梦消除了对睡眠的侵扰呢？

毫无疑问，潜意识的欲望是经常以动态方式呈现的，永恒存在是内在于潜意识过程中的一个十分明显的特点。在我们进行神经症尤其是癔症的研究时，潜意识的那种无关乎终点也无关乎过去或遗忘的专有特性尤为明显。假使兴奋的积聚量达到足够的程度，那种导致神经症疾病产生的潜意识思想路径立即就会畅通无阻。我们在三十年前曾遭遇的某次羞辱，如果它能够与潜意识的欲望情结实现接触，那么三十年来的不断体验就会同近来的感受一样历久弥新。因此只要通过回忆，过去的观念就会重新呈现。兴奋的积聚呈现为精神力量的不断摄入，其指向所在是于发作阶段得以释放，这也正是精神分析疗法的关注之处。精神分析疗法旨在使潜意识能够得到妥善安置并最终把其弃之于外。鉴于记忆的痕迹日益磨损，我们的观念印象也会日复一日地在思想中不断弱化。当然，我们对此总是见怪不怪，认为这主要是将它们视为时间对心理的记忆痕迹所产生的难以避免的结果，但毫不考虑这是默默无闻的潜伏行为所引发的润饰作用。诚然，实现这一目的正是潜意识之使然，精神分析疗法除了将潜意识置于前意识的支配和控制之下别无选择。

这样看来，无论何种形式的潜意识兴奋过程都表现出以下两种结果。其一，潜意识兴奋过程未被惊动，而是在最后的某一阶段实行突变，使之竭力释放并转化为行动。其二，该种兴奋在前意识的制约下未能实现释放，而是受到前意识的完全控制。后种情形表明，在梦的进程中发生的方式源自潜意识中精神力量的摄入，由于受到意识中兴奋因子的指引而转为知觉与梦的半路相逢，于是梦的潜意识兴奋被施以约束而无力实施侵扰的行为。这样，如果梦者清醒片刻，就可以驱走那只侵扰他睡眠的苍蝇。我们因此感到这的确是一个便捷而经济的方法，先对潜意识欲望放任自流，并凭借开启归路的方式构建梦的形态，之后以较小的前意识工作量对梦实施管制并妥善处理，这样就没有必要在全程睡眠中对潜意识持续地进行控制。可以预料，原先将梦视为一个没有什么价值的事情，如今却在各种心理因素的交互作用中实现了自身的功能。问题是，这一功能究竟是如何显现的呢？在潜意识中总是自行其是的兴奋因子，被梦这样一个精神现象锁定于前意识的掌控之中。梦在行使这一功能时好比一个必不可少的关隘，担负着释放潜意识兴奋因子的重任，同时以代价微弱的觉醒使前意识的睡眠得以持续。确实如此，与其他精神结构相仿，梦作为此种结构中的要素，在潜意识欲望和前意识之间形成中介作用，它是处于两种心理系统的中间环节，竭力满足这两个系统的需要并使它们和谐共生。

精神结构中的前意识因素能够在初始阶段和潜意识欲望结合起来，但也会因此被占据优势地位的具有目的性的精力投注[1]所冷落。也可能会出现这种情况，某种潜意识欲望会由于诸如身体状态等原因而兴奋，并试图把能量附着在不需要前意识努力或者是缺乏精力投注的那些遗留的精神意念上，而不再等待它们在中间阶段点的参与。然而，上述情形最终将殊途同归，也就是说存在于前意识中的一系列思想因素虽然没有获得自身的精力投注，但还是从潜意识中得以弥补。

---

[1] 指将力比多（即欲力、心力）投注于人、事、物的心理历程。——译注

至此，意识活动与梦境之间那种一向难以解释的关系，借助精神结构中的潜意识观念逐渐为我们所认识。早期备受人们关注的梦的问题也渐渐失去了神秘色彩，梦境所呈现的那些耐人寻味的景象被看作是来自于昼间的同种潜意识活动，而不再是什么梦的产物。如果按照施尔纳所说，梦仿佛是一种制造身体的象征性表象的工作过程，那么我们现在就该知道这些表象正是某种潜意识欲望的产物，这一结果可以呈现在梦境中，也可以成为诸如癔症、恐怖症以及多种神经性症状的表征。假如梦继续进行昼间工作并有所收获，甚至滋生出一些对我们有研究价值的观念，那么我们就需要揭开梦的表层迷雾。这层迷雾是梦境的产物，也是心灵所产生的某种神秘力量正在暗中相助的证明，这种研究结论源自于与昼间活动产物相似的那种异曲同工的神秘力量。就人类的智慧和艺术成果而言，人们可能会在其意识性方面做出过高的估计。我们从歌德、赫尔姆霍兹等一批富有创意性的人的叙述中知道，在他们所取得的辉煌的创作成就中，其原始性的创作力在很大程度上得益于灵感，这种灵感几乎是原封不动地汇集于他们的思想之中。我们承认，如果要在某种情况下全神贯注地发挥理性的作用，那么意识的参与是极为正常的；但如果意识在其中所起的作用十分有限，并且其他的作用形式对其加以遮蔽，这就无疑造成了意识本身权利的僭越。

如果仅提取梦的历史价值单独加以研究，这样是没有必要的。一个梦或许会诱使某一领袖人物做出极具风险的决定，而此行动将成为影响历史进程的事件。但这种情况的发生，是因为梦被看作一种与我们心灵中习以为常的能力有所区别的神秘力量。当我们把梦视为某些蠢蠢欲动的意念在昼间遭受压抑但在夜间却被处于潜伏期的兴奋因子加以强化的行为，就不会出现这种问题了。然而，原始人对梦的顶礼膜拜是由心理因素造成的，是对人类心灵中那些无从知晓、无法抗拒的神秘力量的信仰，也即是对于梦之形成的欲望驱力以及潜伏在人类潜意识中起作用的那种魔力的臣服。

潜意识对于我们的研究来说，有着特别的意义。我们所讨论的潜意识与哲学家眼中的潜意识存在根本的区别，即使与李普斯[①]说的潜意识也不尽相同。对他们来说，潜意识一词仅仅是相对于意识的对立因素。他们曾为此进行了不遗余力的争论，然而归根结底是为了说明，在意识之外的精神结构中还存在着潜意识因素。李普斯的观点显然要更前卫一些，他认为潜意识因素在精神结构中无孔不入，同时其中也有意识的一席之地。然而我们搜集有关梦和癔症的种种表征并非是对此进行佐证，我们仅仅通过对人的正常生活行为进行分析，就足以解决我们心中的困惑。

通过对神经症病理结构及其重要现象之一的梦的研究，我们又有了新的发现。这就是：潜意识作用存在于两个互不相关的系统中，它在人们正常生活和神经症的病态

① 李普斯（1851—1914），德国心理学家、美学家，移情论美学的代表。——译注

生活中具有同种表现。在此意义上，显然存在着两种潜意识，而心理学家并未加以区分。是的，两者基于心理学视角都可以被看作潜意识，然而我们认为其中一种可以被看作不能进入意识的潜意识，而另一种我们只能看成前意识，这是考虑到它的兴奋因子的确按照一定要求进行活动，它可能会不通过潜意识，而只是经历了某种监察之后就能成功融入意识当中。

至此，我们对潜意识作用存在的两个互不相关的系统及其与意识的关系进行了详细分析，前意识系统好比是潜意识系统和意识系统之间的一个过滤器，它不仅对准备进入意识系统的潜意识欲望加以阻止，而且制约着随意运动的力量并有权支配精力投注能量的分布，其中包括我们常常描述的关注作用。此外，对于“超意识”和“下意识”，我们要有所警觉并坚决回避两者的区别。在近期的神经症文献中，这两个名词如俯拾地芥般地屡见不鲜，然而我们所一再强调的这种区别，在某种意义上是为了说明精神与意识之间毫无二致。

4. 潜意识与人性自我的关联

“无意识”是指处于意识之外的精神构成

接下来，我们的研究兴趣将体现在精神专有的特点上。这样表述是基于目前对此普遍存在的共识，即这些特点确为精神所专有，与他者毫无瓜葛。

我们关于这一方面研究的基点，来自于唯一的事实，即不需要我们进行任何述说和阐释的意识。在人们谈及意识的时候，我们往往凭着主体的经验马上得知他们所表达的意思。不论是否属于心理学研究领域的人，都认可这样一种假设，即将意识看作某种精神因素。如果按照这种思维，那么心理学的研究任务仅仅是在精神结构当中做出诸如认知、情感、意志等要素的划分。然而，我们通常认为这些意识因素并不能完全囊括所有的属于自身心理的组成序列。因而，只能假定存在着生理或肉体机能，它们同时与精神活动相伴随。我们必然会认为它们比精神序列更为完整，因为在它们中间有某种意识过程与之对应，另外一部分则不存在这种情况。按照这一理论推演，也许就会在心理研究中关注这些生理活动过程，并把它们视作精神的根本所在，从而对意识活动做出各具特色的评定。然而，多数哲学工作者持有同别人不尽相同的观点。他们认为，如果把属于某种精神领域内的事物看作是无意识的，就会产生出自相矛盾的结论。

然而，这种认识正是精神分析理论必不可少的，也是进行精神分析研究的第二个基本假设。该种认识把关于生理活动伴随的猜测解释为具有精神实质的事物，因而它在开始阶段并不在乎意识的性质。同样，一些研究者也持有相同见解，他们普遍对日常形成的精神概念加以拒斥，从而迫切要求把无意识的概念引入心理科学范畴。由于这种要求的理由模糊不清，所以未能产生什么影响。

由此看来，似乎精神分析学与哲学之间论战的焦点只是无关大局的概念问题，也就是精神一词的应用是归属于甲种现象序列，还是应当归属于乙种现象序列的问题。实际上，这一归属性的判决问题是极其关键的。心理学自始至终属于明显依赖于他种事物的零星序列，而那种以为精神本身是无意识的观念则使心理学获得与自然科学同样的地位。心理学的关注对象与其他自然科学一样，例如化学和物理学所研究的事物变化过程同样是未知的，但它却有可能发现并建立那些支配事物变化过程的规律，并有希望去继续研究这些过程中具有持续性的联系和依存关系。

总而言之，我们有希望在上述讨论的基础上获得对自然现象的认识。如果缺乏进一步的假设，缺乏可利用的新式概念，先前提出的问题就难以解决。我们绝不应该轻视这些假设或概念，不可错误地以为是它们误导了我们的研究。与此相反，我们应该毫不犹豫地将其视为科学的重要补充，这些假设或概念都是出于理性而设立的，它们内涵着与其他自然科学相似的功用和价值。这些假设和概念，在等到我们对经验材料进行不断的积累和选择之后将进一步被精确地修正和界定。可以毫不夸张地说，一种新型科学的基本概念和原则，完全可以像那些传统经典科学的概念和原则一样具有顽强的生命力。

无论进行何种科学研究，都不能脱离观察和经验，这些观察和经验的结果则是通过精神结构这一中介物获取的，而我们正在研究的内容就是以精神结构本身为研究对象的。如此，差异就在所难免了。借助同一知觉结构所进行的观察，正是依靠精神事件序列的中断现象，我们还要通过尽可能完善的结论，以意识材料的形式来弥补某些遗漏。按照这种方法，我们好比是借助建构意识事件的序列来充实无意识的精神过程。精神科学的相对确定性也正是以这些推论的整合力量为基础的。任何一个参与或深入了解我们的研究工作的人都将发现，根植于我们研究的基础理论可以应对各种各样的责难。

在我们的研究工作中，被命名为精神品质的区别完全吸引了我们的注意力。就意识而言，我们并无必要赋予它那些创意的性质，它与哲学家们以及大多数人经常认为的意识并无二致。我们所讨论的“无意识”是指处于意识之外的精神构成。对于无意识间的区分也应迅速地加以明晰，有些无意识很容易转化为意识并且随后可以来去自由，它进入意识后能够退出，退出之后又能重返意识之中。这正如我们平常所熟悉的回忆情形，表明无意识在总体上处于变动不居的状态，它转化为意识只是暂时的。假使知觉没有证实这种情况，那我们可以进行如下的解释。作用于知觉的刺激可以长期持续，从而在这一过程中对接受刺激的知觉能够持续重现。这也就意味着，这种情况显然与我们思想中的意识感知存在某种联系，该种意识感知可以持续进行或者是在一霎间销声匿迹。因此，任何遵循这一过程进而可以很容易地从无意识转化为意识的无意识，我们最好称之为可以成为意识的或者是前已述及的“前意识”。

从日常经验可知，虽然前意识可以如我们所说的开辟出进入意识的通道，毋宁说也不存在那种复杂多变的精神过程不能伺机转化为前意识。就那些不能轻易地转为意识的精神因素而言，它们必然要经过推导并以上述方式转化为意识形式，因此我们可以在严格意义上将这种因素称为潜意识。

潜意识如果没有我们的参与则无法转化为意识

现在，我们可以把处于精神过程中的三种因素分为意识、前意识或潜意识。当然，我们所进行的这种三因素的划分，它们的区分不是界限分明的，即不是绝对的或者一成不变的。现已得知，在前意识转化为意识过程中不需要附加因素，但潜意识如果没有我们的参与则无法转化为意识。而且在这一转化过程中，我们会明显地感觉到必然要应对的那种剧烈的抗拒。在试图把这一过程应用于他人身上时，我们要谨记的一点是，那种关于知觉裂痕的弥合并不能说明某些潜意识因素已经转化入意识领域。至此确已明晰的是，对象中的因素呈现出两种记录，其一是我们所提供的有目的的重构，其二是原始情形中的潜意识状态。可以设想，经过持续的干预，我们最终会成功地实现该种潜意识材料向对象自身意识的转化，最后使得这一结局表现为上述两种记录的综合。我们实施干预的程度将因人而异，并因此能对潜意识转化为意识时所遭遇的抗拒加以衡量。在神经症的医治实践中往往会出现下列情形，即在我们的干预之下，作为常态型的潜意识因素可以转化为前意识的因素，并继而又转化为意识，而且这种情况会不断地呈现。

因此可以形成这样的认识，即形成并持续进行的内部抗拒是常态性转化过程中所完全必要的基本条件。潜意识因素的不断亢进将使这一抗拒呈现弱化倾向，并合乎规律地发生在睡眠状态中，从而成为产生梦的必要前提。与此相反的是，因为用以抗拒前意识的因素在一定时间内受到阻止，就会对某些事情产生遗忘。或者属于前意识的某些观念出乎意料地被遣回潜意识中，这也许成为诙谐产生的前提条件。这会使我们发现，产生神经症状的重要原因就在于前意识因素返回并重新处于潜意识状态。

或许，我们对于精神结构内的三种因素所进行的深入浅出的讨论，将会在很大程度上导致混乱并且无助于问题的揭示。但我们要首先明确的是，这种讨论的对象根本不属于理论研究，这只不过是对有关情形的初步总结。我们希望这种讨论尽可能与实际现象相符合，当然也没必要作出事实上的诠释，但与问题随之而来的复杂性会使我们在研究过程中无法避免的困难因素愈发彰显。但是我们可以想象，如果可以发现精神内部因素与我们虚构的精神区域之间存在某种关联（虽然这种关联并非是容易实现的），那么对于我们理论研究的深入无疑有着重要的参考价值。

事物转变为意识的过程，最初与我们的感官从身体之外所引起的知觉相关联。从心理地形学的角度分析，这种情况产生于自我的最外层边缘区域。事实上，来自身体内部接受意识的感觉与身体外部的知觉相比，对我们的精神活动将具有更为决定性的作用。另外，感官在除了一定条件下接受知觉以外，还可以摄取诸如疼痛等属于自身机体的感觉。因为这种感觉源自末端器官，而且我们把所有的这些感觉都视为自我边缘的延伸，所以我们仍能遵循上述观点。就感觉和知觉的末端器官而言，唯一的不同之处在于生理机体能够代表身外世界。

> 意识处于整个体系的边缘，而其余空间为潜意识所侵占

我们可以认识到最简明的事实可能是，在自我的结构范围内，意识处于整个体系的边缘，而其余空间为潜意识所侵占。进一步说，这种情形普遍适用于动物，就人类而言则更为复杂。尽管如此，这也表明了自我内部可以含有意识因素，这就是语言的活动功能，它可以使自我中的某些事物与视觉尤其听觉产生的记忆遗痕形成坚实的链接。这样，自我边缘的知觉极有可能从内部产生同种形式的发展，就好比思想观念的转化这种内部事件一样会成为意识。鉴于对这两种可能性加以区分，我们需要采取现实检验这种特殊的方式。在这里，知觉并不等同于现实的外部世界，而那些可以随时按照规律呈现在梦境中的事物就被称为幻觉。

自我内部的成分主要是思想观念，自我的独特性是其所拥有的前意识因素。同时，我们不可错误地认为与语言记忆遗痕相联结是前意识产生的必不可少的前提。事实只能是这样，前意识的性质对于这种联接没有依赖性，虽然

我们完全可以借助该联结推导出那种过程的前意识特性。前意识一方面具有意识的特点，另一方面又能够与语言痕迹相联系。除此之外，前意识另有的独特性质也并未包括在上述两方面特性之中。这种认识的根据在于，自我的大部分尤其是超我的大部分肯定内涵着前意识因素。对于本我而言，潜意识性是它独有的主要性质，本我与潜意识的联系就像自我与前意识那样紧密，而实际上本我与潜意识的联系甚至更为密切。当我们回溯人类个体及其精神结构的发展过程时，很容易观察到本我的重要特点。而且在最初阶段，所有一切都隶属于本我，之后由于外部世界对人自身不断地施以影响，使得自我在内外力量的帮助下从本我中破茧而出。

在自我从本我中进行分化的这一漫长的历史时期内，本我的某些部分逐渐进入前意识领域，从而在自我的范围内存在。另一方面，本我的其他内容则维持原状，构成了本我内完全封闭的核心区域。然而在这一过程中，脆弱和娇嫩的自我会把它业已汲取的某些要素回落至潜意识领域。通过排斥这些要素并以此来容留那些原本可以吸收的某些新要素，使得这些遭受压制的因素可以在本我区域中留下遗痕。本我这些后有部分的产生过程，我们将其视为受到压抑的内容。虽然我们不能在任何情况下都在本我的这两类内容之间做出清晰的区分，但是否能做到这一点并无关大局。二者的区别总体表现为，其中一类在起源上部分地是与生俱来的，另一类部分地是在自我演化进程中产生的。

在此，当我们准备利用心理地形学将精神结构划分为自我和本我之后，需要同步进行的是关于前意识和潜意识之间不同特性的区分。而且在我们看来，这种特性只是作为区别的标准而不会被视为本质的不同。这样，就会产生新的一些问题，例如，处于本我区域中的那些潜意识的特性所展示的真正本质是什么？处于自我区域中的那些前意识的特性所展示的真正本质又是什么？两者之间的区别究竟是什么？令人遗憾的是，这些问题暂时无从回答，现有的一些微乎其微的认识对此仍然束手无策。不过，此时我们正在步入遮蔽着的人性奥秘。

立足于对其他自然科学的联想，我们试图猜测精神生活中也存在某种运动的能量。但是，我们缺少其他形式的能量作为此项研究的佐证，进而依靠类比推理的方式对其进行深入认识。我们认为，神经性或是精神的能量是以自由和不自由的形式存在着的。在此之前，我们提到过精神因素的投注，也曾斗胆设想超量的投注将会导致不同过程的整合，在此过程中能量由自由运动转变为受制约状态。但就此而言，我们依然知之甚少。总体上，我们认为潜意识与前意识的区别就在于这一情形，它表明一种状态如何能够自发地或在我们的协助下转化为新的状态。

精神分析研究表明，在所有不确定性结论背后另有一种新的实际情形。通过分析，我们认为潜意识或本我中的运作过程与在前意识或自我状态下存在着不同的规则，这就是我们大致认为的原发过程。与原发过程不同的是制约自我或前意识中的事物发展的继发过程。总而言之，我们上述对于相关精神因素的分析是卓有成效的。

5. 解密失误

> 我们为什么会突然产生遗忘

为什么我们在很多情况下猛然想不起一个专有名词，而我们又确实认为对这个词语是绝不该失去记忆的？对于这一问题，如果我对一个心理学家的猜测还算合理的话，那么他对下面的解释应该是认可的：与别的记忆内容相比，专有名词的确更容易使人忘却。不仅如此，心理学家还会以多种理由向我们提示，有必要对专有名词进行特殊的记忆加工。然而，他们显然没有发现在遗忘现象背后有另一个因素在施以强烈的影响。

这一暗藏的影响因素，是我从人们暂时遗忘一些典型的专有名词的现象中观察分析发现的。在这一现象中，绝大多数情况显示出一些共性特征，尽管这些特征并不能覆盖所有专有名词的遗忘情形。在大多数情况下，人们不仅会忘记某个名字，而且还会发生“错误性替代记忆”。当某人突然回忆一个名字时，虽然绞尽脑汁，但这个名字始终没有出现在脑海中，而此时呈现在他意识中的是另外的一个名字，即已经被替代后的名字，虽然他自己当时清楚地断定绝非是这个名字，但是这个名字却以某种巨大的强迫力量浮现在意识中。我们把这种用另一个名字取代被遗忘的名字的过程称之为“替代”，不过这种替代显然是错误的。对此，我可以提出一种假设，即该种替代是遵循一定规律的有预测性的替代，而不是某种无法确定的心理选择的结果。或者说，替代名词和被遗忘名词之间以一定的方式进行联系，并且我们可以觉察到这种联系的方式。

对于上述问题的研究，我们的努力是在某些情况下发生遗忘的因素中摄入一个动机因素，并且进一步说明了产生错误性回忆的内部机制。这些因素对遗忘情况来说是必要的，因为它促成了这一过程的实现，即遭受压抑的内容控制遗忘的名字，其中主要方式表现为想象和压制。如果我们对遗忘名字的情形极为熟悉，那么这一情形的重现或许不会出现。这是因为在某些情况下，假如有某种遭受压抑的内容不停地伺机浮现，那么它只能在“犹抱琵琶半遮面”的情形中才能够呈现。在遗忘某个名字并伴有错误回忆时，产生名字遗忘的必要条件有以下三种：(1) 造成遗忘名字的某种特定的意向性；(2) 遗忘现象之前的某种压抑；(3) 有可能在遗忘名字与压抑因素之间存在某种外在性关联。其中，第三个条件似乎容易满足，假如建立这种联系的标准较低，那么我们可以随时建立这样的联系。

日常生活中令人困扰的失误现象

当我们使用本土语言讲话时，不太容易出现遗忘现象，但却很容易出现另一种人人皆知的错乱——口误。根据我们的观察，正常人的口误可能是病理中“言语错乱或失语症”的初始表现。有一次，我在达拉米兹遇到两位身着旅行装的女士。在我们结伴而行的路上，交谈了以旅行方式度假的苦乐感受。一个女士认为这种日子太使人痛苦了，“如果一个人整天在太阳下奔波，汗流浃背以至于湿透了内衣和外衣，这一点让人觉得十分糟糕。”在她说的这句话中，她不可避免地要处理一个在语言中存在的欲言又止的情况，然后说：“可是如果能够得到‘Nach hose’，情况就不一样了……”在我看来，似乎已无必要探寻导致这次口误的什么原因了，这位女士的意向已经开始转移到服装的展示：外衣，内衣，Hose(内裤)，她的意念会防止说出第三种衣服(内裤)，但是在后一句话里，Hose以另外一个词汇加以表达，很显然，说出Hose这个被压制的词语不是她的原意，而后一句话的意思便使用另一具有相似性的单词“Nach hose”(房子)歪曲地表达出来。

接下来的例子展示了我的潜意识中的那些抑郁的因素。以一名医生的名义，我毫不夸张地说自己从不计较报酬，仅会考虑患者的利益。我在康复中心曾向一个不久前身患重病的人说明应该注意的事项，我们也共同度过了一段艰难的日日夜夜。令人欣喜的是她的病情正逐渐向良好方向发展。我为了让她非常愉快地留在阿巴利亚，就把自己的一幅画送给她并说：“我盼望你在不久之后不会下床……”(事实上我想表达盼望你不久就能下床)。这句话显然表现出我潜意识中隐藏的动机，我的想法是要对这个亲切的患者进行一段时间的继续治疗。此处需要说明的是，我无法否认我的这种期盼是在意识之外的。

我们从笨拙的或是巧妙的言语错乱中发现，是这些言语背后的某种隐藏的意念行为导致了这些失误，而不是什么所谓的声音接触的效果，并且我想或许只有这样的认识才能对上述失误现象进行恰当的分析。在此，我不准备对有关声音影响理论或规则进行质疑，然而这些理论或规则对于正确的言语表达难以产生强烈的影响和扰乱。我们精心设计的例子表明，有关声音方面的规则并不代表其发生机制。这种机制凭借隐藏的心理动机则更容易说明，虽然这种心理动机与声音规则之间没什么过多的联系，例如我们在那些出现替代名字的失误中根本没发现声音规则。在这个问题上，我赞同冯特[1]的观点，我们都认为抑制口误的因素是某种情结，它们与声音规则不可同日而语。

在研究中，我们发现分析口误的方式对于读误和笔误同样适用。事实上，这种效果的一致性不足为奇，因为这些失误现象在机能上存在着甚为密切的联系。以下是一个非常严重的笔误情节。

我准备从邮局的储蓄所取出 300 金币，寄给一个来往甚少的亲戚用于治病。这时我发现储蓄账户上的钱是 4380 金币，于是我计划留存 4000 金币这样一个整数，近期不准备花这部分钱。然而，当我填写完支票并裁减下与

[1] 冯特（1832—1920），德国心理学家、哲学家、生理学家、语言学家、近代实验心理学的开创者，心理学史上第一个专业心理学家，构造心理学的倡导者。——译注

所取书目相同的数码后，突然发现减下的是438金币而不是想好的380金币。对这一行为我感到十分惊讶，但过一会儿后我觉得没有必要感到惊异，因为我想现在比以前的经济状况好多了。但我想知道的是，究竟是什么原因让我出现了失误，并且自己没有意识到这一点。于是我从减错的这一行数码进行联想，是不是要从438里面除去380，但我没有在意这有什么不同。最后，突然在脑海中浮现出一个使我发现这种关联的念头，438就是邮局储蓄账户原来钱数的十分之一！记起来了，一个书商给过我十分之一的折扣。也就是几天之前，我挑选了一些失去兴趣的医学书，并给一个书商出价300金币。他觉得这个价位太高，说几天后再和我商量。如果他同意这笔生意，那么我便可以补偿寄给亲戚的那部分钱。坦白地讲，我对支出这笔钱有点后悔。在我出现失误时，那种情感的表现是由于支出这笔钱，可能会使自己再次陷入贫困。然而，我根本没有意识到对于支出的悔意与贫困的忧虑这两种情感。实际上，当我决定寄出这笔钱时并没有觉得后悔，但此时发现了其中的原因后感到非常滑稽。假设我从未有过精神分析方面的研究并对压抑作用了解甚少，再假设我前几天没有对自己的一个梦进行精神分析研究并获得一致的结论，那么我将难以相信会在这件事上产生此种动机和情感。

假如正常人出现某种若无其事的轻微性机能错乱时，那么该种情形的背后必然潜伏着某种自我意向性的观念。当然，不是我首先提出这样的见解。讲话时发生的失误显然是一种活动机能，而且我们可以做出这样的理解，并且将这种理解拓展到有关运动行为的失误。这些运动行为的失误可分为两类，一类可称之为“闪失行为”，主要是指与自我意向性不一的那种错误的结果相联系的行为；第二类失误可以称之为“症状行为和偶发行为”，指的是体现在整体上的那些异常行为。需要说明的是，这两类失误之间没有鲜明的界限，我们所做的这种区分只是一种说明，在理论研究上没有什么价值，在某种情况下这种区分可能与这一现象的内部一致性产生矛盾。

在我们研究这种闪失行为时，如果仅仅将其视为某种错乱的话，那么这种基于心理学的分析是于事无补的。我们还是以个别事件为例去探寻隐藏于其中的那些具有决定性的因素。这样，我继续采用那种设身处地的观察方式，虽然我所列举的某个事例在现实中出现的几率很小。与现在不同的是，我在以前会经常去病人家中探视。然而在多次的类似情形中，当我走到病人的家门口时没有去敲门或者按门铃，而是习惯地从口袋里取出钥匙，之后又在茫然中将钥匙放回原处。在我对也存在这种情况的患者进行分析后，我不得不认为未按门铃取出钥匙的这种失误实质上体现为对患者的敬意，这与自己那种“宾至如归”的想法不谋而合，因为我非常愿意探视这个病人。

对于这种失误，我们可将其视为人们某种思维观念的显露，这种思维观念确实不能实实在在地被我们的意识所接纳。一个神经学的专家应该懂得，病人对你的尊重是因为他期望你能尽心尽责地医治疾病。从另一个角度讲，患者深深体验到的你的那种热忱和执著会在他心理上产生有助于治疗的效果。还有一些人也在这些方面进行了许多的自我分析，结果显示这种出现于钥匙事件中的失误并非是我的专利。

当我们在行走中为了躲避迎面而来的人时，你的闪避方向总是和这个人保持一致。这样的闪避会出现数次，直到其中的一个人不再横向侧身才停止。试想这种躲避的过程是何等的笨拙，何等的使人烦恼。我提醒自己这一弄巧成拙的躲避行为标志着早期那种不适行为的再现，这使得自己在闪失行为掩饰下去进行性满足的追求。透过对神经症病人症状的分析，我发现年轻人和孩子所具有的天真形象通常也是某种掩护手段。人们在这种掩护之下的言行举止让他们失去窘迫。

至此，我们已经知道潜意识动机的作用是以错乱的意识行为的方式或是以闪失行为为借口呈现出来的。与闪失行为相比，我们接下来需要研究的偶然行为则是另外一种情况。偶然行为略去了意识性的方式以及毋须有的借口，它们的发生仅仅是基于自身的缘故而没有什么目的和意图可言。偶然行为常常反映在“从未想到要如此”、“纯属偶然”或者是“似乎要做点事情”等托词中，这也让人们不必刨根究底地去挖掘行为本身的意思。为了彰显偶然行为的特性或其本身不需要以闪失行为为借口，偶然行为必须满足不可侵犯他人以及行为效果不明等必要的条件。

对有关失误现象的三个问题的解答

进行口误研究以来，我们已然肯定失误现象的背后藏匿着某种动机。而且我们可以根据精神分析方式继续深入探究这一动机。令人失望的是，时至今日我们仍未捕获它的基本特征以及它在失误现象中所反映的心理特性，但我们此时无意对它做出明确的解释或者是探究其活动过程的规律性并加以验证。同时，我们也无意采用直接方式考量内在其中的因素，因为我们完全可以从另一个角度对它进行研究。在研究工作开展之前，我们首先应当分析如下几个问题：（1）反映于失误行为和偶然行为中的思想及欲望的内容和根源是什么？（2）明确这种思想和欲望时使用此项活动作为其方式的因素是什么？又是什么决定了这种特殊的方式？（3）是否可以在失误行为和以这种方式表达的内容之间建立鲜明的坚实的联系？

首先，我将搜集有关材料回答第三个问题。在口误事例的探讨中，我们发现远离所要表达的内容是非常必要的，但如此一来我们势必要在这个目的之外探寻言语错乱的成因。言语者在多数情况下对错乱原因是有意识的，即使在那些简明事例中也只是同一种思想的复制。看上去，这种思想具有表达的权利，但这些表达合而为一的效果却阻碍了思想本身。然而，我们无法说明为什么倾向于采用这种陈述而非另外一种。

在意向性遗忘的情形中，压抑在潜意识中的那些不情愿回忆痛苦的因素所引起的冲突显得十分明确。在对这些具体事例的分析中，我们洞察到这种对立意志的存在，这种对立意志抵制那种还未付诸行动的意向。在失误行为的事例中，我们已经认识两种心理过程，或者是对立意志与此种意向相对抗，或者是在本质上与这个意向本身没有什么联系，但是却是借助外部联想实现这种联系。

闪失行为也被同种冲突所左右，限制这种活动的欲望也是一种对立性欲望，在很多情况下这种对立欲望与我们所说的那种活动欲望毫无瓜葛。在闪失行为的发生过程中，这一欲望得以彰显。除此之外，那种因内心冲突而产生干扰的事例显得更为重要，而这种情况往往出现在某些重要的活动之中。

在偶然行为和症状行为中，内在冲突的影响显得微乎其微。另外，在这些行为的动作表现中，人们的意识毫无价值可言，这样的行为在意识中也几乎被完全忽略。因此，我们更有必要在潜意识和压抑欲望中对此加以分析，这些症状表现在很大程度上象征着人们的幻觉和欲求。

现在来看前面提到的第一个问题，即反映于失误行为和偶然行为中的思想及欲望的内容和根源是什么。关于这个问题，我可以肯定地讲，在多数情况下你将不费周折地发现，来自这些行为中的思想产生于心理生活中压抑的欲望。不容否认，自私、嫉恨、敌视等思想状态在健康人身上也确实存在着。只是考虑到社会伦理的因素，这些思想状态只能通过某种失误方式呈现出来，而且这种欲望也是不容置疑地存在着的，只是具有高级的心理生活的人们并没有意识到这一点。可以说，我们关于这些失误行为的容忍实际是对不道德事物的纵容。在这些欲望活动中，我们似乎没有注意到性欲望的影响，在已经做出分析的事例中也很少发现此种动机的偶然性。我们的理解是，这些事例绝大多数来源于我自己的心理生活，由于这些材料最初是要加以选择的，而在选择过程中那些涉及到性的材料被删除了。当然这也可以解释为自己内心的某种因素对这些思想施以侵扰。

我们对第二个问题的解答是这样的：这些思想如不能以完整的方式表现，则必然强迫自己遵照其他的方式来展示，如侵扰另一种思想。那么，是什么因素导致了这种局面？很多具有典型意义的失误事例表明，这种起决定作用的因素必须与意识容许方面取得联系，即是与意识对这种压抑活动的容许的程度相关联。然而，我们如果试图通过一系列的事例对此进行解释则难以奏效。由于考虑到时间因素而在面对某些问题时退避三舍，或认为这种思想与当前的问题毫无关联，于是将此视为抛弃某个思想的借口，以至于出现如下情形：不合情理的冲动要受到道德观念的谴责，因此这种冲动将会进行退却，我们或者认为它是完全来自潜意识领域中的思想。现在看来，根据目前的思路去探寻决定这些失误和偶然行为产生的一般的决定因素是徒劳的。由此我们会发现这样一个事实，诱发失误行为的动机越是微小，这种思想展示出来的阻力也就越弱并且容易进入意识。当人们的意识关注这一现象时，对这个问题的解释就会明显容易得多。例如，当我们一旦注意到自己的口误便会马上进行纠正。而当动机来源于真正遭受压抑的欲望时，我们势必要通过缜密的分析才能获得清晰认识，尤其是在特定时刻要在作出巨大努力之后才会水落石出。

在最后的叙述中，我准备对这一宽广的研究领域进行简要的说明。前文中关于许多事例的分析告诉我们，失误行为和偶然行为的机制与梦的形成机制在实质上是相同的，对梦的形成机制我们在《释梦》一书中已进行了细致的说明。这两种情形的共同之处在于，它们都是借助并不熟悉的路径以及外在联系的方式，使得潜意识思想作为对另一种思想的限制呈现出来。那些被人认为并非是心理活动的产物的梦的内容，以及该内容中的荒谬和错误都是以同样的方式产生的，尽管这与我们在日常生活中随机使用的已有方式并无区别。在这两种情形中，某一错误的机能表现可以由两种或两种以上正确机能的相互侵扰来说明。

我们能够从上述一致性的说明中形成一个重要的认识，即可以在梦中发现的这种特殊工作成果不能归结为心理生活的睡眠状态。我们已经拥有的众多资料表明，这种工作方式同样也以失误现象反映在清醒状态。与此相同的联系也表明，那些使我们感到异乎寻常的心理活动是由某种根深蒂固的事物决定的，也就是说它可能也与心理机能状态的作用密切相关。

在我们对心理神经症状特别是癔症和强迫性神经症与失误行为、梦的工作在机能运作中的一致性缺乏了解的情况下，我们将难以正确把握这些奇异的心理工作方式。日常中的失误行为和梦的内容也正是依靠这一方式的作用才得以形成。我们今后的研究工作也将以心理神经症状态下的这种工作方式为起点。在我们利用这种类比的方式考虑失误行为、偶然行为和症状性行为的时候，还会发现一个极具趣味性的问题。假设我们将这些与精神神经症的表现相比较时，就会发现以下人们的认识是有道理的，即正常和异常没有严格的界限，它们都存在一些神经症的特点。即便没有任何医疗实践，我们也能够说明许多这种类型的神经症表现。这就是神经症的消失或弱化，表现为症状发作的频率降低。

这也就是说，此种情况下的神经症现象非常轻微，其症状的发生次数、症状的发作程度和持续时间都进一步降低。然而，我们或许从未对这些情况进行过某种推测，人们往往表现出的这种神经症行为，其实构成了向正常疾病过渡的中间环节。就我们所研究的失误行为和症状性行为等病理表现而言，这种特殊类型的症状特点是它存在于一般性的心理结构中。而在那些具有较高价值的心理结构中，这种症状是不存在的。如果存在与此相反的情况，即这些症状存在于最为紧要的个体或社会中，这就会给我们的饮食生活、性生活、职业生活和社会生活构成极大的威胁。但应指出的是，最严重的和最轻微的神经症在表现特点上也有共同之处，即失误行为和偶然行为都可以回溯至构成压抑的心理要素，这些要素虽然不包括人们的意识，但能量在这些要素中依然存在。

6. 潜意识之流弊：诙谐淫语的考察

诙谐是一种能够产生喜剧性对比的判断

那些有机会随时翻阅美学与心理学中关于诙谐的性质及其重要性的文献的人，恐怕必须得承认哲学对于诙谐的研究远不及诙谐在我们心理生活中所产生的影响。详细的统计表明，只有少数思想家对诙谐问题进行过细致的研究，如小说家保尔、哲学家菲舍尔、费舍、李普斯等等。但是，这些著名人物的主要研究对象是富有综合性和吸引力的喜剧问题，而对于诙谐问题的考察只不过是扮演一种边缘性的陪衬角色。

这些文献首先摄入我们思想中的观念是，如果不把诙谐与喜剧联系起来，那么对诙谐的任何一种研究方式都是不符合实际的。

遵照李普斯在《喜剧与幽默》[①] 中的观点，诙谐是一种彻底主观化的喜剧形式，它由我们所创造并附着于我们的生活行为之中。诙谐总是居于主体性而非客体性的地位，更不是处于那种自由意志的客体位置的喜剧。李普斯对此做了进一步解释：从一般意义来讲，我们把诙谐视为喜剧的任何有意识的和成功效果的再现，而不论喜剧是观察到的还是发生于实际情形之中的。

① 正是这本书使我获得了从事该项研究工作的勇气和可能。——原注

费舍则借助于漫画来阐释诙谐与喜剧之间的关系。按照他的观点，漫画是处于诙谐与喜剧之间的艺术品。喜剧同时与某种形式上的丑恶相联系，费舍指出："如果丑恶的事物被隐藏着，它一定会被用于观察事物的喜剧方式加以揭露。假如它只是被略微关注甚至完全未被关注，它一定会被人揭示出来，以便清晰明了并暴露于社会之中。于是凭借这一方式，漫画便产生了。我们的整个精神世界，我们的思想、观念在经历外部考察之前并未呈现，它既不能直观地也不能形象地直接为人所思考和观察。它还包含着抑制、弱点和畸形以及大量荒谬可笑的对比。为了突显这种对比并使之逐步符合审美要求，就需要一种不仅能使人直接想象到客体而且其本身就可以引发想象并使之类化的力量。这是一种能激发思想的力量，而唯一的此种力量就是判断。诙谐即是一种能够产生喜剧性对比的判断，它在漫画中起着悄然无声的作用，但是它只有在判断中才能获得独具的形式和外部自由发展的空间。"①

显而易见，李普斯是依靠喜剧的影响区域将诙谐的特征归于某种行为或者是主体积极的活动。与此不同，费舍则是将诙谐和对象的关联视为区分诙谐的理论原点。他所认可的是，诙谐和对象的关系是在思维领域中隐藏着的丑恶形象。我们确实无法测定这些诙谐定义的实际价值，如果我们不把它重新置于其原有情境中进行考察的话，想要获得清晰的认识的确非常困难。因此，我们有必要先了解

① 李普斯（Lipps），《喜剧与幽默》（1898），第49-50页。——译注

一下作者关于喜剧的论述，或许才能从中了解到一些为数不多的有关诙谐的知识。我们也注意到，在这些文献的其他章节内，也有作家们在不涉及与喜剧的关系的情况下对诙谐的基本特征所做的说明。

关于诙谐的特征，费舍认为“诙谐是一种具有游戏性质的判断”这一表述最为恰当。为了进一步明晰这一表述，他补充：“恰如审美自由根植于对事物的游戏性的关注。”[1]另一方面，费舍又将审美态度之于客体的特征类比为如下状态：“我们可以对这一客体不闻不问，尤其对于它给予我们极大需求的满足漠不关心，但我们却对这一客体某种趣味性的特征乐此不疲。审美态度和审美过程不同，它是具有游戏性质的。此外，审美自由还可能展示一种判断，但对于类比而言没有什么价值。”[2]

如果最后一点得以继续发展，那么我们关于有意义与无意义之间的对比就引人注目了。先前还认为是有意义的事物，我们现在看起来却毫无意义。以此种情形来看，这种事物就是贯穿喜剧全过程的某种东西。当我们考虑到心理学需要而认为某种表述对我们十分重要的话，这一表述显然具有诙谐的意味。我们所引以为重要的看法便于解释各种事物。当我们把某种意义转向另一种表述时，会发现新的表述在逻辑关系上不属于先前的表述。此时，我们领悟到其中存在着某个真理，然而根据经验法则或思维的一

---

① 引自李普斯《喜剧与幽默》(1898)，第 50 页。——译注

② 引自李普斯《喜剧与幽默》(1898)，第 24 页。——译注

般习惯，我们又无法确认这一真理的存在。我们确认它展示了超越内容本身的那种合乎逻辑的或实际的结论，然而一旦清楚明白地揭示出所表述的性质时，我们只能对这一结论无奈地拒绝。在各个事例中，诙谐性表达在我们身上产生了共鸣，那就是喜剧色彩沁人心脾的一种内心状态，它存在于意义的摄入、真理的显现、结论的确定，直至有关价值相对匮乏的事物的意识之瞬息万变的状态之中。

与上面艰深晦涩的描述相伴而来的是种种疑团的接踵而至。我们的疑问之处在于，就喜剧与诙谐的区别来看，摄入人们心中的喜剧情感究竟是有意义的还是无意义的，这一对比是否有助于我们对诙谐的认识。

对于这些著名人物有关诙谐的表述，我清晰地认识到他们的认识可能存在着不少偏颇。鉴于微妙复杂的思维在对诙谐概念进行严密的、精确的表述时所面临的严重困难，我不能不要求那些对这种新奇知识充满渴望的人，竭尽全力地从诸多原始文献中汲取他们需要的东西。但尽管如此，我依然不能确保他们有所收获。关于诙谐的特征、行为与思想的关系、诙谐的游戏性质判断、异类事物的融合、类比的观念、言语错乱的意义、困惑与揭示困惑之相继性、隐藏意义的彰显以及精巧语言的简洁性等等，所有这些被著名人物述说的内容，对我们而言的确是不偏不倚以至易于为事例所验证的，从而也使我们对这些观点引以重视。但需要指出的是，这些论述还只是七零八乱的零星认识，我们的期望是对这些只言片语进行统一有序的整合联结。

然而，我们现在对于可能存在于联结之间的决定因素（诸如诙谐的简洁性）与游乐性判断的特征之间究竟存在何种关系无从知晓。需要进一步了解的还有，对于设计一个真正意义上的诙谐而言，诙谐是否必须满足所有上述的决定因素还是达到部分满足即可。假设我们确认了后一种可能，那么何种决定因素可为其他因素所替代，何种决定因素又无需如此。但愿我们能够这样，即可以凭借那些似乎不可或缺的特征对诙谐加以划分。基于文献的研究，我们可以进行如下划分：一是根据诙谐言语所必需的技术性处理手段（语义双关或词藻游戏），二是基于诙谐在某种情形中的作用（用于漫画、特征描绘以及冷落情形中的诙谐）。

这样，当采用新型方式来揭示诙谐奥秘的目的时，我们不应感到任何的困惑。为了确保万无一失，我们通过两种路径展开工作。一是我们将其置于某种全新的视阈进行分析，二是密集关注或是激增其中的趣味性，以便将研究推向深入。可以肯定的是，我们将在后一种方式上取得进展。以下情形足以使人感到诧异，某些权威人物仅是基于研究目的这一权宜之计的考虑，仅仅满足于为数不多的那些已得到认可的诙谐事例。而且，他们总是从其先驱的研究中选取同一事例。对于先前有助于那些著名权威研究诙谐问题的同样事例来说，虽然在我们的研究中也不可缺少，但我们仍有必要去寻求新的事例，这对于日后的研究结论将产生基础性的支撑作用。

我们真的有必要为诙谐问题的研究倾注全力而忍受困乏吗？我想是这样的。除了那种激发我对此问题持续地深入探讨并像灯塔一样指引我研究的自我心理动机之外，我还要向诸位明示，在所有心理事件之间都具有紧密的联系。这种联系本身所具有的难以估量的价值在于，它可以确保我们在某个远在天边的领域中的心理学中开拓出另一个极其重要的研究视阈。此外，我们不应忘记诙谐在社会生活中所具有的不可替代的甚至是动人心魄的意义。一个崭新的诙谐的作用如同一个普遍为人们感兴趣的事件所产生的效果一样，它好比最近某个胜利的消息一样由甲传给乙，再由乙传给丙。即便是声名显赫的巨擘式人物，当他们认为值得在自传中回顾出身背景、所去过的城市以及与某个重要人物的接触时，决然不会为自己曾经听到过某些精妙的诙谐而无地自容。

对于那些将诙谐视为喜剧的一部分，又将喜剧归于美学领域加以研究的哲学家而言，他们往往通过以下的价值取向来诠释美学：我们并不指望从这些材料中获得什么或者是通过它们来达到某种目的，我们也不需要这些材料来填补我们的需求，如果这些材料足以引人深思或者是其观点可以产生某种兴趣，我们的愿望就达到了。

我们永远不会抛弃这样的认识，即决不能把诙谐看作是无所指向或是没有目的的，这是因为诙谐言语在听众身上引起了显而易见的快乐反映。我几乎在怀疑我们是否在任何事情上都可以毫无目的可言。此时如果我们并不要求我们的心理活动满足某种需求，我们将会容许它提供快乐，同时我们也会千方百计地从心理活动中提取快乐元素。

> 淫欲亲眼目睹因性欲而生的那种快感，正是猥亵言语的原始动机

我们经过了解已经知道，在进行诙谐趣味的起源研究时，决不能再把性倾向搁置一边了。纯粹性诙谐的快乐效果往往是温和型的，它反映在听众身上的全部效果也仅仅是某种显而易见的满足感和平淡的笑语。从一些适当的事例中，我们已经发现产生这一效果的部分因素是来自于诙谐的思想内容。有性倾向的诙谐总会使人忍俊不禁，而其他的诙谐则难以产生这种效果。由于这两种诙谐在技巧方面并无二致，所以我们可能会提出某种疑问，即出于目的的缘故，有性倾向的诙谐必须有快乐的根源，而纯粹性诙谐则不具备这一点。

至此，我们对于诙谐目的的研究就显得容易了。如果诙谐本身不是一种目的，也表明它不是单纯性诙谐，那么它就仅仅为那种能够合而为一的目的服务。它要么是被用于进行攻击、讽刺或者防御的敌意诙谐，要么就是用于标榜性欲的淫语诙谐。在此，我也必须不厌其烦地再说一遍，关于诙谐的技巧种类，言语诙谐或者是概念诙谐，都与这两种目的毫无牵涉。

然而，要对诙谐如何为这两种目的服务的问题进行解释是非常复杂的。在接下来的研究中，我准备将敌意诙谐暂时搁置起来，首先探讨裸露诙谐。事实上，极少有人认

为裸露诙谐的研究有何价值，似乎人们对裸露诙谐本身的厌恶之情已经转移到为什么要对其进行讨论的问题上来了。但我们绝不可为此而不知所措，下面即将探讨的一个边缘诙谐的事例或许有助于我们解开某些疑团。

关于“猥亵言语”的涵义，我们一般认为是通过言语表述刻意地显示性行为或者性关系。但是，这样的表述和我们看到的其他一些界定仍然让人感到失望。虽然在这种表述之后，一次关于性器官解剖学或生殖生理学的演讲就无须与猥亵言语相关联了，但下面的事实必须引起我们的高度关注。猥亵言语的听众常常是这样一种人，他对别人产生了性刺激作用，因而会在听到猥亵言语后意识到说话人的性兴奋。与此同时，他自己也产生了性兴奋。但对于那些与猥亵言语相区别的极其露骨的淫秽语言来说，听者的反应可能是羞愤或窘迫，而不是什么性兴奋。这种情况不过是对刺激的一种反应，也是对这种刺激的一种间接认可。事实上，猥亵言语的对象最初是女性，其作用类似于性骚扰。假如男性中有对淫语感兴趣的，那么这种在社会控制下而不能再现的原始生活就自然形成了。听到猥亵言语而嬉笑的人与性行为的旁观者在这一点上如出一辙。

猥亵言语所必需的性欲话题不仅包含了男女各自特有的东西，而且也包括了他们共有的东西，并与容易引起害羞的一切事物相关。从更广泛的层面来看，这种性欲主题甚至还涉及人的排泄系统，但这是与厕所想象有关的幼年时期的性范畴。可以这样说，在厕所想象中性欲物与排泄物之间几乎不存在什么差别。在神经症心理学的整个研究视阈内，性欲仍把排泄包括其中。针对老年人和婴儿而言，这种分析是可以自圆其说的。

淫语行为仿佛是面对处于裸露状态的异性，凭借猥亵言语强迫被骚扰者想象出这些话中所谈到的隐蔽肉体或性行为的某个环节。与此同时，猥亵言语也表明实施骚扰者也在想象相同的状况。无须否认，欲亲眼目睹因性欲而生的那种快感，正是猥亵言语的原始动机。

> 想目睹男女特有的性器官是“力比多”的一个基本成分

如果我们现在回顾一些基本事实，将有助于我们解释一些疑问。对男女特有性器官的视觉期待显然是力比多[①] 作用因素的一个基本构成。力比多或许早已取代了先前的某个欲望，进而又恢复了在想象中去接触性器官的原始欲望。与经常发生的相似，我们发现每个人的这种观看的欲望已代替了想接触的欲望。每个人身上的这种观看和接触的力比多，都以主动和被动或者男性和女性两种形式存在着，而且根据性欲特征的优劣比例，总有一种或另一种形式居于主导性地位。我们经常可以在幼儿身上发现暴露性器官的癖好，假如这种癖好未被抑制在发育的萌芽期，就会发展为一种在成年男性中出现的性变态行为——露阴癖。对于女性而言，也存在一种常常被加以掩

① 弗洛伊德把它看作是人的一切心理活动和行为的动力源泉，是性欲、性本能冲动。——译注

饰的被动的裸露癖，我们可以从女性的暴露式的穿着中看出这种裸露癖的遗痕。在此，我不会浪费更多的语言去说明，随着社会发展而变化的风俗与生活环境是怎样促成了女性裸露癖的遗留问题。

男性的露阴癖趋向在很大程度上是作为力比多的一部分而残存，并且由此引发性行为。如果这种性欲冲动在第一次与女性接触时就欲以显露，那么它就必须通过语言来为这一目的服务。原因在于，一是对女性借以自我表白，二是凭借言语能够激起的想象使女性置身于一种与自己相似的性兴奋状态，并且谋求女性身上那种被动的裸露欲望。尽管此时的言语没有猥亵性，但完全可以发展成为猥亵言语。如果女性对这种暗示很快予以接受，那么淫语的效用时段就会非常短暂，因为它很快就转变为真实的性接触。反之，如果女性的反应不是顺意而行而是一种防御或抵制的话，情况就根本不同了。在这种情形下，激发起性兴奋的言语就在实质上成为自身目的的猥亵言语，由于得以遏制的性骚扰无法付诸实施，因而只能停留在性兴奋的状态中。在这一过程中，性攻击者会从女性身上性兴奋的显露中获得快感。可以说，这种性骚扰与和其他某种性冲动遏制一样改变着自己的性质，它会转变为一种鲜明的敌视感和残暴性，竭力以性本能中的性虐狂因素来抗拒这种抑制。

因而，女性的抵制是构成猥亵言语的首个条件。但事实上，这种抵制只意味着骚扰行为的延缓，并不是说下一步的行为会徒劳无功。就女性而言，做出有效抵制的理想境遇是有另外一名男性或者说是一个第三者在场。在这种情形中，女性决然不会表现出迅速的顺从。所以，第三者的在场就即刻成为猥亵言语出现的一个重要原因。然而在一开始，女性的存在就是不可忽视的因素。我们经常能够发现，在乡村那种简陋的旅馆里，女老板的出现就会引起很多的猥亵言语。而在一个文明的交际场所里情况则根本不同。在这种情形中，女性的出现会使男性的那些具有猥亵性质的谈话马上销声匿迹。而直到女性离去以后，即在男性们相处的环境中，他们才按捺不住地重复那些认为会使女人羞怯的言语。而此时，那些旁观者，也就是现在的听众就逐渐成为原本只是女性才能成为的猥亵言语的对象。基于这种变化，我们将立即估测出诙谐的特征。此时的关注点可以集中于以下两个方面：一是第三者（听者）应有的影响，二是对猥亵言语题材的条件进行限制。

一般而言，有性倾向的诙谐要求三个人同时出现的那种氛围。除了诙谐的炮制者以外，还要同时有作为敌视或性骚扰对象的第二个人以及有助于实现快乐这一诙谐目的的第三者。我们会在以后探讨隐藏于这些关系背后的更深层次的动机。现在，我们首先要确定如下的事实：为诙谐言语而嬉笑并且能够体会快乐感受的是站在一边的第三者，而并非是该诙谐言语的炮制者。就猥亵言语来说，三人之间的关系和上面所述是一致的，其整个过程可以描述如下：如果猥亵言语的炮制者发现自己的性冲动在女性抵制的情况下遭受遏制，便会立即对此人产生一种敌意态度，同时他又把同时在场的第三者视为自己的盟友。鉴于实施性骚扰者的猥亵言语，这一女性就完全显露在第三者面前，而一直作为听众的第三者由于自身力比多轻而易举地获得满足，从而成为猥亵言语炮制者的工具。

在日常生活中，这种猥亵言语极为普遍，而且会毫无疑问地引发人们的快感。同时需要注意的是，在这一具有多种有性倾向的诙谐特点的密切关系中，并不存在这种情形，即可以涵盖诙谐特征的言语涉及到猥亵的行为举止，而是看起来非常露骨的猥亵言语赋予了对象某种快感，同时引发第三个人的嬉笑。

在一个由众多接受过良好教育的人们构成的社会中，我们方能发现诙谐所必需的环境正在产生应有的影响，并且只有在这一环境中，那些所谓的淫秽言语才会变得有诙谐的意味。而且也只有当这些淫秽言语具有诙谐特点时，它才能为社会所容忍。由淫秽言语转化为诙谐的常用技巧是借喻，就是以某种不值一提的或者是毫不相关的事物作为替代品，如此便可以让诙谐的对象在自我联想中描绘出一幅完整直观的淫秽画面。淫秽言语传递的某种材料与它在接受者的思想中激发的事物之间形成的落差愈大，那么这一诙谐的效果就愈佳，而且它为社会中那些体面的人所认可和接受的可能性也就愈大。除了使用下里巴人或阳春白雪式的借喻以外，还有一种情况也经常反映在诙谐实践中，即那些具有诙谐特征的猥亵言语也运用言语诙谐和概念诙谐的方法。

至此，我们终于能够认识到诙谐在指向其目的过程中的那些程序了。虽然会面临多种困难，诙谐仍然有可能使那种淫荡的或者是充满敌意的欲望得以满足。它们会想方设法躲避种种障碍，并且可以从该障碍所控制的深层因素中把快乐成分提取出来，这一障碍就是女性曾经接受过的良好教育和自身良好的素质，正是这种良好的教育和素质让她拒斥那种不堪忍受的极其露骨的性举止。对于具有性侵扰意念的男性而言，刚开始在头脑中浮现的女性在以后仍然会出现在眼前，或者说该女性对男人颇有震慑的影响力在她消失的场景中依然呈现。我们常常发现，那些具有素质的男性会在一群淫荡女人的教唆下，把原先的猥亵言语变为不加掩饰的淫秽言语。

过去那种原始性的快乐在监查作用之下都丧失殆尽了

对于那些使女性，当然在某种轻微程度上也会使男性难以接受的极度淫荡的力量，我们经常称之为压抑，同时我们还能在这种压抑的情形中发现某种一致的心理活动。在典型的严重病例中，这一心理活动总是使所有的欲望冲动以及衍生物都远离意识并且遏制意识的生成，同时这种活动也向我们表明其本身正是神经症症状的主要原因。可以确信，文明社会中的良好教育对那种压抑过程具有强大的控制力。基于这种情况，我们认为那些原来具有遗传性的心理结构在不断地发展变化，使得我们原先感到愉悦的事物在今天却不堪忍受，而且它还遭遇了所有心理力量的排斥。鉴于文明社会对于压抑活动的控制，我们过去那种原始性的快乐在监察作用之下都丧失殆尽了。但就人的精神特质而言，要想驱逐这种快乐是非常困难的。因而我们会看到，有性倾向的诙谐为我们提供了拒斥那种驱逐快乐的手段以及能让我们恢复业已失去的快乐的机会。在我们听到一段精妙的诙谐淫语而为之嬉笑时，我们所嬉笑的事物与那些素质较低者在某个淫荡的幽默中领会到的事物并无二致。在这两种情形中，引起快乐的深层因素是一样的，但那种极度淫荡的言语并不搞笑，相反是不堪入耳抑或是令人厌恶的。当这些淫荡言语披上诙谐的外衣以后，才能使人产生快乐的效果。

初始阶段为人所质疑的事物现在似乎已经获得澄清，有性倾向的诙谐可以直探产生快乐感受的深层地带，这与那种所有快乐都在一定程度上依赖于技巧的单纯性诙谐而言不可同日而语。需要再次说明的是，我们如果仅仅依靠直觉，则绝无可能在有性倾向的诙谐中区分出哪些快乐源于技巧，哪些又是因其目的而产生。所以，在严格意义上讲，我们并不清楚笑的对象究竟是什么。在良莠不齐的性的诙谐中，我们往往容易对某些劣质的诙谐感到认同。实际上，有些诙谐所采取的技巧不值一提，然而他们促使人嬉笑的效果却异常明显。

在《释梦》一书中，我对那种关于梦决非一种心理现象的错误认识进行了最为严厉的驳斥，正是这种错误认识对潜意识的研究横加阻拦。目前在研究有性倾向的诙谐问题时，我们已经认识到诙谐中的痴语也是为了追求同样的表征目的。同时我们也认识到，一个诙谐的无意义表象十分有助于增加诙谐对象的心理能量消耗，并进而利用诙谐引起的笑声来推动能量的释放。然而，我们不应忘却的是诙谐中的痴语本身就是某种目的，原因在于恢复痴语中的原有快感存在于梦境的意图中。此外，还有一些恢复痴语并从中提取快感快乐的方法，如漫画、夸张、模仿滑稽作品甚至是歪曲模仿等等，它们都是采用这一手段进而形成滑稽痴语。假设我们采用对诙谐进行分析的方式对上述这些表达形式加以说明，就会发现其中并没有哪种形式能产生于我们为了作出解释的那种意义上的潜意识中。

在我看来，至关重要的工作就是将诙谐问题置于潜意识系统中进行研究。这样，我们能够认识到诙谐公开运用的那些技巧在某种意义上并非是仅属于它们本身的。某些只有在我们以后的工作中，通过对这些技巧进行原始考察才能揭开的疑团，如今已然发现了其解决方法。因此，接下来的问题似乎更值得我们深思。这一问题是，诙谐和潜意识之间那种不容置疑的关联，事实上只在具有性倾向的诙谐中才可以体现出来，但我们则准备将这种关联拓展至任何类型的诙谐以及诙谐的任一阶段。对于这种相异的观点，我们不可掉以轻心。

我们可以明确地假设诙谐形成于潜意识之中。此时的问题在于，诙谐是为了潜意识目的而存在，还是为了那种被潜意识强化的目的而存在。在这种情形中，潜意识欲望把前意识的观念携入潜意识中，并在潜意识中赋予它新的形式。这就是精神分析学向我们展示的类比过程。然而，这种呈现下坠性的力量在性倾向的诙谐、单纯性诙谐以及滑稽性诙谐中似乎并未出现。这样一来，潜意识与诙谐的关系便又使我们陷入了困惑。

我们可以思考下面这种情形，一种本身具有价值的观念在其变化过程中能以诙谐的形式呈现出来。为了实现这一转变，我们显然有必要从那些可供选择的表达方式中找出最为适宜的一种，以便可以产生出言谈的快乐。根据自我观察，我们获悉这种选择不是通过有意识的关注实现的。但如果前意识过程中的精神倾注①可以复原为一种潜意识状态下的精神倾注，则必然有助于我们进行这一选择。正如我们从梦境中所了解的那样，由言语而来的联系路径形成于潜意识中，潜意识状态中的精神倾注为选择表达方式提供了更为适宜的条件。另外，我们还可以设想，那种能够将某种言语快乐纳入其中的表达方式似乎就是原始阶段的潜意识目的，现已被卷入前意识状态内立足未稳的表达形式中。为了便于说明某种简单的诙谐问题，我们可以做以下的设想：某种始终在谋求言语快感的动机把握住了处于前意识状态中的机会，继而可以根据熟悉已久的模式把精神倾注过程移至潜意识状态中。

① 亦称“贯注”、“精力投入”，精神分析术语，指将力比多投注于人、事、物的心理历程。——译注

我将为如下的可能性而欢欣，即如果我不仅可以在诙谐的探讨中明晰这一具有决定意义的观点，而且还可以用已能作为结论的证据来进一步支持它。但坦白地说，在这个问题上我面临的不仅是上述两种设想的虚伪性，而且是同样彻底的失败。更为严重的是，我无法对这一点作出清晰可靠的解释，此处实在缺乏应有的证据来验证我的观点。这个结论是基于诙谐技巧以及诙谐与梦的比较的研究而提出的，而不是别的什么与此无关的证据。因此，我们认识到它与诙谐特征在总的方面是一样的，这也是推理分析的结果。

> 与梦的差异在于，诙谐是最具有社会性的心理活动，它旨在制造快感

基于这种推理，可以存在相反的两种情形。假如由此出发不是把某个人引入他所熟悉的境遇，而是将其引入与他的思想观念背道而驰的地方，在这种情况下，这个人就常常将这种推理视为某种设想，并且不承认这种设想与推理所依据的那些因素之间的关系可以成为某种鲜明的证据。假如他还可以借助其他路径得出这种认识，并且如果可以证明它仍然能够作为其他联系中的一个环节，这样才可以将其视为已然获得的那种验证。但是考虑到我们仍然没有开始寻求关于潜意识过程的有关知识，那么这种证据的可靠性就值得怀疑了。事实上，我们的研究始于从未开垦的处女地。因而，我们不会为此而恼恨，我们正以观察分析作为研究的初始步骤，诚惶诚恐地进入那个陌生的领域。

在如此孱弱的根基上进行探索，我们难以获得什么成就。如果把诙谐的每一个变化阶段和与其相应的心理状态加以链接，我们或许可以进行下面的研究工作。来自于愉悦心理的幽默好像存在着某种失去精神倾注的趋势，它业已凭借言语材料的选择或者是思想中的联系，来回应产生快乐和理性批评的要求，并且它采取所有诙谐特征的技巧已使基本条件得到满足。现在的结论是：在基于愉悦心理的支持从而把精神倾注降低至潜意识阶段，这已经在幽默中实现了。此时，我们极有必要假设某种特殊性的个人能力。这种能力可以轻而易举地体现为前意识的精神倾注暂时被移入或转变为潜意识性质的倾注。存在着这样一种意图，它始终关注着并竭力更新那些最初来自于诙谐中的快乐，它对我们还未明晰的前意识的思想表达方式施加了一种下坠性的作用力。不容置疑的是，绝大多数的人在心情愉悦的时候往往可以说一些笑话，不过，如果我们把诙谐性意识视为某种随意性的情绪表现时，那么它仅仅在少数人身上才能体现出来。当某种强烈意向根植于潜意识状态中的时候，诙谐的过程也将会接受如此强烈的刺激，这种意向不仅是诙谐的特殊的能力倾向的表征，还可以向我们详细阐明诙谐的这些主观决定因素是怎样在神经症者患者身上频繁地体现出来。基于强烈的意向性的推动，即便是那些缺乏诙谐倾向的人也会逐渐产生这种倾向。

下面我们将简略进行一下诙谐和梦的比较。正如我们所想象的那样，除了我们已经分析的诙谐与梦的某种一致性以外，对于这两种截然不同的心理活动，我们所能辨析的仅仅是它们之间所存在的差异。其中最为明显的不同在于两者与外部世界的关系。梦是一种根本不顾及与他人交往的心理产物，它确实也不存在什么可供与人交流的材料，它是在主体精神内部作为与其相抗衡的各心理力量之间的一个协调者。梦是梦的生产者本人不可思议的事物，或许正因为这样，梦对局外人而言显得事不关己。关注于梦的深层解释不仅没有必要，而且它必须躲避局外人的关注，否则它将面临严重的威胁，从而必须借助伪装来获取安逸。这样，梦就可以肆无忌惮地利用那个潜意识心理的支配机制，发展为一种难以挽回的状态。

与梦的差异在于，诙谐是最具有社会性的心理活动，它旨在制造快感。诙谐的效果往往要求有三个人在场，它的完成也需要有某个从开始就能与其心理产生共鸣的人加入进来。所以，诙谐的过程受到可理解性的制约，它必须借助凝聚和移植作用来利用潜意识心理中的曲解因素，这一问题可以凭借第三者的可理解性能力加以解决。另外，诙谐与梦形成于截然不同的心理活动区域，而且必须将其归位于心理学体系中相互隔离的地方。梦归根结底只是代表着某种期望，或者是与某种从未得到认可的社会利益的一种关联。它们企图利用幻觉的这种迂回的方式寻求满足，梦之所以无法禁止是因为睡眠的需要。与此不同，诙谐则只从我们心理活动中的那些与某种需求无关的部分中获取快感。梦的主要目的在于避免某种抑郁，诙谐则旨在寻求某种愉悦。事实上，这两个目的是我们所有的心理活动意图的汇集之所。

第二章 人生的折磨

1. 痛苦与忧郁的交织

> 痛苦情绪在一定的时间段后会归于平淡

将梦视为自恋心理障碍的原初常态，这已得到我们的认可和明示。我们将会看到，设法把正常的忧伤情感与痛楚状况加以比较将有助于我们明晰抑郁的内涵。同时我们预先提出警示，切不可对此抱有过高的期望。即便是在精神病学的叙述中，关于抑郁的涵义仍然不能确定。抑郁症[①]有着不同的临床表现形式，当然不可将它们都归属于某单一类型。除了每一关注者对此所产生的印象以外，我们在研究过程中的材料仅仅针对少数病例的特征，而且从这些患者的心理内在机制上看，不存在任何有争议的问题。那些将我们的研究结论视为放之四海而皆准的看法是不符合实际的，为此，我们会在心理上获得某种安慰。

关于抑郁和痛苦的区别，我们可以通过对它们的具体情形的描述加以说明。不论是否存在社会生活对它们产生外部影响的可能，这种来自外部的因素对于抑郁与痛苦的影响具有同类的属性，这一点已被证实。一般来说，痛苦是对于失去心爱之人的情绪反应，或者是失去诸如祖国、

① 以情绪异常低落为主要临床表现的精神疾患。——译注

自由、理想等一些抽象的事物。然而，同样的情形在一些人身上产生的结果并不是痛苦，而是抑郁。我们据此可以猜测这些人存在某种病理性特征。同样需要我们关注的是，尽管痛苦情绪表明人们已经在很大程度上远离了乐观的生活态度，但是我们永远不会将痛苦视为某种病理形态，而对处于痛苦中的人实施药物治疗。可以确信，痛苦情绪在一定的时间段后会归于平淡，而对它的任何一种干预疗法都是不可取的，甚至会弄巧成拙。

抑郁的显著特征表现为陷入深度的沮丧，抑郁主体对自我的外部世界已变得毫无兴趣，由于丧失了爱，导致应有的行为受到了压抑，随着自尊意识的缺乏而转变为向内的责备和愤恨，在最后阶段形成某种在幻想中进行自我惩罚的行为。如果考虑到在痛苦中也会遇到此种情况，那么这种叙述将会使人觉得更加清晰。与痛苦相比，在悲伤的时候我们不会持久地感到自责，除此之外其余特征是共有的。深度的痛苦来自于丧失爱人的情绪反应，这种情形与悲伤并无二致。由于所爱的人不能死而复生，于是对外部世界毫无兴趣；痛苦也使之对新的对象丧失了接纳的兴趣，这似乎是一种对于痛苦的对象难以忘怀的动力。此时我们轻松地发现，加于自我的抑制是痛苦情绪中独特的表现，使痛苦主体丧失了对外部世界的兴趣。正因为我们可以十分清楚地懂得如何解释这种痛苦的心理状态，这足以说明痛苦情绪不是某种病理表现。

通过两者间的比较，我们可以把悲伤的性质概括为痛苦。在我们使用元心理学[①]的术语对“痛苦”下定义时，或许凭借一些事例可以证明对悲伤与痛苦进行比较研究的合理之处。

那么，究竟是哪些因素作用于痛苦的生成呢？经验表明，由于所爱对象已不复存在，因此需要把一切力比多从它此前依附的对象身上撤回。我们会经常发现下列情形，即对力比多的撤回的抗拒自然会激起斗争，人们永远不会自愿地放弃力比多的功能，即使是某种具有替代性的事物向他们施以邀请时，他们也绝不会选择放弃。类似这种争斗性的行为在达到一定的激烈程度时，足以使人忘记现实生活，并且使对象在幻想中继续成为神经症病人的意愿。常态下的结果是基于对现实生活的尊重而赢得某种机会，但是它的指令不会在瞬间使之服从，而是必须要借助于大量时间的耗费以及能量的持续释放之后才会实现。在这一过程中，那些已经不存在的对象仍然留存于心理中。当我们将力比多与对象困扰于一处的那种回忆和意图都展示出来并加以最大程度的发泄时，力比多与对象就发生了脱离。可以说，这种渐进性地执行现实生活指令的过程在本质上表现为一种让步。但它为什么呈现为一个极具悲情性的过程，这就是心理经济学[②]的术语难以解释的事情了。应引起重视的是，这种痛苦的情绪在我们现在看来显得异乎寻

① 指以心理学自身为对象的深层理论研究，故又称为“心理学的心理学”，是研究心理学的本真涵义的学说。——译注

② 用心理学观点研究消费者和企业经济行为的决策过程，以及影响这些决策过程的心理因素的学科。——译注

常。然而多种事实表明，自我在痛苦情绪结束后又将变得放荡不羁。

现在，我们可以将关于悲伤的研究所得应用到对抑郁的理解上。这种借用模式的效果在某类情形中是显而易见的，即抑郁的感受与痛苦情绪一样也可以看作是对于丧失所爱之人的心理反应。如果丧失的对象物明显具有理想性时，那么引起这种情况的原因就无从知晓了。自我心中的那个对象或许并没有身首异处，但是只不过就如同一个被抛弃的女子一样已然不是所爱之人了。在其他情况下，我们也完全有理由认识到，业已丧失的事物可以去体验，但是失去的事物究竟是什么，我们并不清楚，留给我们的只是轻松的想象，而神经症患者却对丧失的事物没有意识。事实上，患者完全可以意识到之所以产生抑郁是因为丧失了某种东西，并且也清楚失去的是哪个人，但是对于自我中的丧失物并不知情。抑郁与痛苦的不同之处在于，它能以某种方式与无意识地失去对象这一情形寻求到某种关联，在悲痛中则不存在失去什么无意识的事物。

> 抑郁行为与发生在正常人身上的懊悔和谴责是不同的两种情形

对于悲伤情结，我们认为，抑制状态和失去兴致的情形可以借助痛苦的摄取功能加以说明。在抑郁情形中，不明确的丧失亦是同类因素内部作用的结果，这与抑郁性的压制存在着一定的相似之处。只是这种抑郁性压制使人大惑不解，因为我们无法觉察到，究竟是什么东西将它们完全摄取。这样，抑郁就呈现出种种在悲伤中无法觉察的事物，致使自我深陷自责之中。悲伤之际，外部世界对主体而言空洞无物；抑郁之时，自我感到精神荒芜与匮乏空虚。如此看来，神经症患者的自我作为毫无价值可言，自身颓废不思进取，该患者对自我进行责难和侮辱直至发展到对被抛弃、被惩罚的期望。这种病人愿意在任何人面前刻意地自贬，并且对那些仍然愿意与自己这样一个不值一提的人交往的亲戚深感同情。事实上，他这种虚妄的自贬是基于某种伦理意义的行为，是在那些心理状况的反应如失眠、厌食、本能丧失之后发展而来的，而本能是支撑任何生命的基本要素。

对于抑郁症患者来说，运用某种科技手段和医术治疗去应对那种自贬式的折磨是不会有什么效果的。患者在有关方面的言语是合理的，而且向我们明示了他的思维内容，我们也应当即刻赞同他的某些认识。关于患者失去兴趣、遭受爱的阻止以至于无所事事等，是痛苦对自我的折磨和消耗，我们并不能作出清晰的认识，只能将其与痛苦做一番比较。患者其余的自贬内容中，看起来还有些许理智的成分，但是他对于真理的认识标准显然要比普通人更为苛刻。由于自贬所引起的烦扰，他便将自己视为一个渺小、自私、卑鄙和丧失意志的人，从而产生那种掩饰自己残缺本性的念头。就此而言，我们倒是认为他很有自知之明。

令人奇怪的是，为什么他在形成某些正确认识之前却会病入膏肓。毫无疑问，好比哈姆莱特责备自己或别人那样，当某个人愿意在他人面前固执己见或是坦白自己的观点，且不论他的认识是正确的或者是错误的时候，他显然是处于一种病态。我们应该能依此断言，自贬与确切认识之间不存在什么关联。引以重视的是，抑郁行为与发生在正常人身上的懊悔和谴责是不同的两种情形。正常人所表现出来的耻辱感，在抑郁症患者身上并无显现或是微乎其微。

依此来看，根本问题并不在于抑郁症患者的自贬是否合乎理性，而在于他们客观地述说了抑郁的心理感受。但这里存在着一个难以避免的矛盾，也同样是一个极端复杂的问题，即抑郁的损失是某个对象，按照抑郁症患者的描述，丧失的却是他的自我，这是我们关于抑郁与悲伤之间进行比较的结果。

在分析这一问题之前，我们探讨一下抑郁的研究对于形成自我认识的作用。在此处，我们将会看到自我之中各部分的矛盾情形。心理中具有批判性质的因素源自自我的分裂，表明它在某些情形中是单独运行的。在抑郁症的临床表现中，贬低自身的道德价值还不是最为明显的特点。在进行自我批判时，关于疾病、丑陋、孱弱、社会地位低下等弱势因素很少涉及。其中，患者对穷困最为惧怕。如果一个人能够耐心地听完抑郁症患者病人的自责言语，他必然会觉得那些根本反对自己的观点并不适合于患者，但如果稍作变动就非常适合于该患者所爱、爱过的或者应该爱的人。在此，我们发现了临床表现中的关键环节，所谓的自责即是责备所爱之人，这表明患者的自我已然留存了从他处转化来的东西。

假如一位女性歇斯底里地喊叫，怜悯她的丈夫能和自己这样贫穷的人生活，事实上她是在怪罪丈夫的无能。当然，在这一转移中也会存在真正的自我怨恨，这一点不足为怪。在表面上，这种加之自身的责备旨在进行伪装，从而使人无从察觉。这种埋怨事实上是一种合法的抗议，自我贬低在根本上会波及他人，因此在这一过程中无所谓耻辱和掩饰。并且在这种情形下，也并未出现对他人的谦卑与恭敬，反而是制造事端、侵扰他人的行为十分突出，其言行举止仿佛遭遇到不平等的对待。之所以会产生这种情况，只是因为言行中的反应仍然源于某种抗拒的心理，最终这一心理状态逐渐转化为抑郁症状。

由于存在着对象的选择，力比多使自己对另外一个人产生依恋情结。但是因为与依恋对象有关的实际侵害和失望，这种对象关系并不稳固。这样，结果并非是按正常程序，从该对象中撤回力比多进而将其转移到新的对象上去，而是转移到别的事物中去了。事实表明，由于对象释放的抗拒能力非常弱以至于遭到抛弃，而撤回到自我的力比多因素并未向别的对象转移。它并没有在可供选择的若干方式中选取其一加以利用，而仅仅是确立了自我与被抛弃对象之间的同一关系。如此一来，对象虚幻的形象就附着在自我身上，而自我仿佛被抛弃的对象一样承受着来自心理方面的责难。在这种方式的作用下，对象的消失也就转变为自我的丧失，自我与所爱之人的对抗就转变为自我责难与由于上述认同作用而产生的自我内部的决裂。

抑郁和痛苦都是关于丧失所爱对象的心理感受

我们已经解释了对象的遴选是源于认同的初始阶段并逐步地演进而来，其运作方式是自我首先接受一个对象并且显露出与对象间的抵触情结。自我的意图是可以实现对象与自己的结合，所运用的手段是口唇期和初始阶段曾使用过的吞食方法。关于厌食与严重抑郁之间的联系，阿伯拉罕的观点是毫无疑问的。

在强调这篇文章的同时，我承认研究所依据的经验材料并不能涵盖我们的一切意愿。抑郁和痛苦都是关于丧失所爱对象的心理感受，但其中存在着十分重要的区别，即抑郁与某种条件有相关性，而对于悲伤这一心理感受则不存在这一问题。当这种条件具备时，对所爱之人的消失即成为病例产生的决定性因素。同时，所爱之人的消失也创造了某种难得的机遇，即处于依恋关系中的抵触情绪暴露于外，为别人所觉察并因此显得格外耀眼。因此，某种强迫性的神经症趋势就随之而来，抵触情绪的裂痕在悲伤的氛围中隐藏着病理发生的征兆。这一结果使它被迫体现为自责情状，最后痛苦主体由于所爱之人的消失而招致责难。在爱人丧失之后所表现出的抑郁情结显示，此处并不存在力比多的回撤，抵触情绪足以制造强烈的对抗。其导致抑郁的程度远远超过了由于爱人丧失而引发的抑郁症状的情形，诸如伤害、忽略以及失望。它也会在自我与对象的关系中融入爱和恨的冲突，或者是进一步加剧已有的抵触活动。

至此，我们对于抵触情绪及其深层原因，已经积累了大量的有实效性的经验和认识，也掌握了蕴藏于其中的多种特性，因此在产生抑郁的因素中务必要重视这一抵触情绪。抑郁症患者的自我折磨无疑会导致某种快感，这就好比在遭受强迫的神经症中的同类情形那样，痛恨与性虐待欲望的满足总是与某个对象发生关联，之后从对象身上返回到自我之中。在两种异常情状中，遭受迫害的一方往往会在最后阶段采取自我折磨这样一种殊途同归的方式，对先前的对象施以报复行为并以病理反应进行侵扰，病理症状的升级旨在避免那种对于所爱对象的敌视情结的公开性。总之，对患者情感造成创伤的人即是与患者对立的人，这种情形也常常出现在周围的人们中间。这样，抑郁症患者对所爱之人的性欲望的释放就产生不同的结果：它的一部分回撤并融入对象与自我的同一状态中，另一部分则由于受到抵触情结的作用而趋向于虐待行为。

处于虐待状态中方能破除自杀倾向的迷雾，这使得抑郁症既让人迷失又增添了某种恐惧。必须承认，作为激生本能活动的初始条件，自我中的自恋情结极其重要。在死亡所引起的恐惧中，它所释放的力比多数额超乎我们的想象，以至我们难以设想自身的毁灭。我们的确已经获悉，每一个神经症患者都不会隐匿自杀的思想倾向，当然这并非是伤害他人的动机复归于自我之中。然而，我们仍不能理解实现这一目的的那种相互作用力究竟是什么。目前关于抑郁的研究显示，只有当对所爱对象发泄复归至自我，它才会将自身作为对象；只有在它能以那种施加在对象身上的敌视情结反过来针对自己时才有可能实现自戕。这便是自我对外部世界一切对象的原初反应，因而在自恋对象发生回撤的时候，该对象就销声匿迹了，虽然我们知道自我与它相比仍是弱者。在自恋与自杀这两种针锋相对的情形下，自我总是为自恋对象所制服，尽管所用方式极尽不同。

那种为我们期待的抑郁症的一个明显的表现，即是对穷困潦倒的恐惧感可以退回至肛门性欲阶段，它彻底地背离了原有次序并发生变异。

抑郁症也使我们面对一个令人困扰的难题。与悲伤情结相似，那种方式不久之后就成为过眼云烟了，而且未能留下任何明显的变化迹象。在悲伤情结的持续中，需要一定时间来逐一执行来自现实检验的指示。当这一过程结束后，自我就能成功地使力比多从失去的对象那里解脱出来。与悲伤情结相对照，我们可以设想在抑郁中自我也存在相似的行为。但是在上述任何一种情形中，我们都无从知晓那种变化的真实历程。抑郁中的失眠现象明显地说明了该种情形有失灵活性，无法使发泄完整地复归以满足睡眠的需要。抑郁情结的行为仿佛就像未治愈的创伤，它从各个对象那里吸取所释放能量的同时又不断耗费着自我能量，并一直持续到精疲力竭之际。这一情况表明，自我很容易被回撤至睡眠的期待中。夜间来临时，这一情状总会得到明显的改观，这可能是由于生理方面的缘故，因而心理学对此无能为力。这种情况与以下问题相关，即与所指对象的背离能否产生自我创伤。对于这一问题我们完全可以进行抑郁的临床分析。自我力比多急剧减低的原因，正是那些对某些病理难以奏效的因素。

我们关于抑郁症最显著同时也是最需要说明的特征，是它所具有的一种可以转化为与该症状根本不同的狂躁症的趋势。根据我们的了解，并非任何一种抑郁症都会向狂躁症转变。在多数病例的间歇期里，我们没有发现产生狂躁症的迹象，或者说即便存在也是微乎其微的。其他有关证据显示，抑郁症与狂躁症之间的正常性交替出现是一种循环性的神经错乱。对于这些病例，假如精神分析无法进行正确的说明而且又无计可施，那么必然有人企图否认这些病例存在心理性基础。事实上，精神分析是完全可以应对这些病理症状的。不仅如此，我们还有责任把有关抑郁症的分析衍及至狂躁症的解释中去。

关于这一探讨，我们可以依据两方面的研究：一是精神分析的观点，二是可能来自于元心理学中的那种观察问题的手段。按照精神分析的观点，狂躁症的内容与抑郁症在实质上并没有什么区别，两者都是与同种情结相关联的心理障碍。在病理特征方面，抑郁症中自我屈服于这种情结，而狂躁症中自我控制了情结或者将它剔除。还有一种观点，是我们观察到的那些与狂躁情形相对应的正常表现，诸如得意忘形、大喜过望的那种情状，他们与狂躁症具有相似的发生条件。这种情状总是基于长期性的心理能量的耗费，或者是由于长期形成的惯性力量所引起的状态。在此情形下，再加之某种影响的作用，就会使能量的耗费显得毫无必要，于是大部分能量可以转移至其他方面被利用，而且其本身具有多种释放的方式。例如某个穷困潦倒的人，当他意外地获得巨额钱财时，就会突然从那种对于面包的渴望焦虑中摆脱出来；又如某人在历经艰难奋斗之后终于如愿以偿；再如某人发现自己猛然如释重负或者是脱离了他已经不堪忍受的虚伪性掩饰等等。上述这些情状的共有特点是极度兴奋，明显具有喜形于色的表情，可以像狂躁症那样我行我素，这一点是与抑郁症状截然相反的。人们可以毫无顾忌地说，狂躁症不过是一种自我从先前的屈服状态中得以摆脱后的胜利姿态。这或许可以理解为由于某种因素的作用而使在压抑中的能量释放出来。上面这一观点容易见证，一个陷入狂躁不安的人倾向于随意运动，因此而显得富有活力。事实上，这种情况反映出我们所说的那种条件的合理性，因此不难理解为什么狂躁症具有极强的冲动性，以至于不受自己的行为方式所限。

如果把两种分析径路的结果共同加以考虑，就会获得如下的认识。有关狂躁症的观察显示，自我必然曾经一度屈服于现已丧失的对象，抑郁症所承受的抗拒精神发泄都源于自我，因而使束缚行为成为可能。除此之外，狂躁症现象十分清晰地显示，该症状患者挣脱了那个使他蒙受巨大折磨的对象，这也使他饥不择食地瞄向另一个目标。

上述说明显得颇有道理，但是这种说明还不很确定，并且引起了一些我们还无法解释的新问题。当然，我们绝不会离开这一问题，哪怕我们不去指望新的探讨将会产生更为清晰的认识。

常态中的悲伤也存在对象的消失，当然这种情形已然被克服了，但这个过程只要发生就会引起自我能量的摄入。那么，为什么在这个过程之后不会产生所需要的条件呢？对于这一疑问，暂时还无法加以阐释。我们至今尚不清楚什么可以作为痛苦程度的标尺，但以下的设想将有助于我们的探讨。假如不存在这个对象，现实经验就可以凭借某个回忆和期待加以衡量，力比多正是通过这些回忆和期待附着于丧失的对象。还有，自我所面对的这种裁决是否与对象一样产生相同的结果？在所有的自恋情结中，自我陶醉断绝了与依恋对象的往来而独自发展。可以设想，由于这一断绝过程是缓慢而渐进式的，因而为此耗费的能量激增。依据痛苦作用的设想，可以试图说明抑郁功能的实现过程。但是，我们在探讨的初始阶段便遭遇了某种不确定性。至今我们还从未研究过，心理活动中的哪些系统，或者是哪些系统之间的关联作用可以实现抑郁的功能。

现在，让我们分析那些被力比多遗弃的对象的无意识代表就显得易如反掌了。但事实上这种代表是由无数单一的无意识印象构成的，因而力比多的复归过程是缓慢而渐进的，这与悲伤情结中的状况有相似之处。我们难以断定这一复归过程是否在若干位置同时进行，或者是遵循着某种确定的次序。以往的研究认为，记忆的过程是逐一进行的，忧伤确实始终如一地呈现出单一特性。假使对象在自我看来没有什么价值，那么此对象的丧失并不会产生痛苦或抑郁。力比多逐渐复归的特征对于痛苦与抑郁没有什么不同，它们可能是基于相同的考虑进而通过低成本的方式来操作。

产生抑郁的因素要比痛苦的因素更为多种多样

与我们的观察结果一样，抑郁的内容要比常态中的悲伤更为丰富。抑郁情结与对象的关联呈现多样性，抵触使得这种关联性进一步复杂化。后者可能具有某种构造性的特点，即表明它是借助于自我而形成的某种依恋关系的元素，或者它就是源于那种丧失对象征兆的现实经验。所以，产生抑郁的因素要比痛苦的因素更为多种多样。产生痛苦的原因，常常在于失去了某种对象或者是由于对象的死亡。表现在抑郁过程中的是，爱与恨在无数单个的冲突中交织在一起，并因为对象而抗争。其中某些因素要促使力比多远离对象，另外一些因素则要巩固力比多的作用并增强其抵御能力。

这种单一性的矛盾只能存在于无意识系统，而不可能存在于任何其他系统中。遭遇痛苦时，无意识系统中也有力比多的脱离活动，但没有什么事物可以阻碍这种活动以正常的方式通过前意识进入意识。但是对于抑郁而言，这一通路可能由于某些原因，或者是在这些原因的共同作用下被施以封堵。从本质上讲，构造性的矛盾情绪是压抑性的，而与对象有关的创伤过程可以激活某些遭受压抑的事物。所以与这些矛盾冲突有关的任何事物都被排斥于意识之外，而在等到抑郁性特征出现的时候才得以避免。这一过程在力比多回撤之后可以转化为有意识的，在意识中它表现为自我的一部分与它所具有的自我批判力的矛盾形式。

因此，抑郁的功能如何以及何种因素引起痛苦，对我们的研究来说并不重要。当我们发现自我在进行自贬或者愤恨自己时，我们和患者一样几乎不清楚这将会产生什么结果以及会有什么变化。对我们而言，更乐于将这一结果纳入功能的无意识部分，因为可以想象抑郁与痛苦的功能之间存在着相似性。和悲伤的功能类似，宣布对象的死亡并向自我阐明求生的美好，并且强力迫使自我放弃对对象的依恋，这样相互抵触的情绪中的单个冲突就会贬损对象、甚至置对象于死地以求缓解力比多对它的依恋。因而，无意识过程中可能会产生这样一种结果，使得愤怒不断衰减或者是竭力促使对象招致遗弃而失去价值。对于这两种结局的可能性，我们还不清楚哪一种是正常的、哪一种会经常性地导致抑郁，也无法确定这些结果对病症将会构成何种影响。假如自我可以意识到自身对于对象的优势，那么它将会为此感到欣慰。

问题在于，即便我们肯定有关抑郁的功能，但对我们期待的那种更为清晰的认识依然无济于事。在与其他情况加以比较之后，我们期待着从抑郁中具有优越性的矛盾情绪里发现影响狂躁症的某种因素，然而缺乏那种可以帮助我们实现这种目的可依据事实。我们已经知道，形成抑郁的三个因素是丧失对象、矛盾情绪以及力比多向自我的复归。丧失对象或者是矛盾情绪，可以在所爱之人死亡后的强迫性自责中出现。其中，矛盾情绪毫无疑问地加剧了冲突。观察结果显示，在这一过程结束之后并没有产生激情性的事物或者是狂躁的情形。这样，我们只能把力比多向自我的复归视为唯一能产生上述结果的因素。精神发泄的积聚在开始时受到限制，在实现了抑郁的功能之后才获得自由。如果要使狂躁成为可能，唯有使力比多回撤到自我中，自我中的冲突在抑郁症情状中取代了围绕于对象的斗争。这种状态与所遭受的创伤很相似，它会引起极为强烈的反精神发泄的抵抗。然而，在我们对狂躁的产生条件还未形成清晰的认识之前，还不宜对狂躁症作进一步的探讨。这种认识的对象首先是形成肉体痛苦的条件，其次是与其相似的心理伤痕。鉴于心理问题的复杂性与其中各因素间相互依赖的特征，我们在缺少其他论据支持情况下，将暂时停止在某些问题上的进一步探讨。

2. 无法逃避的压抑

本能的冲动在某种力量的遏制下黯然失色

本能的冲动在某种力量的遏制下黯然失色，这就是本能冲动中的一个变化。下面的问题是，本能冲动将在某些条件下潜入压抑状态。如果这种情形涉及到外在的刺激行为，所应采取的最佳方式只能是躲避。但是就本能冲动而言，躲避无济于事，因为自我对自身来说，躲避无从谈起。基于明确的判断，我们认为抵抗本能冲动的合适方式是拒绝。压抑则是谴责的初期表现，它处于躲避和谴责之间。在有关精神分析的研究出现之前，还从未有过对于压抑的确切解释。

然而，对压抑进行严谨的理论分析将会步履维艰。那么，本能冲动为什么能够产生这种变化呢？显然，这种变化是基于某种必不可少的条件，即本能目的的实现理应产生的是烦恼而非愉悦。我们所应该做的，就是有必要设想某些特殊情况，即某种过程使愉悦性的满足变为烦恼。为了恰如其分地对压抑的涵义加以规定，我们不妨先探讨一下另外的本能情形。某种情况下，一些外在的刺激转变为内在性的作用。例如，由于饮食过度而伤及身体的某些器官时，某种新的兴奋源便应运而生并进而导致紧张程度的加剧。这种情形下，刺激与本能的作用存在着相似之处。对于这个类比，我们可以用痛觉感受加以说明。此处需要解释的是，疼痛这种本能替代品的目的，只是停止器官的变化以及烦恼的感受，而疼痛的消失并不能引起其他的直接性愉悦。疼痛是一种强制接受的感觉，消除疼痛必须修复发生病变的身体部位或者是排除心理伤害。

然而，有关疼痛情结的分析对于压抑的探讨爱莫能助。现在，我们不妨观测一下那种类似于饥饿的本能在没获得满足的时候会出现何种情况。在这个时候，饥饿也具有强制感受性的特点，满足饥饿感之外任何的承诺在此时都显得荒谬无常。然而，压抑的情形则是另一回事，就其本质而言，绝非是可以轻松消弭于无形的。因此，压抑绝不是在本能未获满足而难以忍受的情形下产生的，机体防御必须在与其他事物的关联中进行探讨。

现在让我们将研究的视角定位于精神分析中的临床实践。据我们的观察，遭受压抑的本能是极有可能得到满足的，而且任何情形下的本能满足总是一件愉悦的事情。但由于本能与其他的目的无法兼容，因而产生了愉悦与烦恼的交替存在。这种情况的后果正是压抑所必要的条件，即由烦恼激生的动机力量压倒了因满足引起的愉悦感受。依据精神分析中的移情性神经症，我们形成以下认识，即压抑在初始阶段不是一种防御机制，只是在意识与潜意识之间形成明显的裂痕之时才会产生。压抑的本质在于将某些事物排斥于意识之外并且使其不得接近意识。关于压抑的这些认识，我们可以进行深入的探究。

在对压抑的范围及其与潜意识的关系作出细致说明之前，我们必须先对心理结构的连续性及潜意识与意识的区别形成明确的认识，此后再从深层次视角分析压抑的本质。如此，我们就可对压抑的临床表现进行清晰的描述，当然我们不可避免会提及此前已有的论述。

我们可以将压抑的第一阶段假设为一种原始压抑，它是被意识拒斥的本能的心理（观念）表征。在此基础上才出现了固着[①]，此后表征维持不变，本能则附着于上。这种情形取决于潜意识过程的特性，我们将在以后加以分析。

固有压抑是压抑的第二阶段，它对压抑的表征的心理生成物构成影响，或是对与此相关的其他思想或观念发生作用，这些思想或观念同样难以避免地遭受着原始压抑。在这个意义上，固有压抑其实是一种“后压力”。除此之外，决不可片面地强调意识对被压抑的东西的拒斥活动。还要引以重视的是，那些遭受原始压抑的事物依靠相互吸引可重新构建某种关联。假如这两方面的作用彼此分离，或者是遭受压抑的事物不能随时接纳为意识所拒斥的事物，那么压抑的目的就没什么价值可言。

神经症的研究工作促使我们关注压抑引起的严重后果。此处，我们倾向于过高地估计其中的心理压力，从而对以下客观情形漠然视之。这种情形表现为，压抑并不阻止本能表征在潜意识中的继续存在，以及阻止它网罗各种势力构建新的关联。实际情况是，压抑仅对本能表征与意识这一心理系统的关系进行侵扰。

此外，精神分析表明，压抑还会给神经症病人造成其他严重的影响。例如本能表征在压抑情形下脱离意识的作用之后，对它的侵扰就会弱化并得以充分的发展。本能表征在黑暗状态中弥漫并伴随着异乎寻常的表现方式，当其借以神经性因素的形式潜入神经病患者的时候，病人就会

① 除了指记忆、思维或症状的固着外，主要指力比多停留于某一阶段或某一事物上。——译注

觉察到那种惊异、恐惧的本能力量而使自己惶惶不安。

> 压抑的情形不仅因人而异，而且保持着极大的恒久性

现在让我们重新观察一下压抑的另一面。那种关于压抑是对意识中所有原始压抑的自我抑制的认识是错误的。假设那些生成物根本摆脱了压抑的表征，它们就可以自由活动于意识内外，这与曲解或者是安置于其中的联接数量都没有关联。在进行精神分析时，我们总是指示患者尽可能地倾泻那些遭受压抑的生成物，并且在一定条件下，这些生成物都可以顺利通过意识的监察。诚然，我们指示患者所展示的想象并未受到意识目的的左右。借助这种间接的和曲解的想象，就可以实现被压抑表征的意识性转移。根据这一情形，我们发现患者可以构筑某种浮想联翩的景象，在他可以反击某些观念的时候，遭受压抑的情形便被揭示出来，这也会使他不断地重复压抑的感受。压抑也会导致神经症症状的出现，凭借自身努力就可以把意识并不认可的事物引到意识中去。

我们仍不能确定这样一个测度标准，能在意识的抗拒消除之前，去衡量那种思想的曲解性和间接性所达到的程度。显而易见，此处出现了一种看似精巧的平衡，与此同时我们的视线却被遮蔽了。但我们可以根据其中的运作方式做出假设，当潜意识的倾注发展到一定阶段时便会停滞不前，而越过这一阶段的潜意识必然要寻求满足。所以，压抑情形是因人而异的，任何一种承受压抑的结果或许都具有与自己相符的情形，并且曲解中的不同程度的变化也

会导致结果的不同。因此，我们就会明白人们因何会对某些事物情有独钟，而与某种知觉和目标相同的理想却使他们唯恐避之不及。这里的秘密在于，某种精妙的变化导致了人们之间的差异性。这正如我们在研究恋物癖产生的原因时所发现的，原始本能的表征极有可能一分为二，其中一半部分承受着压抑，而另一半则因为紧密的联接呈现理想化的色彩。

与此相同，曲解程度的强弱变化也可以通过其他器官的活动来实现。例如，在发生愉悦与烦恼的情况下，我们可以用愉悦取代原本应该发生的烦恼，以求对心理活动施加影响。通过所采用的一些特别的手段，遭受拒斥的那种本能表征的压抑就销声匿迹了。但压抑消除的现象仅是昙花一现，很快它就会被打回原形，这便是其中的一条规律。

以上分析有助于我们探讨压抑的多种特点。正如我们前面说讲，压抑的情形不仅因人而异，而且保持着极大的恒久性。因此，不可将压抑的过程视为单一性的变化，与被杀害的生物将永不复生一样，压抑的持续性是永恒的。的确，压抑的过程就是能量不断释放的过程，压抑停滞将导致人遭受一定的侵害，所以在此意义上，压抑有必要以某种新的方式展现。可以想象的是，被压抑的思想屈从在意识的持续压力下活动，而如果要实现平衡，这种压力必须承受持久性的反作用力。以经济学视角分析，压抑的维持需要源源不断的能量释放，如此压抑的消除才可以降低能量的消耗。我们可以发现处于睡眠状态中的压抑活动，压抑也完全可以促成梦境的出现。而在梦醒时分，睡眠中的压抑性倾注将不复存在。

我们也必须谨记在心，关于压抑的本能冲动的说明仍是极为欠缺的。假若我们对本能遭受压抑的研究不是局部的和片面的，那么该种情形在很大程度上将表现得更为复杂多样。它可能由于极小的能量需求而显得沉寂，也有可能因大量的能量需求而变得活跃。诚然，本能的冲动并非会造成压抑的消除，而是以曲径通幽的方式促进冲动融入意识之中。潜意识中未被压抑的思想往往取决于倾注的程度。只要某种思想仅仅意味着微乎其微的心理能量，那么它就不会遭受压抑，虽然其本身能加剧它与意识中主导思想的冲突。思想的不同特性将对冲突产生不同的影响，当某个实质性的、充满恶意的思想意识超过一定限度时，冲突就不可避免了，进而必然地造成压抑情结。这是我们习以为常的现象。就压抑问题而言，潜意识所摄入的能量倾注越多，那么将其从潜意识中清除的作用力就会越发微弱。

这是我们对本能表征的压抑问题所做的阐释。所谓本能表征，即某个观念或某一组观念来自于对本能施加限制的心理能量倾注（称之为力比多）。基于病例的临床观察，我们对独自存在物进行了区分。它旨在说明，除观念以外，本能表征的其他因素也应引以重视。压抑的其他因素或许与观念存在不小的区别，我们已经把本能表征的其他因素称为情感量。情感量是对本能的刺激反应，它离开观念后以情感的形式展示出来。依此，我们可以运用分离的方式探讨压抑问题，以求明晰在压抑的结果中哪些转化为观念，哪些转化为观念中的本能能量。

让我们深感乐观的是，对此二者的变化可以进行一般性的阐释。假若我们再接再厉，就可以真正实现这一研究方案了。那种可以体现本能观念的一般性变化，假若先前具有意识性特征，就将从意识中消亡；假若这一变化趋向于意识性，则将在意识之外继续持存。依据精神分析，本能表征体现为下述可能的活动：本能要么完全处于压制状态以至我们无法发现；要么以情感的形式展现而且做了特征上的伪装；还有一种可能就是转化为焦虑。关于后两种可能性，我们有必要进行多种分析，例如对本能变化的情感（特别是焦虑）转向的分析。

表征方面的情感量变化要比观念的变化更为重要，这一事实对于我们进行压抑过程的估量有着决定性的意义。假若压抑不能实现避免烦恼或是焦虑的目的，那么压抑的使命就没能完成，虽然我们从观念的意义上可以不予承认。比起压抑的成效而言，失效的压抑更容易使我们产生兴趣，这是因为我们在多种情形下对于有成效的压抑视而不见。

此刻，我们有必要试图分析一下压抑过程中的机制问题了。对于只有一种机制还是一种以上的机制发挥作用，以及神经症的不同情形是否与压抑机制的不同有很大程度上的关联，都是我们一直想了解的问题。鉴于该问题所涉及的情况异常复杂，我们无法做出严谨明确的答复。我们只能借助压抑的结果来对压抑机制的相关问题进行推测性的分析。假若将视线局限于观念中的压抑结果，就会产生这样的疑问，即它通常创造出的那种可以替换性的机制是什么呢？还有，我们能否在此对压抑机制进行不同种类的区分呢？事实表明，压抑必然会导致某种症状。那么，我们能否设想替换生成与症状将会如影随形？再者，假若总体上会如此，那么症状形成的机制是否等同于压抑的机制？一般而言，此二者之间可能存在巨大差别，并非是压抑本身引起了替换生成和症状。替换生成和症状是向压抑复归的指示器，因而我们在分析压抑的机制之前，要证实替换生成及症状的机制形成的可能性。

不论何种假设，都必须基于对不同情形的神经症压抑结果所做的严谨分析。此外，在对意识与潜意识的关系做出准确的阐明以前，我建议对上述问题的分析适当延迟。而且，我认为有必要首先明晰下列一些问题，以避免相关的研究工作无功而返。这些问题是：(1) 事实上，压抑的机制与替换生成的某一机制或所有机制不存在同生的情形；(2) 存在着多种替换生成机制；(3) 在诸多压抑的机制中，至少在其中一点上可以达成共识，即将能量倾注或力比多倾注撤回并作为对抗性本能的力量。

我们还可以将问题归入神经症的三种典型的情形中，继而以某些事例来说明这些概念是如何应用于压抑的分析的。

压抑中的本能冲动体现为对父亲的“力比多”情结

为了解释焦虑性癔症，在此我以一个业已细致分析的动物恐怖症为例进行探讨。压抑中的本能冲动体现为对父亲的力比多情结，其中内在着对父亲的恐惧。压抑过后，本能冲动在意识中烟消云散。这时，父亲已不再是力比多的对象，取而代之的是某些能成为焦虑对象的动物。从观念层次考察，替换生成源于某种特殊方式下观念链接的移除功能，冲动量没有发生变化，而是转化为焦虑，那种关于父爱的需要此时被对狼的恐惧所取代。诚然，上述事例毫不足以对那些甚至是及其简单的神经症加以阐释，还有其他许多问题没有考虑。动物恐怖症中的压抑并未产生什么成效，其过程只是对观念的移置与替换，而不是彻底地铲除烦恼。神经症正因为如此而不停地发展，它为实现某种当时极其重要的目标行至第二阶段，即竭力避免恐怖症的发生，这种逃避行为出于阻止焦虑的发泄。对于恐怖症的实现目标的机制如何，更为深入的分析将做出回答。

对于转换性癔症的分析，我们必须以新的视角探讨压抑的过程。而在此时，压抑过程最为明显的特征表现为情感量损耗殆尽。一经如此，癔症患者的症状便呈现为“无所谓状态”。但是在其他情形中，该种压抑并非具有完全的实效性。例如，某种使人痛苦的感受附着于症状之上，或是证明此种感受无从遏制焦虑的发泄，这就引发了恐怖症形成的机制。当本能表征的观念已完全退出意识之外，那种强烈的神经支配就会以某种替换形式以及某种症状情形呈现出来。这种现象时而是感觉，时而体现为运动或者是兴奋或压制。更为深入的研究显示，那种超强度神经支配的部分即是遭受压抑的本能表征。

然而，以上分析并不意味着我们对转换性癔症的全部机制尤其是压抑的因素问题已全然阐明，这些问题我们还需根据其他的相关情形进行进一步的探讨。关于替换生成引起的癔症的压抑问题研究，我们并未取得任何效果。但就情感量问题，也就是压抑的真实使命而言，是完全有效的。在转换性癔症中，压抑的过程结束于该种症状的形成阶段，与其在焦虑性癔症中发展至第二阶段不同，它在转换性癔症中的发展是恒久的。

基于研究的需要，我们来分析一种与前述不同的压抑——强迫性神经症的压抑。我们首先将进行如下质疑：究竟是力比多还是某种敌意倾向附着于压抑之上？这一问题的不确定性，是由于强迫性神经症以压抑为基点并且以爱取代了虐待倾向。这表明，正是对所爱之人的敌视本能使之产生了压抑。压抑的初始阶段与后期阶段常常具有不同的效果：压抑在初始阶段是完全有效的，这一过程中观念遭受拒斥而且情感也消失得无影无踪。在其作为替换生成时，自我产生变化并且意识的因素明显增加，因此这一情形不具有症状性特征。那么在这个时候，替换与症状并不是相伴同生的。

这一分析也提高了我们关于压抑机制的认识。在强迫性神经症或者是其他病症中，压抑引起力比多的回撤，但这一结果是通过反向形成而实现的。在此种情形中，替换生成与压抑有着同样的机制，两者是原始共生的。或许正是这种难以确定的关联构建了整个过程，促使该压抑的虐待性冲动得以呈现。虽然压抑在初始阶段是卓有成效的，但这种效果并不持久，在此之后它会随着时间的发展而逐渐暗淡。如此，抵触情绪通过反向形成导致了压抑，而那些承受压抑的矛盾再次复归；业已消失的情感又转换为社会焦虑、伦理焦虑以及良心谴责的形式呈现出来。遭受拒斥的观念借以移置为替换，它们常常转移到微乎其微乃至不值一提的事情上。此时，那种试图重新构造全然处于压抑下的观念的愿望总会呈现出来。正如我们在癔症性恐怖症中观察到的那样，表现于数量和情感方面的压抑失效会形成同样的逃避机制。然而，遭到意识拒斥的观念依然故我地持续存在着，这是由于该种观念刻意地避免活动从而使冲动受到抑制。所以，压抑对于强迫性神经症而言，是一种全然无效而又极为漫长的抗争过程。

通过这些简明的比较研究，我们不得不承认，未来的更为广泛深入的探讨将一直持续到对压抑的过程及神经症症状的产生机制形成根本性的认识为止。相关因素的那种极其复杂、犬牙交错的情形，要求我们只能采用唯一的方式去把握和解释。我们也因此不得不遵循某种次序并尊重各种不同的观点，之后凭借实际的材料进行跟踪研究，直至我们能够获得有利于我们研究的结果。我们也注意到，那种对患者所采取的任何一种单方面的治疗都是不周到的。不仅如此，那些浅尝辄止的行为不可能不令人困惑和失望。同时，我们也期望着全过程的整合性研究促成关于压抑问题的确切阐释。

3. 焦虑的蹂躏

焦虑被视为最令人烦扰的精神负重

焦虑被我们视为最令人烦扰的精神负重，而且焦虑在生活中的消极影响会日益严重并导致恶劣后果。我无意探讨一般性的焦虑问题，但与此相反的是，我却在神经症中的焦虑问题上兴致盎然，而且会为诸位详加分析这一问题。

但是，我似乎没有必要为诸位说明焦虑的本真意蕴，每个人都在不同时段内设身处地地经历过这种感受，或更确切地说，人们体验过这一感觉。我的问题是，神经症患者比普通人所要承受的那种看起来更强烈的焦虑，为什么至今还没有被人们耐心细致地研究？可能是因为这种焦虑已被视为某种可以自我验证的东西。“神经过敏”和“焦虑”这两个词可以互用，仿佛指的是同种事物，但这种看法却是错误的。因为，有焦虑表现的人并没有什么神经过敏现象，而呈现出多种症状的神经症患者并未出现任何焦虑的感受趋向。

但是，以下的事实却是不可置疑的。焦虑确实是一个极其重要的中心问题，假若我们可以清晰地阐明这一问题，那就会使我们对完整的心理意识形成清澈见底的认识了。尽管我并未期望自己可以完美地解释焦虑问题，但是人们可以寄希望于精神分析，采取一种有别于学院派医术的方法对此进行探讨。一般而言，学院派医术的关注重点是引发焦虑的生理解剖。如果我们发现病人延髓[①]受到了某种刺激，就会认为他的迷走神经出现了症状。我至今仍能清晰地回忆多年前用于延髓分析的精力与时间。因此，我有必要说明一下，假若你们愿意学习有关焦虑的心理学，那么最微小的部分无非就是有关刺激所经历的神经通路方面的问题。

尽管人们可能会不惜时间地研究焦虑，但仍然没有将其视为某种神经症的表征。在我把这种焦虑陈述为与神经症焦虑相对应的现实性焦虑时，你们立即就会懂得我的用意。现实性焦虑是一种合理地存在着的并且是极为常见的情形，可以被称为对外部恐惧的知觉反应，亦即是一种可以预见的侵扰。在其与躲避反射的结合中，焦虑被视为自我保存所特有的一种情形。根据个人对与外部世界的认识或感觉不同，大部分引起焦虑的对象和情境也有差异。例如原始野人恐惧大炮或日食，但一个现代人既可以使用大炮又具备天文知识，那么他处在这种情形中就毫无焦虑之感。然而，在某种情形中，知识也会带来恐惧，这是由于人们能够运用知识预计即将来临的危险。生活于丛林中的原始野人发现异常足迹，就

① 是脑干最下部。以脑桥延髓沟与脑桥分界，平枕骨大孔与脊髓相连，位于颅后窝小脑前下方。——译注

会有所惊悸而提前避开，但是现代人并不清楚这是野兽出没的迹象而显得不以为然。再如，一位经验丰富的航海家在发现天空中一小簇乌云时，就会为即将来临的暴风雨而惊恐不安，而对这一关联性并不知情的乘客则毫不在意。

我们在深入思索后会觉得，必须根本改变那种有关现实性焦虑的理性特征以及所谓利益性评断的思想。危险来临之际，要首先保持冷静并切实估计自己所能支配的力量，在与先前所遇的危险加以比较之后，决定现在最佳的选择是逃避、抵御抑或攻击。或许你们已知极度恐惧的严重性，它足以使人瞬间凝固以至于无法逃离。一般来讲，对于恐惧现象的反应由焦虑的感受和防御行为构成，例如一只遭遇惊吓的动物表现出恐惧和逃跑。此时，有利于自身的是逃避而非恐惧。

> 一个人通过焦虑在惊悸中的感受保护自己

如此必定形成这样的认识，即焦虑对于生存而言确乎有害无益。然而，只有对恐惧的情境进行更为详尽的探讨后，方有可能对焦虑问题做出深刻的解释。在这里，首先需要关注的是关于危险情形下的准备，在那种情形中知觉很敏锐并且肌肉变得紧张。显然，这一生理方面的准备对于获得生存十分有利，假若没有这种准备的话，可能就出现极其严重的后果。另外需要关注的是，一方面肌肉的活动大多表现为逃避，较逃避更高级别的行为则是抵御，另一方面不存在什么焦虑或恐惧的感觉。假如这种恐惧感的时间极其短暂甚至是转瞬即逝，焦急的准备状态将会非常容易地转化为行动，整个过程将有利于个体的安全。如此看来，关于焦虑的准备似乎有显而易见的益处，而焦虑的产生则极为有害。此处我们并不予探讨焦虑、恐惧、惊悸等名词的习惯性用法是否具有相同的涵义，我想说明的是，焦虑问题与对象的关系不大，它是就情境而言的；恐惧本身倾向于关注对象，而惊悸则突出了某种特殊的含义，即来自于危险感受而引起的效应。它强调的是在危险突然降临的时候我们毫无焦虑的思想准备。在此意义上，可以说一个人通过焦虑在惊悸中的感受保护自己。

诸位或许会觉得焦虑这个词的用法模棱两可，没有确切的指向。我们一般认为焦虑是指察觉到危险时自身的主观感受。借助于所观察到的“焦虑的产生”，可以进入一种被称为情感的状态。情感首先包括特殊动作的神经支配或发泄，另外，情感包含对于已有行为的知觉以及直接引起的快感或痛感，这种愉悦或烦恼为情感定下了基本的情调。

但是在我看来，这种认识依然没有触及情感的本真涵义。我们对于某些情感应该具备更深层次的把握，并且认识到它们的复合结构的核心内容是某种特殊情形下的经验事实的重现，而这种经验由来已久，它并非存在于个体史中而是属于物种史所有。基于理解的需要，我们可以认为情感状态与癔症的发作有某种相同之处，即两者都是记忆式的积淀。如此，我们可以把癔症发作视为一种新型的情感状态，而将某种正常的情感视为遗传性的普通的癔症症状。

提醒诸位注意的是，万不可将我们上述关于情感的讨论看作是普通心理学的研究专利。恰恰相反，我们这种讨论基于精神分析并且是精神分析所独有的结果。那种来自于心理学方面的詹姆士-兰格理论中有关情感的分析对我们的研究于事无补。当然，这并不是说我们关于情感的认识就千真万确，我们研究中的有关结论也仅仅是精神分析在这个混沌领域中的初步运用。尽管这样，我仍然要把讨论继续下去。我们对于在焦虑性情感中再现的回忆和印象究竟为何物的认识深信不疑。我们认为它是关于出生的行动，这种出生的行动内涵着痛苦、兴奋以及生理感觉等在生命危急时刻的经验的原有表现，而且再现于焦虑状态之中。人在出生时之所以产生焦虑经验，是因为新鲜血液的供给已经停止。焦虑一词关注的重点是呼吸紧张的特性，即表明急促呼吸是在特殊境遇中的结果，它常常与情感同时产生。当然，我们也可以将这种情况视为婴儿与母体分离的结果。同时我们也认为有机体在历经数代之后，暗藏着重新激发那种初始焦虑的意向性。因而任何人都绝无避免焦虑之可能，即便是传说中早已脱胎以至未能感受出生时活动的麦克杜夫也无出其右。至于不属于哺乳类的其他动物，我们还不知晓它们的焦虑经验的原有情状的特性。此外，关于这些动物具有哪些与人类的焦虑同样复杂的情感，也是我们现在研究的未尽之处。

或许使人感到有趣的是，我是怎样突发奇想地认为出生是焦虑性情感产生的原始情状的？还是在许多年前，当我和一些年轻的医生在某个小餐馆吃午餐时，一位产科医院的助理医生给我们讲了一些有关助产毕业考试中的逸闻。考官的问题是：假若出生时羊水中混有婴儿的胎粪，这一事实说明了什么？某位考生立即答道：“这说明婴儿遭遇了惊恐。”然而，这个回答使该考生受到嘲讽，并因此而丢掉这次考试。但是我对这名考生却深感同情，这个回答中所体现出的某种知觉已经关系到一个极其重要的研究过程。

让我们面对神经症的焦虑问题，分析一下这种焦虑是以何种新形式以及是在何种情形中出现的。这一问题涉及的内容很多。首先是关于我们所发现的一种普遍的、可以称之为自由运动的焦虑。这种焦虑容易与某种思想观念相结合，可以左右我们的判断力并且择取其希望的事物。我们将这种焦虑称为期待性焦虑。遭受这种焦虑困扰的人常常预感到许多可能发生的灾难，倾向于把某些偶然事件当作不祥的征兆。该种期望性的焦虑可以出现在那些并非有病症的人身上，并且并成他们的一个特点，也因此他们被认为是极度焦虑的、杞人忧天式的悲观者。但是焦虑性神经症的特点通常与此是一致的。

与刚才所说的焦虑相比，还有一种焦虑会使人的精神受到束缚，而且往往依附于特殊的对象物或是情境。这是一种繁杂多样而又极为怪异的恐怖性焦虑。美国著名心理学家斯坦利·霍尔曾用一些富有深意的希腊语来命名这种恐怖症。这些名称好像是埃及的十灾，只不过所命名的数目远远不止十个罢了。以下的词语都可能作为恐怖的对象或情境：黑暗、天空、空旷地域、猫、蜘蛛、毛虫、蛇、鼠、雷电、刀剑、血、围场、群集、独处、过桥、航海以及乘坐火车等等。以上这些杂乱的事物可分成三组。第一组的对象或情境是那些在正常人看上去都毛骨悚然的画面，它们确实与危险存在着必要的关联。尽管这些事物的恐怖效应极其明显，但这是在情理之中的。比如，我们在没有碰到蛇的时候不会感到惊恐，但是对于蛇的恐惧应该是人所共有的。达尔文曾经表示，他看到匍匐在玻璃后面的蛇向自己扑过来时深感恐惧。

第二组的事物与危险当然也存在着关联，然而我们却经常对其视而不见。这里涉及到许多情境恐怖症。一个浅显的认识是，乘坐火车比呆在屋子里更容易遭遇危险，这是因为行车事故会偶尔发生；当然我们还知道沉船时乘客会遇到生命危险。但是我们对这些潜在的危险毫不在意。再比如，当桥断裂的时候我们将坠入水中，但由于这种意外的可能性极小，所以对坠落的危险我们不会关注。此外，还存在独处时的危险，以及群集、围场、雷雨等情景都会产生这种恐惧症。对于这些恐怖情景，我们难以理解的不是恐怖的表现而是其产生的强度。可以认为，伴随恐怖症而来的焦虑是难以名状的，但是那些神经症患者对上述情境中的焦虑以及我们以相同词汇描述的事物并不感到恐惧。

接下来需要分析的第三组恐怖则使我们难以认同。例如一个健壮的成人竟然会害怕在他家乡的某个熟悉的地区穿越一条街道或广场，或者是一个正常的妇女竟然会因为看到一只猫从身旁穿过或者是一只老鼠在屋子里跑过而惊声尖叫。那么，这些事情与我们说的那些危险有何关联呢？这种动物恐怖症与那种具有恐惧强度的情形不同，因为许多人对猫亲爱有加。老鼠本来是大多数女性害怕的动物，但我们发现她们有时候也用它来称呼所喜欢的东西。尽管有许多女性乐于自己的爱人将她们称为“小老鼠”，但是她们仍然不愿意亲眼目睹这个动物。而对于那些具有街道或是广场恐怖症的人来说，我们只能将他们的行为看作儿童一般。儿童由于接受过相关教育就知道避免出现危险的情形，而对于广场恐怖症者而言，假如他和朋友们共同走过广场时就没有焦虑的感受。

对黑暗、雷电、动物的恐怖症似乎是天赋的

就期待性焦虑和恐怖症焦虑而言，两者间彼此独立同时也没有阶段性的划分，并且只在极少数情形中才会同时存在。最有深度的期待性焦虑也并非可以转化为恐怖症，而那些长期具有广场恐怖症的人也未必就绝对有悲观色彩的期待性焦虑。某些恐怖症如广场恐怖或对于火车事故的恐怖等已被证明是后期形成的，而那种对黑暗、雷电、动物的恐怖症则似乎是天赋的。前者呈现出严重的病理特征，而后者则表现为个人的怪癖。假若某个人具有对黑暗、雷电、动物等恐惧感，我们就会怀疑他具有某种恐怖症。另外需要补充说明的是，我们将把这种恐怖症视为焦虑性癔症，同时这种恐怖症也是与转化性癔症紧密相关的一种错乱。

最后还有一种神经症焦虑使人深感困惑，在这种焦虑症状中焦虑与危险之间并不存在明显的关联。神经症焦虑或者与癔症症状同时出现，或者是在不同的刺激作用下发生。在刺激作用的条件下，我们原以为会产生某种情感，但是出乎意料的是这种情感却是焦虑性情感。另一种情况则是，神经症焦虑和任何条件都毫无关系，仅仅是一种无从考证的焦虑。这一点不但使我们感到不解，而且使患者也为之困惑。就此而言，我们即便是持续地研究下去，也不会发现有什么危险或者是产生危险的可能性。根据这些自发性的症状特点，这种神经症焦虑有多种表现形式。例如，可以用战栗、衰弱、心跳或呼吸困难等具有单一性的强烈症状来表示。在这里，我们先前认为的那种焦虑情感销声匿迹了。但是我们所谓的这些焦虑的表现形式与焦虑本身一样，它们的临床病理原因是相同的。

4. 性行为与焦虑

> 焦虑性神经症在性行为获得良好的效果后便会消失

目前仍然存在两方面的问题。一是能否在神经症焦虑与现实性焦虑之间建立某种联系？二是究竟如何进一步理解神经性焦虑？对于我们的研究来说，我们希望在焦虑状态中必然存在某种令人恐惧的事物。

现在，我们把来自于临床观察中的一些有助于解释神经症焦虑的结论做一陈述：

（1）可以确立下述事实：期待性焦虑或者说是一般性焦虑与性行为中的某个环节即力比多的运用紧密相关。我们以那些性冲动遭受遏制的人们作为最简明而又最具思考性的事例。他们那种超强的性冲动正受到遏制而无法尽情地发泄，因此也不能得到最后的满足。这种情况出现于下列情形中：对于男性，则发生在订婚与结婚之间的那个阶段，而女性则是因为丈夫的性能力不足或是考虑到避孕的需要而草率地完成性交。在这种情形中，力比多的冲动消散而被焦虑取而代之，最后发展为期待性焦虑或者是形成与焦虑相似的病症。男性的焦虑性神经症在很大程度上是因为性行为未能尽兴，这在女性身上表现得更为明显。在临床医疗实践中，应该从根源处诊疗这种有关性行为的症状。已有无数的病例证明，焦虑性神经症在性行为获得良好的效果后便会消失。

据我的研究，性行为的抑制与焦虑之间的关系已为人们认可，即使是那些一向对精神分析抱有成见的医生们也不再横加指责了。但是他们仍然对这一关系有所误解，认为那些患者原本就有恐惧意念，所以他们在性行为中难免会加以抑制。但是这种解释与女性的性状况存在着矛盾。事实上，女性的性行为是被动的，性行为的效果如何完全取决于男性。女性越是激情四射，性的欲望就越发强烈，因而也就越希望获得性欲的满足。如果男性的性功能弱化或者是在性交中难以为继，就容易引发焦虑症状。但是那些对性行为缺乏兴趣或是性渴望较弱的女性，即便是当男性出现性障碍时也不会产生焦虑。

目前医生们普遍赞赏性欲望的节制，但是假如力比多丧失满足的条件，它渴望发泄但无法升华[①]，那么性欲望的节制就会导致焦虑的出现。除了对病症避而不谈之外，我们从性格形成中就可以轻易地发现性抑制和焦虑会经常同时呈现，那种倾向于冒险的精神反而和性放纵存在着必要的联系。但这些关系总会由于多种文化因素的影响而变得复杂微妙。对一般人来讲，性抑制与焦虑之间所形成的密切关系在事实上是存在的。

此外，我们还未探讨力比多与焦虑之间的关系。关于这方面的例证俯拾可见。力比多的生成物在青春期和绝经期会出现激增，这对焦虑将产生一定的影响。在某些冲动中，我们可能会直接观察到力比多与焦虑的融合，直至由焦虑最终取代力比多。人们会从这些事例中获得两方面的印象：其一是力比多的激增并没有创造出某种正常状况下的利用机会；其二是由于我们完全处于生理过程的生命范围之内，因而只能察觉到力比多的匮乏以及它被焦虑所取代的情形。

（2）神经症特别是癔症的分析为我们的研究提供了新的

① 指压抑在无意识中的冲动（尤其是性本能冲动）通过哲学、宗教、艺术等方式以及社会许可的其他活动宣泄和表现出来，以获得一种变相的、象征性的满足。——译注

帮助，这种病症的焦虑往往与症状相伴随，缺少对象的焦虑持续地存在于症状过程中。病人对于他们所恐惧的事物难以言说，而且借助润饰作用使它与初期的那些恐惧症如死亡、疯癫或灾难发生联系。假若我们分析一下焦虑或者是因焦虑而生的病症的相应情形，经常能够觉察出那些被遏制并为焦虑取而代之的是何种正常的心理活动。因此它在潜意识的活动过程中，仿佛从未遭受到压抑并且可以无拘无束地进入意识内部。这一过程中会有某种特殊情感相伴随的现象，我们还惊异地看到这种伴随着事情进展过程中的情感因素为压抑下的焦虑所取代。如此一来，当我们处于癔症中的时候，它在潜意识中的表现可以是诸如焦虑、羞愧以及困惑等形式，也可以是那种愤恨、激怒等抗拒性情绪或力比多的冲动。在此意义上，如果许多思想观念遭受压抑的话，那么焦虑就可以模仿通用货币的功能而实现情感冲动的交换过程。

（3）根据临床观察，另一种现象是身陷强迫症而不能自拔的病人似乎是借助某种奇异的手段来避免焦虑的。假若我们强制他们摒弃诸如洗手这样一种洁癖意识所驱使的动作亦或是其他形式的强迫性行为，或者是病人主观地消除自身的强迫性行为，那么他们就将不可避免地陷入恐惧的焦虑之中并且屈服于其中。可以发现，这些焦虑情形暗藏于强迫性行为中，而此种行为却是旨在避免焦虑。因而在强迫性神经症中，原有的焦虑情形现在发展为多种症状并存的焦虑，甚至也会出现某种不存在焦虑的病症。大致上说，普通症状的产生仅仅是为了逃避焦虑，这种状况看起来使人乐观。假若我们认为这一观点可以借鉴的话，那么对于焦虑问题的考察将在神经症的研究过程中具有核心的价值和意义。

> 有焦虑存在的地方不可避免地出现使人恐惧的事物

通过对焦虑神经症的考察，我们得知力比多在无法发挥自身功能时必然导致焦虑在体内神经领域产生。而基于癔症和强迫性神经症的分析，我们还可以发现心理过程中的某种抗拒也会促使力比多功能失常并引起焦虑症状。关于神经症焦虑的起因，我们目前只能形成这些认识。这种认识尽管还不能得到严格考证，但是我们目前的研究还未能深入到新的领域。而且，关于神经症焦虑和现实性焦虑之间的关系问题，现在看来更是一筹莫展。人们可能会认为它们是两种相互独立的研究对象，然而我们在神经症的焦虑和现实性焦虑之间仍未形成区别性的认识。

但是假如我们以那种常用假设即自我和力比多的对立为研究基点，就最终会形成对这种关系的认识。我们已知，焦虑症状是自我在危险情况中的心理情绪的反应以及做出逃避行为之前的信号。假若如此，我们不妨进一步推测，处于神经症的焦虑中的自我也企图回避力比多的影响，而且它会像抵御外部世界的危险那样来应对来自于身体内部的危险。因而这种分析将证实我们的研究愿望，即凡是有焦虑存在的地方就不可避免地出现使人恐惧的事物。除此之外，相应的类比还体现于下述情形中：正如那种已有所准备的抵御将替代逃避自我之外危险的意图一样，某种症状的产生将会取代神经症焦虑，并且该种症状的产生源于与此相关的焦虑情结。

5. 幼时心灵的恐怖

焦虑情形在儿童非常普遍

研究中的困惑在别处也会显现。焦虑一方面体现为自我从自身逃遁的力比多，另一方面假设焦虑源自于力比多。然而，这会引起更大的困惑，我们因此有必要将力比多看作是人自身的一个组成部分，而不是将其视为流落在自我之外的什么东西。我们将这种情况看作是焦虑产生的拓扑动力学，但令我们不解的是：在那个过程中存在着何种精神能量，或这是该种精神能量属于什么精神系统。的确，我们对于这个问题仍然不能做出回答。然而，我们有必要遵循另外的两种具有指向意义的结论，与此同时我们将再次运用观察和分析的方法来协助我们的推测。以下是关于儿童产生焦虑的情形和与恐怖症相联系的神经症焦虑的根源。

焦虑情形在儿童中非常普遍，我们似乎难以区分出它是神经症的焦虑抑或是现实性焦虑，而且凭借儿童的行为来明确这一区分显得有些不足。我们对于以下设想并不感到诧异，即儿童对所有的陌生人或新情境以及新事物都感到恐惧。一般而言，我们极有可能将儿童的恐惧感视为某种无知和怯弱。如此一来，我们发现儿童身上存在着强劲的现实性焦虑趋势。假如这种焦虑是天赋的，那对于我们的研究工作来讲这是十分有益的设想。儿童的行为好像仅仅是原始人生活的复版，因为那些原始人的无知和无助，他们对奇异的以及相当多的现代人习以为常的事物感到害怕。假如儿童的恐怖症多少存在一些可以被视为原始人类的反应，那么这正是我们的研究所希望的。

此外，我们必须考虑以下两种实际情况：一是并不存在一切儿童的焦虑程度等同的状况，二是那些害怕所有情境的儿童在成年后常常患有神经症。如此，神经症就会通过直接地转变为现实的焦虑而得以彰显。焦虑呈现出某种原始性情状，我们因此认为，儿童及其在成人时对于任何情境都感到恐怖，因而他们常常感受到对于自我力比多的惧怕。然而这样的话，我们关于焦虑源于力比多的结论就不成立了。另外，基于现实性焦虑条件的分析，人们可以做出以下的自然性逻辑推理，即如果那种对于自身怯弱与无助的意识（阿德勒[①]称之为自卑感）能够从儿童期持续到成人期，那么这种意识就是神经症的根源性基础。

但是，这种说法让人感到极为天真，我们因此不得不继续加以关注，因为我们关于神经症的研究观点遭到了质疑。阿德勒所称的自卑感好像确实能从儿童一直发展到成年，然而在此种病症中也有例外的情况即出现健康体征，那么这一矛盾就必然需要解释。有关儿童焦虑的细致考察

---

① 阿德勒（1870—1937），奥地利精神病学家，心理学家，精神分析学派成员。——译注

会有什么发现呢？儿童在初始的时候惧怕陌生人，但这种惧怕并非在于他们认为这些陌生人有什么恶意，而是在儿童看来，自身的弱不禁风与陌生人的强势之间的差距使得他们感到这些人有可能危及自己的生命安全和生活的愉悦。那种关于儿童缺乏诚信以及应有的对于外界侵害的惧怕本能的论调，是一种根本错误的理论。事实上，儿童惧怕陌生人相貌的原因是他们对那些熟悉和和蔼的面孔（尤其是母亲）已经习以为常。在儿童的失望和渴求转变为焦虑的过程中，他们自身的力比多陷入两难境地：无用武之地同时又无法一直储存。在这种情况下，力比多就会以焦虑的形式释放出来。这一情形就是儿童焦虑症的原始情状。也就是说，儿童在出生那一刻即同母体相脱离的时候，这种力比多的释放就成为原始性焦虑的条件。

对于儿童来说，首当其冲的恐怖情境是黑暗与独处。对于黑暗的恐惧往往持续终生，而与母亲或保姆分离的情形则是黑暗与独处兼而有之。我曾听到一个惧怕黑暗的儿童说：“妈妈，我害怕，和我说话。”这位妈妈说：“说话有什么用呢？你又看不见妈妈。”儿童说：“如果有人说话，就会觉得很明亮。”可见，那种在黑暗中对光明和语言的期望的背后隐藏着对黑暗的恐惧。至今，我们并未发现神经症焦虑仅是附着于现实性焦虑而且变为后者的一种特殊形式，然而我们发现儿童的举动似乎接近于现实性焦虑，此种焦虑的特征与神经症焦虑一致，都源于那个无处可用的力比多。对于儿童来讲，似乎天生就不存在什么所谓的现实性焦虑，他们的焦虑只是产生于成长过程中的那些恐怖的情境中，例如攀登高处、过水上的独木桥以及乘坐火车或轮船出游等等。一般而言，儿童越是什么也不知道，那么他们的焦虑就会越少。假若他们可以以遗传的方式产生维护生命的本能，那么这对于他们来说是十分有益的，这种本能会起到关照他们的作用并且使他们远离危险。但在实际生活中，儿童的思维总是超出了自己的能力，他们由于无法预见危机而往往做出勇敢的行为，例如沿着河边奔跑、爬上窗台或者是玩火或锋利的东西。总而言之，他们会做出危险的事来而让守护者为之提心吊胆。此后，在教育的影响下，我们会让儿童在痛苦中提高认识，他们的那种现实性焦虑将逐渐显现。

假若某些儿童可以借助于教育手段很快地认识焦虑，而且也能预料到那些还未接受到警示的危险情形，我们就可以认为他们自身中天生的力比多欲望要强于别人。因此我们不难想到，那些成年后患神经症的人在儿童期的时候也具有上述特征。那些可以促进神经症加剧的事物，本身不具有长时间内忍受极多的遭受到压抑的力比多的那种能力。诸位可以发现，某种体内的因素在不断地发挥着作用，我们对这种情况也从未否认。反而是从观察与探讨的结论来看，那种对体内因素的存在置若罔闻的态度是非常错误的，还有部分研究者则是仅仅关注这种因素而不及其余。

现在让我们对儿童焦虑的观察做一番总结。儿童的焦虑与现实性焦虑并不相关，而与成人的神经症焦虑存在着不可分割的联系。如同神经症焦虑一般，儿童焦虑也源于无用武之地的力比多，而且先前那些备受爱怜的对象现在被外部世界里的情境所取代。

> 向焦虑的转化并非是遭受压抑的“力比多”的唯一出路

诸位会对此感到欣慰，我们关于恐惧症的研究并未有什么新的收获，恐惧症与儿童的焦虑存在着一致之处。即无从释放的力比多逐渐转化为某种类似于现实性的焦虑，这样就会将外部世界中的那些轻微的危险情景吸引来并使之作为力比多欲望的代表。就恐惧症和儿童焦虑的一致性而言，不需要为之诧异。这是由于儿童恐惧症作为后期形成的焦虑性癔症之恐怖的原初情状，并且还是后者的直接性先导。虽然任何一种癔症都会因为内容差异而形成不同的症状名称，但它们都可以追溯至儿童恐惧症并且作为后者的继承物，而区别之处仅在于两者之间的机制问题。由于成年人已经懂得如何储存力比多或者是如何将它们应用于其他领域，所以尽管成人的力比多暂时无法释放，但仍然缺乏向焦虑转化的资质。但假若成年人的力比多附着于某种遭受压抑的心理活动中，则所有的那些与儿童类似的情形就会再现出来，加之他们已经回撤至儿童阶段的恐惧状态，因而其力比多就会轻而易举地变为焦虑。

诸位会记得我们曾经对压抑的作用做了细致的研究，但当时的分析仅仅停留在压抑的观念的问题，当然这与该问题易于讨论和明晰不无关系。而所遗留的问题是，隶属于那种遭受压抑的观念之中的是何种情感。此时，我们认识到无论这种情感具有什么特性，它都将不可避免地面临着直接转变为焦虑的命运。但是这种状况难于言表，我们仍然不能断定潜意识情感的存在与先前那种关于潜意识观念的存在的同一性。无论是处于意识中抑或是潜意识中，某种观念总是稳定恒常的。关于那种与潜意识观念相等同的事物究竟是什么，我们可以相信自己的判断；但是就某种情感作为一种能量释放而言，假若我们对心理过程的设想从未刨根究底地探讨过，显然就不能认定那种与潜意识的情感相关的事物是什么。对于这些问题，我们在此无从下手，但我们将重点提及先前已有的认识，即焦虑的发生与潜意识系统之间的密切关联。

我们已经对以下问题做出了分析，即假若力比多遭受压抑就会转化为焦虑，抑或是以焦虑的形式加以释放，此即力比多欲望之使然。但需要补充的是，向焦虑的转化还并非是遭受压抑的力比多的唯一出路。在恐惧症的情形下，我们可以清晰地划分出神经症发展过程中的两个阶段。第一阶段与压抑以及力比多转化为焦虑相关并且因此也与外部世界中的危险形成联系，而第二阶段则含有各种各样的抵御性的措施从而避免来自于外部世界中的危险。因为自我觉察到了力比多的险境从而通过压抑来避免力比多的欺凌。我们可以将恐惧症视为一个防御堡垒，以抵御强势的力比多的危险行为。同时，恐惧症的抵御也存在一定的弱点，即此种堡垒虽然可以抵御外面的危险行为，但仍然不可避免地存在着萧蔷之内的险情。鉴于此，其他神经症中的抵御体系可等同于抗拒可能发生的焦虑行为。神经症心理学中最具价值的部分正在于此，但令人惋惜的是这一部分与我们的研究相去甚远，而且对它的分析还需要深奥的专业知识为基础。需要再加以补充的是，我曾经描述过的自我在压抑中采用的反精神倾注，而且只有在反精神倾注确保实效时才可有助于压抑作用的稳定恒久。反精神倾注主要是采取各种抵御手段抗拒压抑之后的焦虑发生。

关于恐惧症，假若诸位仅局限于恐惧症内容及起源的理解而置其他环节于不顾，那么我可以断言你们所掌握的知识是极为片面的。与霍尔的观点一致，我们也必须承认，无论各种恐惧症的内容如何千变万化，其中仍然有多种成分会因物种遗传而适合为恐惧所利用。毫无疑问，多数焦虑的对象仅能借助唯一的象征性关系取得与危险的联系。

如此，我们得以证实，焦虑问题在神经症心理学研究中居于中心地位。此外，我们还深入领略到，焦虑过程与力比多的命运以及潜意识系统之间存在着紧密关联。另有事实表明，现实性焦虑必须被视为自我积蓄本能的表现。当然，这一事实虽然不容置疑，但它却呈现出非连续性，即我们研究中的一个理论盲点。

6. 危险情境中的焦虑

> 焦虑神经症最为常见的原因在于欲望的压抑

我们曾经探讨过，焦虑作为某种情感状态，一是表现为痛苦或愉悦情感及其相应的外在神经冲动的一种融合，二是体现为我们对该情感及其冲动的感知。我们也曾经认为，焦虑可能是某种重要现象的遗物，因而我们可以将它与个体史中的癔症加以比较。并且，我们先前也认为这种遗传症状源于出生阶段，在出生时候那种作为焦虑特征的心跳及呼吸的变化是有利用价值的。另一方面，客观性焦虑和神经症的焦虑在面临危险时存在区别，前者在面对危险或者是有所预感的外部侵害时会产生反应，而后者对此却置若罔闻，这令我们为之困惑。我们曾将客观性焦虑视为在感官觉察以及紧张运动的情形下添置的一种新情境即焦虑的准备。基于此产生了所谓的焦虑反应，该反应具有两种情形：(1) 焦虑的演进以某种迹象为表征，采取逃避抑或抵御的方式适应新式的危险情境；(2) 整体反应由于焦虑的演进而衰弱，由此，情感状态导致了身体的脆弱从而不能适应危险情境。

关于神经性的焦虑，我们可将其分为三种形式：(1) “浮萍式的”一般性焦虑，如同典型的焦虑性神经症那样，随时担忧新的危险的来临。(2) 在恐惧症中，此种焦虑坚实地附着在某种观念之中，它与外部世界中危险情形的关系依稀可见，但是关于此种危险的焦虑情结显得过于严重。(3) 瘫病与其他深度的神经症中的焦虑或者是与症状同时产生，或者是自行呈现抑或是时而出现时而消失，但可见的外界危险并未引起焦虑。为此，有两个问题需要提出：一是存在神经性焦虑的人所恐惧的究竟是何物？二是如何将此种焦虑与外部世界中危险所引发的客观性焦虑加以关联？

我们的研究所得是若干重要的认识，而不是空手而回。关于焦虑的期望，临床经验已证明它和性行为中的力比多倾向存在着关联。焦虑神经症最为常见的原因在于欲望的压抑。力比多欲望已然激起但无法实现满足或释放，从而不得已引发焦虑。我甚至认为这未被满足的力比多欲望会直接转化为焦虑，我们所知道的那种儿童的恐惧可为此以正视听。这种恐惧多数令人感到莫名其妙，当然也有一些可以确切说明的，例如恐惧独处抑或是面对陌生人。儿童在独处和面对陌生人的情况下渴望母亲的出现，儿童如若无法抑制自身力比多的冲动便会将其转化为焦虑。所以，儿童的这种焦虑明显具有神经症焦虑的特征，而不是什么客观性焦虑。儿童的恐惧与焦虑神经症中那种焦虑的期望，均等同于神经性焦虑抑或力比多的直接转化。

癔症及其他神经症的焦虑的产生都是缘于压抑的作用。现在看来，如若遭受压抑的观念在以往的历程中与其所附着的力比多相互分离，那么我们对于这一历程的论述将会较先前而言更为翔实。假若观念已然遭受压抑，它就会发生演化以至于让我们难以琢磨，而那种附着其上的情感，不论性质怎样，抑或是被侵害或爱怜，都将转化为焦虑的状态。所谓力比多无用武之地，缘起于自我之弱小如儿童的恐惧症；焦虑性神经症则是由于侵害性行为的体质因素所致，而癔症来源于所遭受的压抑。我们发现无论是什么原因都不会出现明显的不同，因而神经性焦虑中的两种机制事实上不谋而合。

在研究中，我们发现焦虑的演化与症状之间存在重要的相关性。并且，此二者可以实现互为转化。例如广场恐惧症患者会因为在街区突发焦虑而发作，在以后每逢到街区时都显得担忧。于是，他就形成一种街区恐惧症，该种症状也被看作是自我的抑制或是某种官能受限，而患者因此可以逃避焦虑的袭扰。相反，如若阻碍他这种强迫性症状就会适得其反，例如阻止某患者实施本属于他的洗手仪式，结果就会使他产生不堪忍受的焦虑，由此我们可以发现这种症状有助于抑制焦虑的发生。事实上，首先是焦虑的演化，其次是形成相应的症状，而后者的功能可以抑制前者。与儿童期的那种首次产生的神经症即恐惧症相符，我们认识到起初的焦虑演化到后期是如何为症状所取代。这一认识可以被视为研究神经性焦虑的基点。与此同时，我们可以对神经性焦虑中所恐惧的是什么事物的问题做出回答，并且藉此重新在神经性焦虑和客观性焦虑之间构建某种联系。显而易见，患者所担心的就是他自身的力比多。神经性焦虑和客观性焦虑的区别存在于：(1) 它的危险源于自身之内而并非外部；(2) 这种焦虑存在于意识之外。

有关恐惧症的研究，我们可以认识到其中内部危险如何实现向外部危险的转化，即是说神经性焦虑是怎样演化为客观性焦虑的。在此，我们不妨将其化繁为简，假设患广场恐惧症的人害怕陌生人的诱使的话，那么该患者经常惧怕的是属于自身的某种兴奋。在这一过程中，患者把自身内在的恐惧转化为对外部世界的恐惧。于此我们不难发现，该患者藉此而来的某些明显的有利之处，即他感觉到易于避免来自外部世界的危险因而可以轻易地逃避。当然，那种自我内部的危险是实难避免的。

我们在先前关于焦虑的探讨中指出，该方面研究所获得的诸多结论尽管不是相互矛盾的，但是也不存在整体层面的关联。作为某种情感的状态，焦虑是对先前某种危险情景的感受记忆；而它被视为新的危险来临的信号时，主体可以把它看作进行自我救助的保护伞。焦虑本源自无处可用的力比多，而力比多之所以无用武之地，则是由于包括压抑历程在内的这样或那样的原因。

焦虑是某种危险降临时的指示器

鉴于超我、自我及本我等人格因素的划分，我们关于焦虑问题的研究有必要形成新的认识和观点。既然我们断言自我是焦虑的唯一中心主体，那就是肯定唯有自我才可以发生焦虑的感受，因此我们面对多种情形时就必然促成新的认识。那种所谓的“本我式焦虑”抑或“超我式焦虑”，在我们稍作考虑后就觉得难以发现有什么价值。与此不同，自我因其与外界、本我及超我存在着关联，所以在那些源于自我的客观性焦虑、神经性焦虑及伦理的焦虑之间就易于形成一定的关联性，也因此我们的研究能够得到可靠的验证。我们新的认识也表明了焦虑的功能，即是某种危险降临时的指示器。关于在焦虑的形成中存在着哪些要素的问题，我们暂且搁置一边，但是有关客观性焦虑和神经性焦虑的关系现在已经是一清二楚了。另一方面，我们必须关注的是关于焦虑的形成问题，在这个问题上的一些繁琐的事例好像比那些单纯的事例显得更为深刻。

某些恐惧症与焦虑性的癔症具有等同性，而且最近我们对某些恐惧症中焦虑引起的情形有所研究。此外，我们的研究对象还重点体现在那种由于恋母情结产生的欲望受到压抑的事例上。根据我们的推测，力比多因为将母亲视为倾注对象而遭受压抑，从而演化为焦虑并且体现为替代性父亲的症状。以上的研究在此无法完整地论述，但总而言之该项研究的结论在我们的意料之外。原来焦虑的发生不是因为压抑，但压抑的发生反过来却是因焦虑而起。那么，焦虑的性质究竟如何呢？即所谓的对外部世界中危险的恐惧，也就是那种客观性焦虑。儿童惧怕自身的力比多欲望或是对于其母之爱的要求，因而他们的焦虑确切地说应归于神经性焦虑。然而，这种爱怜在他看来似乎是某种内在的危机，只是由于他的焦虑牵涉到某种外在的危险情境时，自身欲望逃遁不得不舍弃其原处对象。我们所分析的事例都可以获得相同的认识结果，但是我们必须承认当初所未预料的情形，即自身内在本能的危险仅仅是与外部世界危险的中间环节。

如何说明那种因焦虑而生的压抑历程

但愿诸位没有忘记我们的研究思路，并且还能对所分析的焦虑与压抑的关系记忆犹新。关于这一关系，我们可形成两个新的事实：一是焦虑引发压抑而不是如我们原先设想的压抑引发焦虑，二是那种令人胆寒的本能终究能够回归至外部世界中的危险情境。接下来的问题是：如何说明那种因焦虑而生的压抑历程？依我看来，其中情形是这样的：自我会感知起初本能欲望的满足或许会引发此时还可想起的危险情境。所以，自我不得不千方百计地压制、削弱甚至是消灭对此类本能的精力投注。假若自我具有强势力量并可以在内部容纳本能冲动，那么这一过程就可以成功实现。然而，对于压抑来说，本能的冲动从未摆脱本我状态而且自我的感觉仍然脆弱不堪。因此，自我便会采用一种实质上与我们正常思维方式等同的技巧。此种思维方式可以以少量的精力进行尝试性的处置，就像军事指挥官在出征之前会先在地图上移动士兵的小型模具。所以，自我就会预先感觉到那种令人怀疑的本能冲动的满足，并且忆起自己在先前的危险情境中所承受的痛苦感受。此处，痛苦与愉悦的原则的机制产生作用并且抑制了危险性的欲望。

以下是关于焦虑问题的一些补充。我们探讨的结果使得神经性焦虑转化为客观性焦虑，也就是对于外部世界中的那些危险情境的焦虑。然而我们不能在此停滞不前，而是要继续研究下去，虽然在某种意义上这种前进也许是一种后退。那种危险情境之中使人深感恐惧的事物到底是什么？这种恐惧物显然不是来自外界的客观的侵害，而是一种内在的可以感受的切肤之痛。例如出生可以被视为焦虑的初始情状，虽然其具有发生侵害的危险性，但它依然难以被认定是某种侵害。出生与其他一切事物所面临的危险情境是同一的，实质上是发生于心理内部的某种令人心跳但又无法摆脱的伤痛感。这种情境可称之为某种创伤的因素，唯乐原则在其中无济于事。根据从神经性焦虑凭借客观性焦虑再到危险情境这样一个演化过程，我们可以获得下列认识：焦虑或者是惧怕的对象往往是一个创伤因素的表现，但这个因素并不是依靠唯乐原则的模式加以处置的。因而，我们可以很快地断定唯乐原则仅限于保障我们抵御产生于心理内部特殊性侵害，而不能确保我们抵御客观性的侵害。尽管如此，唯乐原则也与自我保护的本能相去甚远并始终难以达成默契。但是借助对其他事物的观察，我们或许可以获得期盼已久的解决方案。考虑到我们曾一度思索相对的量这一问题，唯有激情量强盛之后才可将印象转化为精神创伤的因素，而这一因素遏制了唯乐原则并且赋予危险情境以应有之义。假若这种情况不是虚言，或者说这些问题可以使用简明的方式加以解决，那么创伤因素为何不能呈现在心理活动中并且与那种假设的危险情境毫不相关？还有，那种与创伤因素有关的焦虑既然不是由于某种具有指示性的事物所引起的，那么为何它会基于新的原因而呈现出来？

我们从临床经验得知事实的确如此，而是以后的压抑呈现出我们先前述说的机制，其中焦虑的发生成为此前那种危险情境的指示器。那种最初的也同时是最为根本性的压抑直接源于下述这一创伤因素，即自我所察觉到的力比多的强力欲望。该种创伤因素可以再次引发某种特殊的焦虑，尽管这一过程是对出生情境那种模式的复制。对于基于性因素的身体创伤而发生的焦虑性神经症的那种焦虑而言，该种焦虑的演化模式与上述情形也是一致的。

7. 焦虑之情状

> 解决焦虑问题绝不是一个简单的课题

目前我们仍需要解决的问题是，焦虑究竟是事物的何种指示性因素，以及我们以什么标准来判明关于焦虑的种种解释是否确切。然而想要使这些疑团豁然明晰绝非易事，因为解决焦虑问题绝不是一个简单的课题。截至目前，我们关于焦虑的研究，还只是在其中的一些问题上形成具有相互倾轧特征的认识，而且这些认识对于某个严谨的人而言，还很难做出优劣之分。因此，我提议采用一种与此前不同的研究路径。对于接下来的分析，我并不指望能攀越到某种综合性的研究阶段，而只是想准确地把握已经了解的焦虑的相关事实。

我们一般将焦虑视为某种情感状态，即我们能够感受到的某种事物，尽管我们仍然不知道这究竟是一种什么样的情感。焦虑的一个极为显著的感性特征是烦恼，但烦恼还不足以囊括焦虑的所有特征。并非所有的烦恼都可以被称为焦虑，具有烦恼特征的感受还有紧张、痛苦或悲伤等等。因此，焦虑除了烦恼这一特征之外，必然还具有其他一些显著的特征。那么我们能否确切地理解这些不同的烦恼情感之间的差异呢？

对于焦虑的这些感受，我们总是可以做出各方面的说明。在焦虑的烦恼特征中，好像还潜伏着属于其自身的一个特征。然而，这种描述确实有嫌模糊，我们难以证实这一特征的存在，但是它毫无疑问地存在着。除此之外，我们还发现了与焦虑形影不离的一种明显的生理感觉，它所指的可能是身体中的某些相关的特殊器官。由于我们在此并不打算关注焦虑的生理学知识，因此仅就其中几种具有代表性的感觉提及一二。这些生理感觉中，与呼吸系统和心脏相连的感受是最为常见的也是最为显著的。

可以说，关于焦虑的研究引出了下列事实：(1) 一种特殊的特征：烦恼；(2) 释放行为；(3) 对于行为的知觉。其中，释放与知觉意在表明焦虑与忧伤、心痛等类似心理感受之间的区别。忧伤与心痛的感受并不伴随着什么行为表现，即便是有，该种行为表现也不属于整个过程的内在因素，它们之间存在极大的差异，表现为前者是后者发展的结果抑或是某种反应状态。在此意义上，我们认为焦虑所呈现的是一种特殊的烦恼，与其相伴的是特殊神经路径上的行为释放。基于前后观点的一致性，我们理应认为是某种欲望或兴奋的激增为焦虑的发生奠定了基础，该种欲望一是产生了烦恼的状态，二是借助行为释放而进入缓冲阶段。不过，我们对这种纯粹生理学的解释不太认同。我们不妨设想某个具有历史性的因素，它可以使焦虑的感受与其所处的神经部分形成密切关联。这也就是说，这种设想意在表明焦虑是先前某种因素的浮现，这种因素形成的条件是上述激增的欲望以及那些特殊路径的行为释放。正是在这种条件下，烦恼才成为焦虑的特殊性质。在人出生的时候就具有了这种因素，因而焦虑也可以被视为出生时的创伤的重现。

当然，上述讨论并非是说焦虑在多种情感因素中居于特殊的地位。依我之见，还有多种情感因素也会在更早的阶段出现，而且极有可能是那时的重要的个人感受经历的重现。对于这种个人感受经历，我喜欢将其视为具有普遍性、典型性以及天赋型的癔症症状，它可以被想象为是那种在个体发展史中形成的癔症症状。个体发展史中的癔症主要产生于癔症神经症。关于这一症状，我们的研究已经表明了它的来源及其所具有的记忆象征的功能。假若可以借助此种类型的情感因素证实以上观点的话，我们定会为之欣慰，但是现在难以实现。

就人类而言，焦虑的发生是以出生行为作为原初情状的

那种将焦虑的发生追溯至人出生阶段的观点立刻引发了种种非议，而我们必然要对此做出明确的回应。或许有人会说，焦虑在很大程度上是高等动物的常见状态，但是出生却仅仅是那些哺乳动物所具有的。假如说出生行为在所有哺乳动物中也具有创伤的功能，那就显得十分荒唐了。因此完全有可能存在那种与出生的原始情状并不相关的焦虑情形。不过，这种反对意见使我们的研究越出了心理学与生物学的界限。或许，正是由于焦虑感受存在着某种势必要呈现的生物学意义，并且以此作为对危险情境的反应特征，所以它在各种有机体中都展现了不同的价值。还有一个疑问是，那些与人类有着严格区别的动物，其焦虑是否也蕴含着同样的感受与神经兴奋。藉此，我们认为上述异议不能提供充足的证据来驳斥下述观点，即就人类而言，焦虑的发生是以出生行为作为原初情状的。

随着有关焦虑的深入研究，新的问题又应运而生了。例如焦虑的作用是什么以及它在何种情形中会再次出现等等。对于这些问题的答复显然是不容置疑的，即焦虑的发生起初是作为对某种危险情形的反应，而当这种危险情形重复出现时焦虑也就随之而来。

但是以上的答复也不可避免地将我们引入更深层次的思考。发生于焦虑初始状态中的神经兴奋或许存在某种意向性和价值性的因素，其情形仿佛是在初次癔症发作中那种肌肉运动的现象一般。我们只要分析一下这种肌肉运动

是如何建构出癔症所需要的状态，就可以解释癔症发作的基本情形了。所以，出生时的神经兴奋极有可能借助呼吸器官以及肺的活动，进而促进心率的提高，这一过程事实上起到了使血液免遭有毒物质侵袭的作用。那么，当焦虑状态在后期阶段以情感的方式屡次呈现时，恰与癔症发作的反复性殊途同归。在某个人处于新的危险情境中时，假若他未能产生某种与之相符的反应而仍然以焦虑的方式处理，那就是一种极不妥善的行为。当然，假若个体在接近危险的过程中有效地作出辨别，而焦虑作为危险降临的指示器的功用得以彰显，那么他的反应就有可能重新变得恰到好处。此时，个体就能以更为适宜的方式立刻从焦虑状态中摆脱出来。因而，焦虑能以两种方式得以展现，或者是在面临新危险时的不合适的方式，或者是以指示器的功能对危险情境作出反应并及时地进行防御。

8. 现代生活中的性抑制

文明的性道德及其产生的严重后果

厄棱费尔[1]在其新著《性伦理学》一书中，区分出自然的性道德和文明的性道德。我们依据作者的观点作出如下解释：自然的性道德是指可以使人类健康和功效经久不衰的力量，而文明的性道德旨在提升人类物质生产和文化生活的水平。

① 厄棱费尔（1859—1932），奥地利哲学家、心理学家、剧作家。——译注

在厄棱费尔看来，如果将一个人的自我特性与其文化成就加以对比，两者的区别就易见分晓。在对作者这一理论进行更深入的思考时，我也将向读者展示作者的一些观点，但这种展示只作为我对这一问题进行探讨的基点。

可以想象，如果文明的性道德成为社会中的控制性力量，那么个体的健康与功效就必然遭受侵害。并且，这种以丧失自我为代价的侵害如果不加遏制，则必然反过来危及文化生活本身。厄棱费尔的确明示了文明的性道德的严重后果，那些在西方社会中占主导地位的这种性道德必然要为这一后果买单。尽管他也肯定文明的性道德以强势力量推动了社会进步，但与此同时他也分析了改良这一现状的必要性。厄棱费尔认为，在文明的性道德的规约中，原本只是对女性性行为的要求现在强加于男性，即一夫一妻制的婚姻以外的一切性行为都必须严厉禁止。但事实上，由于男女两性的天性差异，使得男性偶然的婚外性行为仅得到极轻的惩罚，从而在男性身上附加了双重的性道德标准。试问，在一个容忍双重的性道德标准的社会里，难道存在所谓的对真理、诚信以及人道的尊崇吗？人在超越这一限制之后必然变得道貌岸然，虚有其表，对不正当的事情视而不见。此外，文明的性道德在恭维一夫一妻制的婚姻的时候也妨碍了性的欲求。事实上，现代社会中的人的性追求已经极其弱化，其实性追求抑或性选择有利于个体内在因素的优化。

在文明的性道德所导致的严重的后果中，我们将深入探讨一种经常被医生忽视的特殊情况，而目前社会中神经症的增加与扩散都与这种情况有着密切的关系。有时候，个别神经症患者提示医生，要特别关注个体的症状与现实社会中那种文明性的规约之间的矛盾。患者说："我们家里的人现在都变得神经兮兮的，我们总是想着能比现在的实际情况更优越。"医生们通过观察，发现神经症患者的父辈们以前过着简单而健康的田园生活，而当他们进入繁华都市后，会在短暂的时间内使子女的文化水准大幅度地提高。然而，最具影响力的还是那些神经科专家的痛心呼唤："神经症的蔓延与现代文明生活之间存在着难以割舍的关系。"对此，我们将引用某些声名显赫的观察者的描述以正视听。

厄尔布说："让我们看看现实的状况吧，这样可以让我们对为什么现代生活中的因素会增加神经症的问题做出毫不犹豫的断言。不计其数的事实已清晰地证明，现代生活中的巨大成就、诸多领域的创新与发明以及唯恐落后而不断加剧的竞争，都需要以庞大的心理付出为代价。基于生存斗争的需要，个体必须与日俱增地去追求，但是这些追求只有在全部心理能量都释放后才能实现。与此同时，各个阶层的所有需求包括享受的追求日益增加，过去想都不敢想的东西现在成为奢靡的对象。蔑视宗教以及贪婪浮躁的心态弥漫于整个社会，遍及世界的电报与通讯网络在疯狂地发展并且根本变革了贸易方式。整个社会变得紧张与狂躁，白昼谈生意、夜间游逛即便是假日旅行也令人的脑神经不堪负重。不仅如此，空前的政治经济危机引起了人们的惶惶不安，每个人都在关注政治、宗教与社会的纷争，政党、选举以及工联主义的肆意妄为导致了心理的紧张不安，即便是娱乐、休息都无法进行。城市的生活变得极为烦躁与焦虑，萎缩的神经试图借助某种刺激或快乐加以恢复，但一直发展至积重难返。现代文艺的视角集中在撩拨人们激情的内容，其结果必然是怂恿每个人过度地放纵自我。它们极尽污蔑根本的伦理秩序与美好理想之能事，给读者呈现出一幅幅渲染病态人物、性变态以及革命色彩的画面。过度的音响以及不合章法的乐曲形成了视听迫害，剧院里那些激情四射的演出俘虏了我们的感官；艺术造型表现出令人难堪的、丑恶的以及具有不良暗示的内容，并把现实中最恐惧的一幕毫不犹豫地展现在每个人眼前。”

以上这种大致的描述已然证实了现代社会中的危机四伏，下面是关于这种情况的详细的补充说明。

宾斯万格尔[1]说道：“神经衰弱被认为是现代病症的一种。作为首个解释这一症状的人，比尔德认为这种新的神经症状特别垂青美国这片土地，当然这种想象并非有误。既然是美国籍医生率先发现并阐释了此种症状的特点，应该说与诸多的经验事实是不可分割的。这种情况不可置疑地说明了神经衰弱与现代人的生活之间存在着紧密的联系，无法满足的金钱追求，欲壑难填的肆意放纵以及科技的日新月异在人际交流的时空网络构筑了魔幻式的鸿沟。”

① 宾斯万格尔（1881—1966），瑞士精神病学家。——译注

埃宾[1]指出："无数现代人的生活方式中充斥着太多的不健康因素，神经症的日益蔓延已使人毫不惊异。这些侵害性因素将率先而且严重地影响到大脑。在已过去的十年内，政治与社会特别是商业、工业和农业的巨大发展导致了工作、地位以及财富的惊人变化。但是，这一切的变化尽皆侵害了神经系统。"

我觉得诸如上述或是相类似的见解本身不存在什么不妥，令人遗憾的是不能透彻地分析神经症的具体情形，而且也未能涉及病因学中的关键因素。假若仅仅考虑神经症的具体状况，而对神经症中某些难以确定的形式不予关注，那么就会发现，正是现代人具有的文明的性道德对性行为的抑制造成了神经症现象。

通过临床观察，我们可以将神经症疾病分为两类：神经症和精神神经症。神经症不论是体质的还是心理的，实质上表现为某种中毒症状，与神经毒素的过剩或匮乏相类似。我们将该种神经症一律称为神经衰弱，它经常由于性行为的消极因素引起而并非是遗传所致。鉴于该种症状与神经毒素相关，我们只要借助临床观察就可以马上发现它与性方面的某种关联，但是为权威人士所责难的现代性的那些消极因素，似乎与神经症没有什么联系，所以我们把性的因素看作是神经症产生的基本原因。

对于精神神经症来说，它与遗传之间存在着显著的关系。

---

① 埃宾(1840—1902)，德国出生的奥地利精神病学家，性学研究的创始人。——译注

但我们目前对该症状的起因并不清楚。然而，我们借助精神分析这一特殊的研究方式可以发现，此类疾病如癔症、强迫性神经症等具有心因性特征，它来自于潜意识的观念活动。精神分析告诉我们，潜意识一般内涵着性的因素，此因素来自于未能满足的性欲望。所以，我们认为精神神经症的原因在于性行为的抑制甚至是侵害。

> 对本能的严重压抑是我们所谓的现代文明的根基

总之，对本能的严重压抑是我们所谓的现代文明的根基。当每个人付出必要的代价如抛弃人性中的权力欲望、攻击性以及仇恨心态时，我们的文明社会或者是其实质内容的经济与文化才得以产生以至于繁荣。

在某种危急情形之外，恰恰是那种与性欲无法割舍的家庭情感，才使得孑然一身的个体情愿实施自我压制。在文明社会的进程中，这种自我抑制表现为渐进式的行为，而且每前进一步都处于宗教的约束之下。假若某个人缺乏社会地位抑或特殊本领而不能被誉为伟大人物或者是英雄人物，那么放弃本能的满足就会被认为是神明，而公众财产则被冠以神圣性。与此相反，本能放纵者被当做恶人或歹徒从而遭受社会各界的冷嘲热讽。

研究结果显示，性本能包含着多方面的因素，而人类的性本能较之其他高等动物显得更为强劲，并且它几乎彻底超越了动物的周期性而变得更加稳固。性本能可以释放巨大的能量赋予文明社会，而在这一过程中其强度并未弱化。此处，我们将引入升华的概念，它指的是具有性特征的目标向不具有这一特征的目标的转移能力。与升华所展现的现代性价值不同，性本能还会出现强硬的固着现象而使其不为所用，甚至在某种情形下导致变态。由于性本能的强度因人而异，所以用于升华的部分也有所不同，这种不同部分的升华与个体的天赋因素有着密切的关联。另外，性本能的升华也在观察经验及思维对心理器官的影响下不断强势化。但是性本能的释放并非无节制地持续下去，这与物理学中的热能不可能完全实现向机械能的转化是同样的道理。适度的性满足对许多身体器官都是必不可少的，假若缺乏这种满足就会造成身体上的某些功能侵害以及心灵的烦恼，并因此而转化为某种症状。

我们的研究视野将会因此而变得宽阔，即人类的性本能是为了获取性行为产生的快感，而不仅是考虑到传宗接代的问题。这一点我们以婴儿的行为为例加以说明。在婴儿期间，首先的阶段是所谓的自体性欲期，其特点表现为性快感激发不仅来自于性器官，还可通过身体的其他快感区域获得，而且这种快感的释放没有客体性目标。我们认为，应该限制幼儿的这种性活动，不然长此以往将出现性本能肆意不羁而且会无处可用。当性本能从自体性欲过渡到对象爱恋阶段时，就会导致其由快感区域的独自存在发展至生殖区域的控制，也就是在这一阶段具有了孕育新生命的职能。当然在这一过程中，也存在着部分性因素缺乏生育功能而有助于升华的实现。因而我们可以认为，运用于现代性文明生活中的事物在很大程度上是遭受压抑的性欲望中的颠倒性因素。

根据性本能的演化特点，文明可以被分为三个阶段：(1) 性本能是一种与生育毫不相关的自由自在的冲动行为；(2) 被置于生育之外的性本能都遭受压抑；(3) 生育成为人所公认的性行为的目的，这一阶段所展现的即是如今文明的性道德的要求。

假若我们将性本能的压抑看作演化的平衡阶段，我们必须承认还有一部分人由于生理原因仍然无法避免某些障碍。正如前文指出，性本能理应从自体性欲过渡到生殖系统操控下的对象爱恋阶段，遗憾的是至今也没有哪个人可以恰到好处而又完整无缺地实现这一转化。这种过渡中的阻碍引起了两方面的消极后果，当然这两种情形也是利弊兼有。

第一种情形表现为性倒错的发生，使个体的性欲停滞在婴儿期的活动水平，从而严重阻碍了生育活动，在此我们对那些性本能过剩以及难以自控者不予考虑。第二种情形是同性恋式的错乱，其性欲目标竟然不可思议地回避异性。需要思考的是，为什么这两种情形中由于某种障碍所引发的后果显得平淡无奇？这是因为，即便是性本能中的若干因素的演化进程受阻，但其余因素仍然会积聚力量从而将个体的性行为引向具有价值性的目标。

如果那些性倒错者抑或同性恋者发展到不可收拾的地步，那么他们就会被人们视为碌碌无为的人，而且他们自己也觉得忧郁难耐。同时，我们也必须看到，处于文明演进的第二阶段中的部分个体也会因为与文化的要求相去甚远而历尽折磨。就这些体质异常的个体而言，他们的结局会由于其性本能的强弱分明而呈现相当大的差异。对于那些遭受性压抑而使本能强度弱化的个体，其矛盾冲突发生于自我行为与当时的文明的性道德的规约之间。然而乐观地分析，这种结果正合其意，因为他们必然要将那些本来应用于文化方面的力量取出并应对那些来自于性本能遭受压抑所引发的问题。我们关于文明演进中最后阶段的男女性欲被遏制情形的探讨，也适合于这些个体的情况。

如果某一个体显示出强劲而又错乱的性本能，那么将会出现两种情形。第一种是该个体将会置现代性文明规约于不顾而变本加厉，此种情形我们不再赘述；第二种情形则颇为滑稽，个体会因为接受某种教育以及社会制约而对倒错本能施以自我抑制。但是这种抑制已然难符其实，我们不妨将其视为虚有其表的抑制。事实上，遭受压抑的性本能虽然不产生外化行为，但能以其他方式加以呈现。假若从长计议，那么暂时的成功最终将不复存在，压抑的结果将表现为某种置换，也就是说会导致神经疾病或准确地说是精神神经症的发生。就神经症患者而言，他们在现代性文明的规约之下仅能对本能冲动进行无奈的抑制，然而最终都不可避免地笼罩于失败的阴影之中。因而他们为了迎合文明的要求，不得不形成内在因素的丧失，抑或是对其本能施加侵扰以至于导致疾患，总之必须付出巨大的代价。藉此，我们可以将神经症视为性倒错的负效应，这是由于神经症患者错乱的本能冲动在遭受压制后继而在潜意识系统中得以体现。神经症患者的发展趋向呈现出一致性，表现为压抑状态与主动式性倒错之间的等同。

事实证明，绝大多数个体如果使其压抑程度超出应有限制，那么他们的机体特性就将僭越文明社会的规约。可见，那些置正常生理特征于不顾而刻意追求所谓高尚的人，必然成为神经症的侵袭对象。假使他们表现得低调一点，就不会出现这种结果。关于性倒错与神经症对比的效果，我们可以从一个家族内同代人的情况中加以验证。假若某男子是性倒错者，那么他的妹妹常常患有神经症，虽然她作为女性而言性本能冲动稍弱。在多数家庭中也是这样的，如果某男子的行为被人们视为是践踏社会伦理规范的，然而该男子的生理活动却是健康的；同一家庭中的女性看上去十分高尚，但已患重度神经症疾病。

文明社会中最为明显的一种不公正现象，就是限制每一个体保持整齐划一的性生活方式。而考虑到生理方面的因素，其实只是某些人能够轻易地迎合社会的愿望，而其他的人则必须承受心理上的巨大磨难。只不过是因为社会伦理规范经常被违反，这种心理遭遇让人感到不太过分。

以上内容是我们根据文明演化的第二阶段的要求加以探讨的，主要说明了以下观点，即正常范围内的性行为可以不受限制，但那些被称为性倒错的性行为必须予以禁止。但不可避免的是，尽管我们明晰了正常的性行为与性禁忌的区别，但仍然会有一些人由于性倒错而不予接受，而另外那些竭力避免性倒错的人却不幸身患神经症。假若现代性文明演化至第三阶段，性自由遭受到更为严重的限制，例如一切婚外的性行为都被禁止的话，结果就不得而知了。那种放荡不羁、敢于公开抗拒现代文明规约的人将急剧增长，而那些本性纤弱的人不仅要继续忍受文明的摧残，而且还要不断地抵制本能欲望的冲动，伴随这一冲突而发生的必然是神经症的剧增。

9. 禁欲之罪

男女婚前的性禁忌是现代文明第三阶段的内容

以下是我们必须应对的问题：(1)处于现代性文明第三阶段中的个体有何作为？（2）受到认可的性满足能否对以往的性渴望予以补偿？（3）禁欲恶果与文化现象有何联系？

第一个问题与性禁忌直接相关，对此前已有述，因而我们不再进行繁琐的讨论。男女婚前的性禁忌是现代文明第三阶段的内容，而终身未婚者的性禁忌则必须持续一生。权威人士都断言性禁忌并无不妥而且不难遵循，这一观点也为医生们所垂青。但不容置疑的是，个体必须全力以赴才可抑制诸如性本能这种极其强势的冲动。仅仅是极少数的人借助于其他方式，才能使自身的性本能由性的追求转至所谓高层次的文化享受，这一过程也即是我们曾经提到的升华。但是即便如此，对那些处于欲望亢奋的躁动期的人们也是极为困难的。因而大多数人不是身患神经症就是遭遇了别的什么侵害。有关事实证明，绝大多数人的先天因素使他们不适宜性禁忌。而在当代文明的性道德的控制之下，微不足道的性禁忌也完全可以导致严重病症的随时到来。由此可见，假若由于天性不足抑或是其他问题导致正常性行为遭遇困难，那么最佳方式就是获得性欲满足。在获得性满足的同时，需要以性挫折作为提升心理能力手段。这时，遭遇挫折的力比多能够对性行为中的不足之处明察秋毫并且为其谋划解决方法，即以神经症症状来谋求性欲望的满足。那些可以探寻到神经症病因的人会立刻认为，社会中神经症的持续增长正是由禁欲主义的极端化造成的。

以下的问题是婚后的性行为能否对婚前的性禁忌给予足够的补偿。持否定意见的观点多如牛毛，我们在此仅作最为简洁的概述。要首先提及的是，即便是婚后的性行为，文明的性道德也对其施加限制。由于婚后男女只是采用为数不多的几种有利于怀孕的姿势获得双方的性欲满足，那么结果只能是这样，即我们在不计算因对女性健康造成负面影响的不适宜性交的时间情况下，总的算起来那种令人高潮迭起而又神魂颠倒的性行为也就不过几年而已。如果我们将婚姻的实效性看作是性行为的完美演绎的话，那么在三年、四年抑或是五年之后这种婚姻就名存实亡了。由于考虑到避孕的问题，原本激情四溢的性行为现在已如明日黄花，不仅对婚姻男女情感形成挫伤，而且使诸多病症应运而生。那种对性行为匆匆收场的厌倦，在肉体上导致了男女之间那种激情缠绵的分崩离析，而诱发的心灵创伤则促使本应如胶似漆的情爱转瞬间灰飞烟灭。心灵上的失落感与肉欲的丧尽导致多数男女返回至婚前状态，而他们的唯一选择即是重新驾驭这种欲壑难填的性本能幻想或者是将其转至他处。

我们没有必要去追究某个成年男子的性欲绝禁的限度，有关经验已然表明，哪怕是最为苛刻的性禁令也难以阻止他暗地里进行自我放纵。同样，那些承担着繁衍人类的女性也只能将极少的性本能用于升华，尽管婴儿的吮吸可以被幻想为性生活的替换性动作，但在婴儿长大之后这种性活动的替代就一去不复返了。我曾不厌其烦地指出，婚姻死亡会导致女性的严重神经症，而且由此产生的心理阴影将笼罩她们的一生。如今文明体制下的婚姻已对女性的神经症无济于事，我们也因此要对婚姻另当别论了。我们也紧急告诫男性患者千万不可与有神经症史的女子结婚。虽然婚后的越轨行为可以医治神经症，但是女性由于接受了严格的教育并且对文明的规约听之任之，因此对偷情行为深感犹豫和恐惧。为了化解性饥渴与文明约束的矛盾，她不得已借助神经症的侵袭，从而也使神经症成全了她所谓的崇高意识。婚姻后肆无忌惮的性交本应补偿在此之前的青春期的性渴望，然而最后却无功而返。

> 性禁锢的结果不是造成神经症就是引起其他形式的伤害

当代的教育和文化的目的即是迟滞性欲的亢进以及性行为的发生，当然在初始时期这种迟滞并无什么弊端。而且这种迟滞也是必不可少的，因为那些接受教育的青年男女还需要相当长的时间才能独立生活。然而，我认为年龄在二十岁以上的男子定然会坚决抗议对他们实行性禁锢。性禁锢的结果不是造成神经症就是引起其他形式的伤害。应该承认，对强劲的性本能施以抗拒以及因这种抗拒而强化的道德与美学优化了人的情操。但也应注意到，如今人们的本性差异经常体现为对性行为的把握状况。大多数情况已然表明，在某个年轻人全力以赴地获取财富和荣誉时，对性渴望的抗拒已使他筋疲力尽。而且，每个人究竟存在着多少性活动，又有多少性本能被得以升华，在这些问题的回应中我们发现了几处明显的差异。固执于性禁锢的艺术家难以预见，但遭遇性禁忌的年轻学者已经习以为常。总而言之，我认为禁欲绝无可能造就活力四射而又自信自立的人，更难造就富有创造性的思想家或者是无畏的激进者。相反，那些因循守旧或亦步亦趋之徒成为性禁锢下的受害者，他们在光怪陆离的世界中迷失了自我，而且忍气吞声地听任强势人物的颐指气使。

虽然人们竭力地遏制性欲，但性本能的冲动是不可抗拒的。现代性的教育无非是对婚前性渴望的抑制，然而婚后就任其肆意地发展了。完全意义上的性禁锢对某一即将缔结婚姻的年轻男子而言显然是不合适的。而能够有这种意识的女性所愿意择取的对象，却是那种可以在别的女性那里证明具有男子汉特色的人。婚前女性所遭受的严厉性禁锢对其产生了显著的影响。显而易见，关于女性性禁锢的教育几乎无所不用其极，不仅严厉禁止她们与男子性交而且不遗余力地宣扬贞操的重要性，更有甚者则是婚后的折磨，诸如使她们竭力忍受情爱的冲动以至于不断抗拒日后的强烈诱惑。这种性禁锢的结果不言而喻，当家长突然赋予女子与男子相爱的权利时，她却诚惶诚恐地难以应对心灵的紧张感受，从而在情感左右摇摆的状态中草率地完成婚姻。这一性爱感受的人为性迟滞，引起了女性对那位已经对她爱慕已久的男子的失落情绪，她的情感并未掌握在自己手中而是控制于她的家长，在家长的权力高压之下她的性欲遭受了严重的遏制。她在性行为来临之际表现出明显的厌恶情绪，这使得她的丈夫在沉闷的气氛中难以获得性交的乐趣。虽然我还不曾了解那些未接受教育的女性究竟是不是性冷淡，但我认为这种情况难以避免。不管怎样，这种性冷淡的现象确实是教育之使然。那些从未尝试过性乐趣的女子决然不愿意忍受即将来临的分娩之痛，因此她对性行为的陌生感构成了生育的严重障碍。多年之后，尽管这种障碍已被克服，而且她自身对于性行为的高潮感渐行渐近，但她与丈夫的关系却遭遇了空前的创伤。在这种情况下，她所面临的抉择只是放弃难以填充的性欲望或者背叛丈夫去寻求性满足，抑或是无奈地等待神经症的来临。

个体对于性行为的感受往往会对生活中的其他行为方式产生影响。假若某一男子充满激情地寻找性行为的对象，那么他必然也会以相同的态度去追求其他的生活目标。不论是何种缘故，假若某个人竭尽全力地压抑性欲，那么他的日常行为就会显得谦逊与柔顺，而且这种性行为与其他生活行为的感染力在女性身上更容易彰显。虽然她们对性知识极为敏感和好奇，但家庭教育已经侵扰了她们正确的思维方式。她们被告知，关于性行为的问题不是女性应该思考的，反之便会在心灵中产生一种罪恶感。类似这种性行为以外的观念性抑制，其中一些来自于不可避免的知识性关联，还有一些观念具有自然而然的性质，好比宗教观念的渗入或者是忠厚之人沉思那些诚信的问题一样。在我看来，如若女性具有智力弱化的倾向，那么她很可能受到有关性禁锢的思想限制。

至此，我们还未对禁欲的两种类型做出严格区分，究竟是对所有性行为的禁止，还是仅对于同异性性交的禁止。事实上，那些炫耀已经成功地实施禁欲的人，只是通过手淫以及婴儿期特有的性满足方式实现的。殊不知，这种替代式的性欲满足是毫无益处的，这使得正常的性行为复归到婴儿期的水平，并且会引起各种神经症状。鉴于文明的性道德规约禁止手淫，这就使年轻的心灵处于那种源于教育的矛盾冲突之中。更为严重的是，放纵的行为侵害了人的本性，引诱人们不思进取，而依靠性欲决定这一便捷方式奔向目标。不仅如此，他们还会在性满足的想象中将性行为对象定位至虚无缥缈的梦幻佳境中。“性交仅仅是对手淫欲望功亏一篑的挽救”——这是诙谐文人克劳斯在维也纳的出版物《火炬》中以讥讽的腔调表达的关于上述矛盾的真理性判断。

性禁锢的高压与文明的性道德的规约使男女之间的性交为禁欲主义所关注，与此同时正常性交之外的性行为却大行其道，我们可以把这种情形称为“清浊各半”。考虑到正常的性交遭受到文明性道德的严重迫害，男女之间错乱的性交即替代天然性器官的其他身体部位的性活动必然引发严重的社会混乱。与情爱中的性追求不同，这种性行为有害无益。而且，基于伦理道德的考虑，这种性行为也将遭到唾弃，由于它把男女之间的情爱活动鄙视为某种随意的行为，而在这种行为中缺少精神的渗入与刺激。此外，同性恋的激增也是正常的性交承受摧残的结果。且不论生理方面的缘故或是年少时的影响，成年期是产生同性恋行为的高发阶段。同性恋的发生与力比多正常趋向被遏制有关，因而使力比多的发泄表现出变异特征。

性禁锢完全摧毁了正常的婚姻基础

不容置疑，一切在所难免而又非自愿性的结局都要归咎于性欲的禁锢，性禁锢完全摧毁了正常的婚姻基础。在文明的性道德的规约中，发泄性欲的唯一手段即是婚姻。那种诸如手淫抑或是其他性倒错行为致使男性往往习惯于另类的性欲发泄，从而导致婚后性行为的每况愈下。与此相仿，那些为了贞操荣誉而以其他性方式取代性交的女性也必然对婚后常态下的性交极为厌恶。如此，假若婚后的男女都呈现出性冷淡的情形，那么他们的婚姻很快会变得虚有其表。男性性能力的弱化导致女性的意犹未尽，而教育造成的女性性冷淡本应该被她蓄势待发的性欲望磨灭，但是最终回天无力。此外，由于性能力弱化的男性无法适应避孕工具，使得该种情形下的夫妇要比起那些正常情形中的夫妇难以避孕。这样一来，那种使夫妇屡次扫兴而归的性交不得不减少直至不复存在，其结果必然是婚姻根基受到的侵蚀。

上述事实极为常见而且毫无刻意夸张之处，我诚挚地希望所有专家进行详细查证。对这些事实置若罔闻的人很难想象，性能力弱化的男性与性冷淡的女性层出不穷，婚姻正在性禁锢的悲惨境遇中自食其果，那种对于性爱快感的渴望是何等的虚无缥缈。众所周知，该种情形下最为显著的结果就是神经症的蔓延。还需要指出的是，这种异常婚姻的消极影响还会波及到后代。孩子的症状好像是遗传所致，但实际上是少儿期的强烈刺激之使然。妻子由于无法获得性欲的满足从而产生神经症状。如果说她对孩子表现得分外体贴，还不如说是一种可以导致孩子性早熟的爱欲的倾斜。而且夫妇之间的紧张关系影响着子女的内心情感，使他们从小就遭受到强烈的刺激。父母的训诫也使他们的子女从一开始就承受了性压抑的折磨，这种性的折磨使孩子过早地形成神经症的征兆。

如同肺结核或心脏病一样，长期的神经症即便不会危及生命，但也势必造成患者沉重的身心负担。假使我们可以将神经症与文明的性道德的生活予以隔离，除了那些天性孱弱而无法逃避神经症的人以外，其他人则无拘无束地自由发展，这诚然不失为一件幸事。但情况远非如此。我们必须认识到，神经症无论发生于何时以及症状如何，都必然侵害现代性文明并且促成遭受压抑的欲望对文明现象的痛恨心理。我们的社会若借以神经症的剧增来实现人们对文明规约的遵循，其结果只能是毫无所获。

以下是一种常见情形。某位女性对她的丈夫十分冷漠，考虑到她结婚之前所遭受的性压抑，她没有任何爱丈夫的理由。然而，教育所给予她的美好愿望使得她不能冷淡丈夫。因此她会竭力使自己变为一个温柔体贴的妻子，然而施加于自身的性禁锢无疑会导致神经症，而且该症状的发生就意味着对她所厌恶的丈夫的复仇。实际上，因为妻子的神经症使得丈夫的性欲更加难以满足，如此莫不如接受自己不为妻子所爱的事实。这个事例可谓神经症结后果的绝佳证明。与直接的性禁锢相仿，那种只要能构成对文明侵害的压抑行为也会产生同样的结果。例如，某个男子由于对天性欲望的强劲抑制使自己变得非常的温顺，但是这种抑制使其丧失巨大的能量，从而导致不能自如地弥补性欲望的损耗，并最终发现这种行为要比拒绝抑制的效果更差。

我们还不应该忽视这种情况，即任何群体中的性禁锢都将导致普遍性的焦虑以及对死亡的恐惧，其结果不仅是对人们快感能力的侵害，而且难以使其面对死亡的考验。以上这两种结果都能导致生育量的不足，从而危及到群体未来的利益。针对这种情况，我们有必要怀疑人们是否需要为文明的性道德进行自我摧残？特别是在我们已将享乐主义视为一种文化生活目标并竭力追求幸福人生之时，更应该提出这种质疑。作为医生的我并没有职责提出任何改良的意见，埃伦费斯①已经对文明的性道德与神经症剧增之间的关系进行过论述，此时我关于该种性道德所导致的神经症扩散的探讨仅仅是对厄棱费尔那些迫切意见的声援。

① 埃伦费斯（1859—1932），奥地利哲学家、心理学家。——译注

第三章 人体的本能

1. 本能之秘境

> 本能体现为机体内部刺激引起的一种恒久性力量

有一种观念极其普遍，即人们认为科学的根基应该是确切而又明晰的基本概念。但事实表明，即使是最为精准的科学在初始时期也不可能符合这一标准。任何科学研究在最初总会涉及经验现象的描述，随之而来的是对现象的整理、区分以及寻求它们之间的某种关联。在描述的过程中，也不可避免地要凭借某些抽象观念来分析已经搜集的材料，并且这些观念理所当然地来自于别的什么地方，而不是我们最近的观察所得。在对这些材料加以分析处理的时候，我们依然不能失去这些日后会成为科学基本概念的观念。它们在初期清晰地显现出某种程度上的不确定性，但就其内容来说我们能够不容置疑地作出明确的界定。长此下去，我们通过耐心分析那些可以产生这些观念的材料，就完全可以获得该种观念的知识。然而，考虑到这些观念是固着在观察材料之上的，因此有必要以严谨的态度对其加以考量。在本质上，这些观念的产生取决于观察材料的内在关系，我们在明晰和考证之前似乎已经对这种关系有所察觉。应该说，唯有对观察材料进行极为周密的彻查，方能使基本的科学概念进一步精确化并日趋稳定，如此我们才可在更宽泛的领域中对其加以使用。也只有在这个时候，我们才能对它进行定义。不过，考虑到相关知识的不断发展，任何定义都不是不可更改的。物理学的发展对此做出恰如其分的解释，哪怕是某些基本概念，它们的内容总是变化无常。

在我们的研究中，心理学所指的“本能”就符合上述基本概念的特征，尽管我们对它的分析还不甚确切，但这一概念在我们研究中是不可或缺的。以下是我们基于不同视角对“本能”这一概念做出的分析。

我们首先基于生理学视角加以分析。业已知晓，刺激与反射弧[①]是生理学的概念，表明生物体以某种行为方式对作用于该生物神经组织的外部刺激作出反应。这一行为是适当的，因为它使刺激物迁移并使其丧失某种作用。如此，本能与刺激具有何种关联呢？我们可以毫不费力地把本能归入刺激概念的范围中，也就是说本能表现为对心理的某种刺激。不过，我们并不能将本能完全视为心理刺激。由此显而易见的是，在本能的刺激以外还有其他的刺激形式，而这些刺激看上去类似于生理性刺激。例如，眼睛感受强烈光线的照射就不属于本能刺激，而咽黏膜的干燥与胃黏膜的疼痛无一例外地会让人有明显的感受。

根据业已搜集的材料，我们可对作用于心理的本能刺

① 指反射活动的结构基础，它包括五个基本组成部分：感受器、传入神经、神经中枢、传出神经和效应器。——译注

激与生理学刺激加以辨别。首先，本能刺激是由机体内部引起，而并非来自身体之外。因此，本能刺激对心理构成的影响是有差异的，并且为使这种刺激消弭而采取的方式也是不同的。其次，我们若假定本能刺激呈现单一特性，而且又仅仅依靠单一性的方式就轻易地加以处理，那么刺激所囊括的本质性内容就都被遮蔽了，比如那种在刺激作用之下逃避的典型事例。这种作用虽然有可能重复或是积聚，但是对我们关于这一过程的认识而言并未构成什么影响，同时也对刺激行为的迁移条件没有侵扰。从另一种视角分析，本能的产生总是归于某种恒久的力量，决然不会仅依赖于那种稍纵即逝的力量。再次，考虑到本能源于机体内部，那么可想而知本能刺激是无从逃避的。在我看来，“需要”这一术语对本能刺激的描述可谓恰到好处，如果要摒除“需要”就必须获得“满足”，然而唯有适时地改变内在刺激才可实现这一目的。

我们可以把自己设想为无依无靠的生物体，而且对身外之物无所追求，但是神经性因素处于刺激的作用之下。该生物体可以迅速地进行辨认并做出选择，一方面它会意识到逃避外部世界刺激的行为，另一方面它还会意识到，面对另一种刺激时逃避行为无济于事。该种刺激作用的特点是呈现出稳定力量的持续性，它以某种身体内部的指示功能验证了本能需求的存在。如此，以逃避行为效用性为标准，生物体对感觉因素进行了外部与内部的区分。

如上所述，本能体现为那种由机体内部的刺激引起的一种恒久性的力量。我们也借此首先掌握了本能的基本特性，并在这种认识的基础上推测出诸如逃避对其无济于事等其他特征。但是，这一分析过程对于我们继续进行深入的探讨并不构成任何影响。为了确保心理因素研究的顺利进行，我们需要利用多种复杂的心理学研究设计，而不可以只把那种约定俗成的观念当作基本概念来处理经验中的材料。

本能的压力、目的、对象以及根源

有关本能的最关键部分我们已经做了相关设想，接下来的事情就是对其进行清晰的阐释。这种设想富有生物学意义，而且应用了目的这一概念。我们据此而知，神经系统是这样一种器官，它具有消除刺激或是将刺激程度降至最低水平的功能。如果可能的话，它还可以使自身处于免遭刺激的情境中。此时，我们并无必要寻求这些观念的非限定性的例外情形，而是给予神经系统可以调控刺激的功能。由此我们发现，本能概念的介入使生理反应模式变得异常复杂。对于来自身体外部的刺激，神经系统只要逃避就完全可行，而且这种逃避依靠肌肉运动就可以实现。与此不同，来自于机体内部的本能刺激却不能用这种方式解决，它对神经系统的功能寄予更高的期望，即必须采取互助式的方法手段使身外世界发生改变，并以此满足内部刺激的需求。这一过程使神经系统恢复了逃避刺激的意向，而对它来说，体外刺激的摄入是持续不停而又不可避免的。因此，我们可能形成这样的认识，神经系统的功能是由于本能与内部刺激的出现而进一步增强的。

如果可以设想，即便是心理活动的水平发展到极致也都必须服从唯乐原则的话，比如在愉悦和烦恼均受到情感自觉调控的时候，那么我们必然可以思考下一步的设想。这些不同性质的情感与调控刺激的方式存在明显的关联，表现为烦恼的感受与刺激的增多，而愉悦的感受则与刺激的减少相关。需要说明的是，在我们发现上述情形产生的可能性之前，最佳选择还是慎重地加以考量，即把这一设想仍然看作是某种难以确定的情形。我们毫不否认，极有可能存在着多种这样的关联，而且这种关联将会更加复杂微妙。

假若我们此时以生物学的视角分析心理活动的话，就会将本能视为介于身心之间的一个概念。当本能作为刺激的心理反应时，这些刺激来自于机体内部并触及心理，而把本能看作心理活动的需要量时，就表现为身心互动的目的。

现在，我们可以探讨与本能紧密相关的一些问题了，诸如本能的压力、目的、对象以及根源等等。关于本能的压力，我们将其视为本能的动力。使用压力是一切本能的共性，而且事实上压力足以成为本能的实质性因素。无论何种本能都隶属于心理活动。在不甚严格的意义上，我们所谓的被动的本能只是指本能的目的是被动的。在任何条件下，本能的目的都是追求满足，而要实现这一目的，则必须在一定的条件下使刺激行为消失。此外，虽然每一种本能的终极目的是固定不变的，但是却都能够以不同的方式获得殊途同归之效。因而我们有可能观察到本能具有许多种类似的目的，这些目的之间可以进行结合或互换。另外，我们通过观察经验可知，本能的目的总是受到阻碍，这种情形体现为本能获得满足之后就遭受抑制抑或是发生变迁。同时，我们也可以想象此种情形中亦可实现局部的满足。

所谓本能的对象，即是指本能之指向或者是本能为追求满足而必然要凭借的事物。本能的对象变动不居，它与本能不存在必然性的联系，而仅仅是当本能有可能实现其目的时才与之发生关系。本能的对象不一定是新的事物，它也许是主体本身的某一组成部分。在本能持续的整个过程中，考虑到本能的迁移所起到的极为重要的作用，将可能导致其对象不断地发生变化。或许存在下述情形，即阿德勒所说的“本能的汇合”，就是指同一对象会使多种本能同时获得满足。本能与其对象之间最为紧密的关系是“固着”，它往往在本能的最初情形中出现，通过对分离的顽强抵制而使本能活动得以停滞。

本能的根源则是指机体活动过程，它激生于机体的某一器官抑或是某个组成部分，对它的刺激将以本能的心理活动呈现出来。目前我们还不了解这种活动过程是否一定具有化学性质，抑或是对其他一些本能的发泄作出反应。显然，有关本能根源的研究已超出心理学的范围。虽然本能完全取决于机体的原因，但在心理活动中，我们唯有凭借本能的目的才能对其进行解释。

然而，有些假设是无可验证的。例如，那些来自于机体内部的不同本能，当它们进行心理作用时能够依据不同的特性加以区别，这也就是它们在心理活动中能以不同特性加以显现的原因。对我们来说，某些简明的假设更有研究价值，如任何本能在本质上是相同的，它们内在的兴奋量及其特定作用决定了其结果如何。我们只需要探究其根源，就完全可以对不同本能的心理作用结果加以区分。

那么，我们能否假设存在何种本能以及多少本能？我们可以在任意的时间内作出随意的设想，因为只要遵循我们的研究主旨并且不僭越精神分析所允许的范围，那么我们就可以毫无顾忌地使用本能、破坏本能或合群本能等这样一些概念。除此以外，我们还需思考这样一个问题，这些具有不同种类的本能能否继续被刨根究底地进行划分？如此，我们会发现唯有原始本能才不可继续划分，也只有在这种情形下研究才具有重要意义。

性欲冲动的分析与本能性质的界定

正如此前所述，我们将原始本能划分为自我防御本能与性本能。但是，这一假设与心理器官的生物学意义上的设想不同，它并不需要什么先决条件。这种原始本能划分的假设只是一种具有活动性质的想象，当我们需要的时候才加以利用。假若我们以另外的假设取而代之，可以发现这对我们的分析与分类研究没有什么异样之处。这一假设是基于精神分析过程产生的，在开始被应用于精神神经症或者确切地说是移情神经症。由此发现，此种情感的根源之处存在着需求与自我需求的矛盾。另外一种有着相同可能性的情况是，有关自恋精神神经症和精神分裂症的缜密分析可能会对这一传统认识提出异议，并对原始本能进行另外的划分。然而，到目前为止我们还不曾耳闻这种传统认识，同时也没有听到过任何有关性本能和自我本能这一划分的异议。

我严重质疑那种借助心理材料的分析就能够寻找到本能划分的任何决定性因素。这种研究方式似乎在呼吁有关本能假设的限制性方案，假如可以从其他的知识中获得这种设想并将其应用于心理学的研究中，这理所当然是我们期待的事情。就性本能和自我本能的区分而言，有关生物学方面的研究结果与之并不冲突。生物学研究已经证实，性的功能与机体其他因素的功能不可等同，这是由于性行为的目的不仅是个体的感受，而且还直接关系着传宗接代。此外，该方面的研究还表明以下两种适宜的观点可用于性与自我关系的分析中。一种观点认为自我居于主要地位，而性只是自我活动的某一部分，性欲望的满足也只是自我的需求之一。与此不同，另一种观点认为，自我相对于具有恒久性的生殖原生质而言，只是某个具有过渡性的事物。

基于意识视角的本能研究似乎已经穷途末路了，那么我们要探究本能生活，就仍然需要以有关心理问题的精神分析学研究为基础。然而精神分析赋予我们的，只是那些有关性本能特质的一些尚且适用的认识。我们在精神神经症的分析中，借助于分离的观察就能够确切地形成以上认识。就针对其他神经症特性的精神分析研究而言，尽管从中仍然无法获得与先前同样便利的观察条件，但我们也必然会发现有关自我本能的基础性知识。

现在让我们探讨性本能的一般特征。性本能产生于多种机体器官，其行为在初始时呈现为某种独立性，直到后期这些行为相互之间才实现了不同程度的整合。任何一种本能的目的均是获取机体器官的快感，但得以重构并且作为一般性可识别的性本能，只能在完成整合之后才可实现。初始时它们似乎与自我防御本能相衔接，之后才逐渐分离开来。而其中的一部分始终与自我本能连接，并且从力比多组织里摄取养分。因此，我们并不能轻易地注意本能的正常功能，仅仅当症状发生时人们才可清晰地观察到它，而要对其进行划分则必然取决于它在广阔区域的活动能力以及能否随意地更变对象。那种可以远离原始性冲动而获得的升华，正是这种随意更改对象的结果所导致的。

有关本能的理论仿佛是梦幻般的神话，其特点在于我们无法确切地识别其意义，这就如同神话中的人物一般。在研究过程中我们从未对它置若罔闻，但是我们并不认为自己已经获得明确的认识。人们对本能一般性的认识就是那种习俗性的观念，即需要多少种本能，就可以假设有多少种，诸如炫耀本能、模仿本能抑或是某一社会的本能及多种其他的本能。我们经常在思考，在这些杂乱无章的本能背后或许存在着更为强势的事物，这就需要我们进行严密的探究。开始时，我们的首要步骤具有尝试性的特点，即按照我们的想法将本能划分为两种，这好比是人类所必需的生存与性爱，在这一点上我想不会出现致命的误解。在别的研究中我们并不愿意使心理学依附于其他科学，但在当前所研究的问题上，我们仍需关注这样一个生物学的事实，即每一生物体的活动都从属于生存和传种，这两个目的看上去毫不相干而且其产生的原因也根本不同。对于动物来说，这种利害关系之间的矛盾冲突更是时有发生。

据此，我们可将自我本能和性本能置于精神分析中进行讨论。自我本能与个体的生存、延续和发展有关，而性本能则涉及到不成熟以及异常的性行为。根据神经症的研究，我们将自我视为压抑的力量而将性冲动看作是被压抑的力量，因此可以对这两种本能做出严格的区别，并也深刻认识到它们之间的矛盾冲突。我们所研究的对象只是性冲动，而驾驭它的力量被视为力比多。在此，我们将通过性欲冲动的分析来对本能及其性质做出界定。

与刺激有所不同的是，本能源于机体内部的某种刺激性作用，而且由于它是一种恒久性的力量，因此不能像身体外部刺激一样可以轻易地逃避。由此来看，我们认为本能具有起源、对象和目标，它源于机体内部的兴奋，而它的目的则是消除这些兴奋。本能的心理活动就发生在上述由兴奋起源直到目的过程中，我们可以将本能看作一种朝着某一方向前进的力量。我们曾提及主动的本能与被动的本能，应该讲只是存在着主动本能和被动本能的各自目标，这是考虑到即便是为了实现被动目标也必须做出努力。本能的目标虽然隐藏在机体之内，但必然存在一个相应的机体之外的对象，以求使本能达到体外的目标。这时，本能在其机体内的目标常常表现为机体的变化。然而，我们目前依旧困惑的是，上述问题的探讨能否赋予本能特定的性质以及这些性质究竟如何。

业已证实，源于某一方面的本能冲动可以与源于其他方面的本能冲动结合起来，并且这一本能的满足亦可替代另一本能的满足。然而必须承认，我们对这种情况还未能做出确切的说明。某一本能对其目标及对象的各自关系常常发生变化而且两者可以互换，但其中关于对象的关系的变动则更为容易。在目标与对象的变更中内在着某种更有意义的价值，我们将这种特殊的情形称之为升华。另外，我们还可以根据其他理由提出所谓的那种目标隐退型本能。关于这一本能，我们十分清楚它的起源，而且它的目标也非常明确，但这种本能经常摒弃满足，由此则生成某种持续性的对象倾注及驱动力量。我们所熟悉的情爱就可以归入这一情形中，由于情爱本身源于性欲的目的，但其发展经常被加以限制。

令人遗憾的是，我们仍对本能的多种特征以及历史发展缺乏深刻的认识。不过，我们应注意性本能与自我防御本能的另一处差异，假如这一差异可以普遍化，那么在相关的理论研究中将产生重要的意义。性本能具有可塑性，其目标可以轻易地发生变化，并且能以此种满足的方式来替换其他那些满足方式。假若我们认为性本能的这些特点并不适合于生存本能，而生存本能是无可更变、不容延误的抑或是极为强烈的，并且对压抑及焦虑等状态可以产生不同反应的话，那岂不显得更为便捷。然而稍加思考，就会发现这种情形只适合于饥渴之类的生存本能，而这种情况显然是因为该种本能来源的特殊性。我们之所以对此感到迷茫，主要就是因为我们经常忽视这些变化，而这些变化的发生是因为原本是本我状态中的本能冲动受到自我的干预。

关于本能活动如何作用于性行为的问题，我想诸位已有一定的认识了，当然我们的认识会更为精准一些。在我看来，并不是只存在一个性本能，这个本能从一开始就服务于性活动，或者是作为男女性细胞相结合的某种工具。相反，我们已经知道有很多种本能，他们来源于机体的各个区域并各自寻求满足，这种满足可以称之为器官的快感。生殖器区域所有器官的快感都应当被披上性的色彩，但这种寻求快感的冲动并非完全归属于性机能的最后组织。诸位已经知道，这一过程中的几个有关性的准备组织阶段为我们所认可，并且性变态的发展进程也必须关照它的过去情形才可进行清晰的阐释。生殖前第一阶段是口唇期，这是由于婴儿凭借嘴来摄取养分，因而控制婴儿期的性活动的是口唇性感区域。在第二阶段中，施虐以及肛门冲动居于重要地位，这是由于此时出现了新的情形，诸如牙齿的生长、肌肉的运动以及括约肌的控制等等，这一阶段的情况我们已知道很多相关的趣事。第三阶段是生殖器期，此时男子的阴茎与女子的阴蒂显得极其重要，我们决然不可视而不见。

2. 认识死亡

> 有机体的生命中似乎存在某种摆动的节律

在一定的时期内，我们还未能对某种力量的性质做出概念式的分析，但在这一力量的作用下，一种生命的属性就在无生物中呈现出来。也许，该过程可以被描述为这样一种原始情形，即它可以使其他生命物在一定的生物阶段产生出激发意识的这样一种原始情形。所以，产生于先前无生物中的紧张就会竭力寻求某种平衡状态，此时第一种本能就以这种方式凸显，也即是那种回归至无生命状态的本能。在那一阶段，生物生命的旅程也许极为短暂，这一进程走向取决于该微小生命的化学构成。在漫长的时期内，生物也许会不断地进行再生，同时也会很快地死亡。当某种具有决定意义的外界影响以如此方式产生变化，并强制有生命的生物极为普遍地偏离初始时的生命进程，继而运用相当复杂而迂回的方式面向死亡之时，才会使那种频繁的生死接力不再出现。这样，那些具有保守特性的本能自觉地留存下来，于是现在呈现出了具有生命迹象的景观。假若我们断言本能的保守性是其唯一的特性，就决然不能对有关生命的起源和目标做出任何设想。

假若我们对这些结论感到诧异，那么有关本能方面的认识也必然使人陷入迷茫的境地。我们认为这些本能隐藏于有机体生命的背后，那种关于任何一个有生命的生物都具有自我防御本能的假设，与本能的所有生命的目的就是死亡的假设形成鲜明的对比。这些自我防御本能、自我肯定的本能以及控制的本能已经使理论的意义严重弱化，它们作为部分特殊本能，意在保障有机体可以遵照自己的路径接近死亡，并且竭力避免存在无生物的可能的归路。这并非是有机体本身所固有的可能性。我们不会再次思考有机体所展现的困惑人心的意向，将它与前后关系相结合非常困难，这也可以认为是有机体在受到阻碍时维持自身存在的意念。还有一个事实需要我们思考，这就是有机体唯愿以自选方式死亡。所以，这些生命的守护者最后必然成为死亡的伴侣。如此，我们会发现一种矛盾情形，即生命仍存的有机体不遗余力地阻止这种事情的发生，而这些事情可以促进它通过很短的迂回道路很快地抵达它的生命目标。但我们发现这种行为具有纯粹本能的特点，并与某种理性方式形成对比。

然而我们应该暂停这一探讨。在一番思考之后，我们觉得情况并非如此。神经症理论曾经赋予它一个具有特殊地位的性本能，这些性本能呈现出某种完全不同的情况。

并不是一切有机体都在承受外部力量的强迫，这一外部力量要求它们持续地提高发展的程度。现在依然有很多有机体还仍然将自己维持在低水平的阶段，例如今天还有这种生物，事实证明它们目前仍然存活着。虽然它们不能涵盖全部的生物，但其必然与最早期的高等动物和植物相类似。与此相同，基本的有机体尽管是更高级的生命形式的复杂机体的构成成分，但不是一切有机体都会遵循这种由发展进化到自然死亡的方式。有一些生物的再生细胞极有可能保持着生命物质的原始结构。在一定时期之后，它们会携带着一切遗传的和新获得的本能因素，从整体性的有机体中逃离。或许正是存在着以上两种特点，它们才有可能独立存在。在条件合适的时候，它们就开始发展，也就是不断地重复同一种行为，而它们的存在也就是以这种重复的循环为载体。这样，其中一部分又把它的发展进行到底，另一部分则作为一个新的生殖核心，又返回到这一发展进程的始端。此种生殖细胞对于生物的死亡毫无作用，而且可以成功击败那种看上去好像是恒久永存的事物，虽然它也许只意味着死亡还未来临。我们有必要认为下述事实是极有价值的，即生殖细胞的这种功能得以强化，或者是说，只有它和另一个与它相似然而又有所区别的东西混为一体，才能使这种功能产生成效。

存在着这样一些本能，它们能够决定基本有机体的命运，这些基本有机体比个别有机体生命更长久，如果这些有机体无法防御来自机体外部的刺激，那么这些本能就会作为它们的安全的保护伞，并最终与其他生殖细胞联合起来。在同样的意义上，这种本能与其他本能一样都具有保守性，其那种情形下就会重新恢复生物的早期状态，然而它们的保守性更强。在此处，它们却展现出特别能抵御机体外部的影响。在另一种意义上说，因为它们要长期维持生命，所以也会变得更加保守。它们是真正的生的本能，它们的行为表现与那种因其功能而致死的其他本能的目的截然相反。这个事实表明，在它们和其他本能之间存在着某种对立，而有关神经症的理论早已赋予这一对立以价值。此外，在有机体的生命中似乎存在着某种摆动的节律。一组本能竭力前压以求尽快抵达生命的最终目标，而另一组本能则在发展到某一阶段时就折返至某一点，然而它只是又从某一点起经过同样的旅程，从而起到延续距离的效果。尽管在生命的初始阶段决然不存在性欲与性别之间的区分，但是极有可能在以后被描述为性本能的作用在开始阶段就发生了。而有一些人在这一问题上的看法是错误的，他们认为性本能只有等到后期阶段才能发挥反对自我本能的作用。

现在，我们可以暂时停止正在进行的分析，反过来思考一下是否所有这些论述都具有可靠的基础。难道在性本能之外就真的没有任何可以复归原初状态的其他本能吗？难道就真的不存在某一本能会努力进入一种它从未感受过的状态吗？目前，我还没有在有机界发现那种与我先前所说的特点相冲突的确定的事例。在植物界和动物界中，我们显然不能觉察到那种可以朝更高阶段发展的本能，虽然不能断言这一事实并不存在。然而，当我们宣称某个发展阶段高于另一阶段时，这种观点仅仅属于个人的认识而已。而从生物学的角度看，某一方面更高级的发展往往会被另一方面的弱化所冲抵或是压制。发展的高级阶段与弱化阶段一致性的结果，可能来自于产生适应效应的外部力量的作用。如此，本能的作用或许仅仅是维持这种强制性的更变。

相当多的人固守着这样一种信念：人类本身具有某种日趋完善的本能，该本能使人类的理性与道德发展至更高的阶段，或许可以让人们翘首以待的是，他们必定会实现超人的梦想。然而，我并不认为存在着这种本能，同时也并未发现这种诱人的梦境将以何种方式存在。我认为，对于人类当前发展的说明丝毫没有必要与有关动物发展的解释发生分歧。我们可以将那种在少数人类个体中发现的致力于自身完善的行为轻易地解释为本能压抑的结果，而人类文明中最有价值的东西，也正是在这种本能压抑的作用下产生的。遭受压抑的本能为了获得最终的满足而持续地努力着。就缓解本能在压抑之下引起的持续紧张而言，一切替换抑或是反相形成和升华的作用并未产生什么效果。正是那种由满足引起的快感与事实上的满足引起的快感之间的这一差异，才产生了这种驱动力，该种驱动力量不允许在它所达到的任何阶段停滞不前，这种情形就如诗人所说的“奋力前行，决不放弃”。

一般而言，实现完全满足的归路总是被持续压抑的抗拒所阻碍，如此就会沿着另外的并未受到阻碍的方向继续发展，除此之外没有任何选择，虽然不存在任何的可能性使这一过程到达终点。在形成神经恐惧症过程中所包含的这种情形并无他意，事实上就是企图逃避某种本能的满足。这些过程给我们展示了这样一种示范，即显现了那种趋于完善的本能的根源，我们不能把这种本能归属于每一个体。驱使其发展的力量条件确实普遍存在，然而只是在为数不多的情形中，实际情况才对其稍许有利。

此处需要略作解释的是，将有机物融合到更为庞大的事物中的性爱力量或许可以取代那种趋向完善的本能。但是我们并不能认可这种替代，因这一本能而生的现象似乎可以借助爱欲力量及压抑结果一并得以说明。

至此，我们的研究结果是对自我本能与性本能进行了严格的划分，并指出自我本能趋向于死亡，而性本能则意在延续生命。然而这一结论的许多方面并不能使我们感到惬意。事实上，我们只是赋予自我本能保守性抑或是退缩的特征，这一特征与强迫性重复有所关联。依据先前的设想，自我本能产生于无生物获得生命之时，而且把复归无生命状态作为其目标。然而性本能并非如此，尽管它们的确重新产生了有机体的原始状态，但它们竭力追求的目的是将两种特别分化的生殖细胞相互结合。如若这一结合未能发生，生殖细胞就会与其他的多细胞有机体的成分共同死去。唯有在这种情况下，性的功能才能延长细胞的生命并赋予它终生的伪装。但问题在于，生物在发展过程中的重要事件难道就是在性的生殖作用中或者是在此前的两个单细胞原生动物的交媾中一味地重复？我们对此无可应对，而且我们会因为上述论证的整体结构被证明是错误的而感到欣慰。这样，自我本能或死的本能与性本能或生的本能之间的对立就不存在了，强迫性重复也会因此而失去我们曾经赋予它的意义。

让我们的探讨返回先前的一个设想上来。我们希望能够对它进行明确的否决，而且我们进一步的结论，将在一切生命必然是由于内在原因而死的这一假设的基础上得出。我们之所以不经意地进行这一假设，是因为它对我们来说似乎并不算什么假设。我们通常认为这是一种事实，并且诗人的言语使我们对此深受鼓舞。我们之所以坚持这种想法，或许是因为在这一信念中存有某种慰藉。假若我们必须要面对死亡，而且在此之前首先要失去我们最为亲爱的人，那么我们就较为容易接受一个不可抗拒的自然规律，抑或是臣服于某种至高无上的必然性，而不是去选择似乎仍有可能避免的机会。然而，对死亡的必然性的忠实信念，或许只是我们众多幻觉中的其中一个而已，这一幻觉即是如此则可承受生存的重负。这种信念当然不具有原始性的特征。自然死亡的观念与原始民族的信仰互不相容，原始人类将每一个体的死因都毫无例外地归咎于某个敌人或某种罪恶的事物，因此我们决不能忽视在生物学中验证这一信念的实效性。

高等有机体的死亡是一种自然死亡，是由内部原因决定的

如果我们将这种验证付诸实施，就会惊异地发现生物学家对自然死亡这一问题的见解极为不同，而且事实上死亡这一概念对他们而言已经不存在了。

最起码，高等动物具有稳定的平均寿命，这一事实的确可以作为存在着诸如死于自然原因的这种情形的佐证。然而当我们想起一些大型的动物以及某些巨大木本植物的寿命极为长久，而且直到现在我们也无法计算其寿命时，上述印象就再次消失了。根据威廉·弗利斯[1]的那个广义的概念，有机体所呈现的包括死亡在内的一切生命现象，都与某些固定时段的结束密切相关。然而当我们发现外部力量的影响能够轻松而广泛地更变生命现象发生的日期，也就是加快或延缓它们出现的时间时，就会使人们对弗利斯观点的严密性产生质疑，或者是至少怀疑他所说的这种规律能否被视为独一无二的决定性因素。

据我所知，魏斯曼[2]著作中最引人注目的内容就是关于有机体中生命时限问题的研究。他首次将生物分为必死和不死两种类型，必死是对狭隘意义上的血肉之躯而言的，也只有人的躯体才可归属于自然死亡；不死则是说生殖细胞是一直潜存的，这是因为它们在一定的条件下可以产生新的个体，或者说它们可以用一个新的躯体覆盖其自身。

让我们感到极为惊异的是，在此问题上，魏斯曼和我们的观点竟然出乎意料的类似。我们的观点源于一条根本不同的思路，他是从形态学视角进行生物体的研究。魏斯曼认为，生物体内有一个部分是必然会死亡的，这一部分

① 德国医生，鼻喉科专家。——译注

② 魏斯曼（1834—1914），德国生物学家，新达尔文主义的创立者。——译注

就是看上去与性或者是别的相关事物分离的躯体。不死的那一部分被称为种质，它与维持种族的生存和繁衍相关。我们的注意力并未集中在生物体上，而是集中于生物体内在的力量上，由此我们可以区分出两种本能，一种本能的目的是使生命趋于死亡，另一种本能也就是性本能，它们乐此不疲的追求是生命的苏醒。

然而，在我们考察了魏斯曼关于死亡问题的解释后，那种呈现在表面上的重要的等同性就不复存在了。因为魏斯曼仅仅把必死的躯体和不死的种质之间的区别与多细胞有机体联系起来，而单细胞动物中个体的细胞与生殖细胞实际上是一样的。所以他认为单细胞有机体是不会死亡的，死亡是只是针对多细胞动物的。毫无疑问，高等有机体的死亡是一种自然死亡，是由内部原因决定的。同时，死亡并非基于生物体的先天本质，因而不能将其视为该种本质上的某种绝对的必然性。甚至可以说，死亡是有利的，而且是对外部生活条件的一种适应现象。当把有形的细胞分化成躯体和种质之后，个体生命的无穷尽延伸就成为一种毫无价值的行为。在多细胞有机体产生这种分化以后，死亡就成为可能并且变得适宜了。在一定时间之后，高等有机体的躯体就会因为内部原因而死亡，但原生物仍然不会死亡。此外，生殖并非在初始时就与死亡相伴随，它与生长都是生物体的一种原始特性，而当它降临在我们的家园以后，生命就再没有停止过。

显然，以上述方式认可高等有机体的自然死亡对我们的分析并无意义。这是因为，假若死亡是有机体存在以后才产生的现象，我们就不能认为地球一经有生命存在就有死的本能。多细胞有机体的死亡可能由于内部原因，即分化过程的缺陷或是新陈代谢的不足。然而就我们的分析来看，这一问题并无意义。另外，这只是有关死亡缘由的说明，比起那种死的本能的假设来说更符合我们的思维习惯。

我认为，这些按照魏斯曼的观点所进行的探讨在任何一方面都缺乏结论性意义。现在许多人已经接受歌德的观点——死亡是繁殖的直接结果。在哈特曼看来，尸体抑或是一具已经死去的生物体的一部分实体并不能被看作死亡的标准，死亡的确切定义应该是个体发展的终结。由此看来，原生动物也不可避免死亡，它们的死亡与繁殖呈现某种一致性，只是在某种程度上它被后者干扰的混乱不清，这种情况是由于母性动物的所有要素可以被直接遗传至幼小的后代躯体内。

然而不久以后，研究的热点变成通过实验来检验单细胞有机体，也就是所谓生物体的不死亡特性。美国生物学家伍德拉夫曾用一种纤毛虫做实验。纤毛虫是一种浮游微生物，它可以将自身断裂为两个个体来分别进行生长。伍德拉夫在实验中每完成一次分离后，就将其放入适合生存的水中，直至这种实验停止时，伍德拉夫已持续观察这一微生物繁衍至第 3029 代，而此时最后一代的浮游物仍和它的最初的祖先一样具有生存活力，丝毫没有任何的衰弱的迹象。假如微生物传宗接代的数是可靠的，那么原生动物的不死性就通过实验进行了验证。

然而其他实验的结果与此不同。与伍德拉夫的观察实验相反，莫帕斯、卡尔金斯等人发现，当纤毛虫分化到一定的次数时，如果不对它们实施补救行为，那它们就变得毫无活力，体积缩小并且损失了部分组织，于是最终都死亡了。如果出现这种情况，那么原生动物也和高等动物一样，在其衰弱退化之后就不能生存了。我们发现，这种结果与魏斯曼的观点完全矛盾，魏斯曼认为死亡是生物在有机体以后发生的现象。

根据以上实验的结果，我们发现下列两个事实可能支持我们的观点。

第一，假如存在两个微生物，在它们还没有出现衰弱的变化时可以相互结合，那么它们就不会衰老甚至是恢复到原初时的状态。毫无疑问，该种结合就是高等动物的性繁殖的原初形态。截至目前它和繁殖并无牵连，而是被限制在与两种个体物质的结合上，也就是魏斯曼所说的两性融合。但这种结合的恢复性影响也能以其他方式替代，如一定形式的刺激、赋予其营养物质的变化以及增加温度或是采取振动的方式等等。由此我们记起洛布的一个著名的实验。该实验的过程是，把某些化学刺激物附着在海胆卵的身上，由此产生了细胞分裂过程，但这一过程往往只是在受精之后才会出现。

第二，纤毛虫因为自己生命旅程的终结而自然死亡，这在我们看来是无可非议的。伍德拉夫与其他人的实验结果的不同之处，是他把新繁殖的一代都置于新鲜的营养液中。假使他没有这样做，那么实验结果就会与其他人观察到的一样，即这些分化后的新个体就会显得衰老而毫无活力。伍德拉夫的结论表明，这些微生物新陈代谢的产物在周围液体中受损，这样他就可以证明，唯有这种特殊的微生物进行新陈代谢的物质才可导致某种严重的后果。这一结果出自以下情形：假如在那些种属关系较为疏远的物种的生成物密度极大的液体中，这些同样的微生物就会健康强壮地生长，而如果它们堆积在自身的营养液中就必然死亡。所以，假如某个纤毛虫独处一隅，它就会由于新陈代谢的物质排泄并不彻底而自然死亡。

在这一点上，我们可能会产生某种质疑，即我们在分析原生动物的自然死亡的问题上能否有利可图？由于这些生物所具有的原始组织，我们没能认识到它们身上存在的一些关键的情况，虽然这些情况实际上已经在它们身上呈现出来，但只是在高等动物中才可发现。在高等动物身上已经产生了一种形态学[1]的表现。然而假若我们用动力学[2]的观点取代形态学的观点，那么原生动物的自然死亡是否可以证明则与我们毫不相关。对它们而言，在后期被视为没有死亡的实体无论如何也没和必然死亡的部分相分离。那种竭力使生命趋向于死亡的本能力量，或许一开始

① 研究生物体的形状、结构及组成其机体的器官的大小、形状、构造和器官间的关系的学科。——译注

② 经典力学的一个重要分支，是研究物体受力和运动状态变化规律的一门学科。——译注

就在它们身上产生作用了。不过，这些作用可能被倾向于维持生命的力量完全抑制，使得我们难以发现任何的可以证明它们存在的直接证据。另外，生物学家的观察使我们可以做出这样的假设，即趋于死亡的内部过程也在原生动物中被发现。然而，魏斯曼所进行的原生动物不会死亡的证明，即那种死亡作为一种后来获得的观点，仅仅适用于死亡的外部现象。不过，对于像趋向死亡这一过程来说，他是不可能产生这种设想的。

我们因此希望生物学可能做出断然否认死的本能的结论，但这个想法只是压抑在心里。假若我们还有其他的理由去这样考虑的话，那么我们显然应持续地关注死的本能存在的可能性。魏斯曼关于躯体和种质分离的理论，与我们关于死的本能和生的本能的划分理论之间存在着惊人的相似性，而且这种相似性仍然持续地存在并继续彰显着重要的一面。

> 一切有生命的事物正是基于情爱欲望而聚集起来

我们不妨对这一精妙的本能概念的二元论继续加以探讨。海林的生物过程理论告诉我们，在生物体中持续存在着两种相反的进程，其一是建构性抑或同化的，其二是破坏性抑或是异化的。那么，我们能否断言，生的本能和死的本能存在于这一生命过程的两个方向中呢？但无论如何，我们不能对下述事实不闻不问。这一事实是，我们已经在毫无觉察的情况下进入叔本华[①]的哲学思维中来了。叔本华认为，死亡是生命的真正结果，并且在此意义上也可以将其视为生命的目的。就性本能而言，它是生命意志的化身。

我们可以试图做出进一步的分析。一般而言，许多细胞结合成一个生命的统一体即某个多细胞的有机体，这已经被视为一种延续生命的方法。一个细胞用以延续另一个细胞的生命，即便是某一个细胞无法避免死亡，但这个细胞共同体也可以继续存在下去。我们已经认识到，两个单细胞体的暂时结合，可以延续它们的生命并使其恢复年轻生命的状态。所以，我们可以期望精神分析中的力比多理论可以对细胞之间的关系做出解释。正如下述设想，活动于每一细胞中的本能或性本能把其他细胞视为自己的对象，它们可以在某种程度上使那些细胞中的死的本能保持中立。如此，它们的生命得到保障，同时其他细胞也为它们付出相同的努力。此外，还有一些细胞在发挥力比多作用的时候做出自我牺牲，而生殖细胞则会以某种完全自恋的方式表现出来。如果我们借用曾经在神经症理论中探讨全部个体时所使用的描述方式，那就是一个人将力比多集于一身，并且阻止它在对象释放中产生任何微小的耗费。生殖细胞需求自身的力比多，也就是不能缺少自己生的本能的活动，这是因为它们本身可以成为日后积极活动的储

① 叔本华(1788—1860)，19世纪德国唯心主义思想家，唯意志主义的创始人。——译注

备力量。在这一情形下，性本能的力比多就能以该种方式与众多的诗人或哲学家所说的情爱欲望产生了共鸣。可以说，一切有生命的事物正是基于情爱欲望而聚集起来。

3. 性本能的力量

“力比多”理论的发展历程

此时，我们可以回顾一下力比多理论的发展历程。我们从移情性神经症的探讨中认识到，关于针对某个对象的性本能与其他本能之间的对立问题，由于我们在这一点上还缺乏完整的了解，因而草率地将后者看作是自我本能。在其他一些本能中，最引人注目的是那些对自我生命维持最为有利的本能。然而，我们不可能在这一本能中继续进行什么划分。从建立真正的心理学的角度看，没有任何一项研究的重要性可与下述问题相比拟，这一问题即是对本能性质的整体性论述以及关于可能存在的对某些差异的探讨。然而，并不存在着某个心理学领域可以引诱我们不断的研究。就像古希腊的自然哲学家们以土、气、火和水等四种元素的结合来说明物质一样，我们每个人也可以漫无边际地设想存在着许多本能抑或是所谓的基本的本能。就本能而言，精神分析研究不可避免地要对其作出相关的假设，而且自始至终地对本能做出这种通常意义上的区分，尤其是关于饥饿与性爱的区分。在这一点上不存在随意的胡编乱造，我们在精神神经症的研究中正是借助这种区分才有所突破。对于性欲、性本能等概念，当然要进行涵义的扩展，一直到它能包涵许多还没有被归入生殖功能范围中来的东西。

在精神分析研究触及到心理学中的自我时，我们在开始时所能了解的只是它的抑制与监察作用，也知道它具有保护和反相形成的功能，而现在我们可以在此基础上继续探索了。对于把力比多的概念范围缩小至某个对象的性本能的能量这样一种认识，确实是在很久以前就遭到持有反对意见的人与那些更有眼光的人的批评，只是他们并没有解释是如何形成这样一种完善的认识的，而且也没有从精神分析中寻找到什么有利用价值的观点。在精神分析的研究过程中，通过观察发现了力比多从对象中回撤而指向自我这一规律。而且，有关儿童早期力比多发展的研究结论表明，自我是力比多的名副其实的和最初的储藏室，力比多只能从这里被扩展到对象中去。而此时自我已经取代了它的位置成为性的对象之一，并且迅速地被置于其中关键性的位置。力比多以这一方式隐藏于自我之中，我们将力比多的这种特点看作是自恋性。

从精神分析的视角加以理解，具有自恋性的力比多自然而然就成为性本能力量的表现形式。我们现在有必要把这种力比多与自我生存本能加以认可，这种自我生存本能在初期就被接受了。如此，自我本能与性本能之间最初的那种对立必然有所不妥。自我本能的一部分被认为内涵着力比多的特性，性本能以及其他本能都是在自我中发挥其功能的。然而，我们需要据理力争的是，精神神经症建立在自我本能和性本能之间冲突的基础之上，这一先前就已形成的认识在今天也不容丢弃。需要指出的问题是，我们最初所做的关于这两种本能之间的差别的假设，可以说在某些方面仍然存在质的差异，但是现在必然呈现出相当不同的特点。最为确切的是，精神分析研究的真正对象——移情性神经症的发生原因，至今仍然被视为自我和对象的力比多精力投注之间的冲突。

我们现在必须重视自我生存本能的力比多特点。这是因为我们正以前所未有的胆略将性本能视为性爱冲动即世界万物的守护神，从产生身体细胞的相互依存的全部力比多总量中摄取自恋力比多。然而，一个新的问题浮现出来：假若自我生存本能也具有力比多的特性，那么是否会出现这种情形，即我们在力比多本能之外难道就没有任何其他的本能吗？不管怎样，目前还没有发现其他本能呈现出来。在这种情况下，我们必须承认那些批评性的意见是中肯的。对于精神分析将性欲作为解释一切的工具，这些批评者从一开始就产生怀疑，或者赞同像荣格[①]这类革新者的意见。

不管怎样，出现这种情况确实违背我们的意愿。我们将自我本能和性本能的明确划分作为我们研究的基点，这也是我们所必须坚持的二元论观点。这是因为，该种对立不是自我本能和性本能之间的对立，而是生的本能和死的本能之间的对立，如此一来二元论的特征就更为显著了。

① 荣格(1875—1961)，瑞士著名精神病理学家、心理学家、西方文艺心理学神话原型批评学派的代表人物。——译注

与我们的观点相左，荣格的力比多理论呈现一元论的色彩，他把力比多视为它的唯一的本能力量。他的这种认识必然引起严重的混乱，好在对我们的研究没有构成任何的影响。我们也在疑问，在自我中起作用的不是自我生存本能而是其他本能，我们应该把它们识别出来。但令人失望的是，有关自我的分析没有什么实质性的进展，从而导致现在的论证面临着重重困难。事实上，自我中的力比多或许通过什么特殊方式已和那些还不为我们所知的自我本能结合起来。甚至在我们对自恋形成清晰的认识之前，精神分析学家就做出设想，即自我本能将力比多的成分摄入自身中去。然而，这些可能性仍然无法确定，以至于我们的反对者无心关注。这样就遗留下一个颇为棘手的难题，精神分析可以帮助我们证明力比多冲动的存在，但是直至目前还无法使我们识别任何的本能。然而，我们丝毫不会赞赏所谓的不存在其他本能这一结论。

性本能含有某种虐待性的因素

在我们试图拨开笼罩在本能理论上的层层迷雾时，假若对能使我们产生清晰认识的观点横加拒斥的话，那么就显得极为不妥。我们的研究是从生的本能和死的本能之间针锋相对的现实情形出发的。现在，附着于对象上的爱欲为我们呈现出第二种类似的两极对立，即爱与恨的对立。如果我们可以成功地将这两种对立的情形结合在一起，并且能够在两极情形中实现通融的话，这当然是我们求之不得的愿望。我们很早之前就注意到性本能含有某种虐待性的因素。对于该种因素，我们也已有所闻，即它能够独立存在并且会以某种非常态性行为支配一个人的完整的性活动。此外，它在我称为前生殖器的组织里也是作为一种居于主导地位的本能加以呈现的。然而，一个人究竟是如何获得那种以残害对象为目的的具有虐待性质本能的呢？难道它来自于维护生命的性爱欲望？

事实上，这一具有虐待性质的行为就是一种死的本能，它是由于自恋的力比多影响而不得已才从自我中分离出去的。如此，它只好在与对象的关系中加以呈现。此时，它开始为性的功能进行服务。在力比多组织的口欲期阶段，实现对某一性对象施以控制的活动与该对象承受的损毁是一致的。之后，具有虐待性的本能分离出来，它基于生殖的目的，在性器期为主的阶段去替代至今仍然遭受压抑的性对象去履行性活动要求的功能。人们也的确有可能认为，从自我中被强制性离去的具有虐待性质的行为给性本能的力比多成分规划了发展方向，于是力比多成分也随之被附着并作用于对象身上。在最初虐待行为没有经历过减弱或混合的情形中，我们观察到性爱生活中令人习以为常的爱恨交织的状态。

假若这一设想具有合理性，那么我们就需要提供一个关于死的本能的事例，尽管事实上它只是一种迁移性的本能。但是这种对待事物的方式难以掌控，并且容易使人产生某种神秘的感觉。一些人对此产生怀疑，他们认为我们将不惜代价地寻求脱离困境的方法，但是正如我们先前所知，这种设想并无新意。在这种困境还未出现之前，我们已经进行过这样的设想。当时我们从临床观察中就不由自主地认识到，对于以虐待狂倾向为补充的这种受虐倾向的本能，必须将其解释为一种转向主体本身的虐待倾向的反作用力。然而，本能从对象转向自我或者是从自我转向对象在原则上并没有什么不同，这也是我们刚才所提到的新的认识。在那一情形下，受虐倾向即本能向主体的转向表现为向本能早期阶段的回归。我们上述关于受虐倾向的解释使人感觉有些泛泛而论，因此需要对某些地方加以更正。我也曾经为之辩解，初级的受虐倾向是有可能存在的。

现在让我们对自我保存的性本能问题做进一步的分析。有关原生动物的实验已经表明，那种结合也就是之后发生分离的两个个体的再次结合，但不会出现随后的细胞分裂现象，此类分裂对每一个体都具有使其强化与返老还童的功能。而且，我们在这些细胞的后代中也没有发现任何弱化的迹象，它们看上去好像已经具有那种长期承受自身新陈代谢的消极后果的能力。在我看来，这一简明的观察结果可以被视为性的结合作用的一个典型现象。然而，两个并不完全相同的细胞究竟是如何通过聚合而生成一种新的生命个体的？如果我们考虑化学的功效，甚至是以机械刺激代替原生动物的结合，那么这个实验必定会引导我们在这个问题上形成确切的认识，即它的缘起正是因为补充了大量的新的刺激。这一点与下文的设想呈现出相当大的一致性，即个体的生命过程由于内部原因而致使化学张力消失或是导致死亡，当它与另一个生命体相互结合时就会增强那种张力，并引入我们所说的那种新的活力差异的事物，当这种差异引入之后就可以增强生命的延续性。就两者之间的差异而言，必定存在着一个或者是多个最具适宜性的条件。在心理活动中可能还存在那种一般来说在神经活动中才具有的优越性倾向。问题在于，是努力将其还原为某种稳定的水平，还是摒弃那个由于刺激而引起内部紧张所使用的专业名词，该词语表现为出一种以唯乐原则为特征的表达方式。我们之所以对于死本能存在的这种情况信誓旦旦，是以对以上事实的认识结果为最强劲的动力的。

然而，我们仍然觉得自己的思维受到下述事实的侵扰，这一事实就是我们不可能把性本能的出现归于某种强迫性的重复，这种重复性特征首先被我们用于死的本能的研究。确定无疑的是，我们在胚胎发展过程中观察到极多的重复现象。源于性繁殖的两个生殖细胞与它们的生命历程，看上去只是对有机体初始生命的不断重复；然而与性本能相关的这些过程在实质上是两个细胞的结合，这种结合的功效就是致力于高等有机体的生命因素的永存。

更多的关于性繁殖缘何而来以及性本能的一般性根源，是我们迫切需要了解的知识。这些问题使那些门外汉浑身怯弱，即使是该领域的一些专家也对此一筹莫展。在这种情况下，我们唯有借助众多相异的观点，对那些看上去与我们的思考联系甚为紧密的问题进行一番扼要的回顾。

就性的繁衍而言，一种观点将其视为生长现象的某些表现方式，如分裂繁殖、抽条、芽殖而引发的繁殖现象。然而这种解释使得生殖问题失去了某种神秘的意蕴。对那种由于性别因素而产生分化的生殖细胞的生殖过程，我们可以根据正统的达尔文主义[①]来研究其起源。假设两性融合的优势在后期阶段存留下来，而且发挥了应有的功效，那么这种两性融合最初就是在偶然情形下借助两个原生动物的偶然结合而形成的。根据这一观点，性欲就不存在任何原始性的根源，它的目的只是激发引起性的结合的某种强劲的本能，这样一来就实现了对那些过去的偶然情形的复制，并且在以后由于其所具有的优越性而形成稳定的态势。

现在，有关死亡的一些同样的问题再一次引起人们的关注。是否可以把原生动物实际表现出来的那些特点归咎于原生动物本身呢？此外，如果我们做出这样的假设，即那些只能从高等动物的角度才可理解的力量和过程，确定无疑地从一开始就源于这些有机体。那么，试问这一假设是否正确？对于我们的研究目的来说，上面提及的那些性的观点并没有什么价值。对此，也许会产生反对的声音：既然这一观点已经预设了本能的存在，这就表明它早就在最简单的有机体中产生功效了。假如不是这样的话，我们对这种有碍于生命进程而且会产生

① 关于生物界物种起源发展和进化一般规律的学说。——译注

重重困难的效应就会唯恐避之不及，而无须在这一问题上继续白费唇舌。这样的话，假如我们无意舍弃关于死的本能的假设，那么就必须假定死的本能与生的本能从一开始就是紧密相关的。同时也必须认识到，我们在这一情形下要解决的是一个有双重答案的问题。

> 关于性欲的起源，我们从科学中所得到的认识微乎其微

此外，关于性欲起源的问题，我们从科学中所得到的认识微乎其微，这也使得我们足以将这一问题视为黑箱难题，即便有某种假想的强光也无法穿透。事实上，我们在另一个与此不同的领域中发现了这样的一个设想，但这个设想使人觉得十分离奇，仿佛就是一个难以言说的神话而不是来自科学的思维。假如这一设想不能够真正构建我们梦寐以求的那个条件的话，那么就不可以不负责任地在此处提出来。

我内心所指的是，柏拉图[①]《会饮篇》中通过阿里斯托芬[②]所讲的一种观点，该观点不仅包括性本能的起源，而且还涉及到性本能与其对象的关系中最重要的变化。人类最初的本性与现在比起来是根本不同的，最初有三种性别，有男性和女性，还有一种是男性和女性的结合。原始人的身体具有双重性的特征，例如他们有四只手和四只脚，两张脸，两个生殖器等等。于是，宙斯决定把这些人一分为

① 柏拉图（前 427—前 347），古希腊著名的唯心主义哲学家、伦理学家。——译注

② 阿里斯托芬(约前 446—前 385)，古希腊著名的喜剧作家。——译注

二,“就像是为了取出果核而把一个山梨果一切为二那样。”在将一个人分割为二之后,“原属于同一个人的两个部分同时渴望获得另一部分。于是,这两个部分相拥在一起,并且用各自的臂膀将对方和自己缠在一起,希望再次同生共长。”

我们准备沿着这位哲学家提供的思路大胆地进行设想。从生物获得生命的那一刻被分裂成微小粒子时起,它们就试图依靠性本能来实现彼此之间的聚合吗?在原生动物领域所发展起来的这些本能,无机物的化学因素在里面继续留存,逐渐攻克了因为充满了危及生命的刺激物的环境而对本能的发展所形成的种种障碍,这些刺激物能强迫它们形成一个具有防御作用的外壳吗?生物被分裂的那些部分就是以这种方式获得了成为多细胞的条件,并最后通过最为集中的方式将寻求创新的本能转移到生殖细胞上的吗?鉴于这些问题,我认为此时正处于需要有所突破的时刻。

在这一认识上引起的批评意见还是为数不少的,一些人也许会问,我自己能否保证在前文中的有关设想的真实性?假如可以承诺的话,那么这种真实性在何种程度上可以使人们相信呢?我可以这样回答,我不会相信,同时我并不在意别人相信与否。或者我会以一种更为确切的口吻说,我不知道我究竟可以相信多少。对我来说,纯粹没有必要考虑“信任”这一明显情绪化的词语本身。一个人务必要使自己专注于已经确定的思路,并且由此而不遗余力的探究下去。我想这只不过是对于科学的好奇而已。我并不会驳斥这一事实，即关于本能研究的下一阶段，不必像前面关于性欲概念的扩展与自恋问题那样要求得到同等程度的认可。这两个问题的研究方式变革是将观察结果直接转变为理论，所以其存在错误的可能性要比所有在这种情况下不可避免的错误会小一些。事实上，我也是在观察强迫性重复的事实基础上，形成本能具有退行性特点的认识的。令人遗憾的是，我可能高估了其内在的价值。

除了把事实材料和纯粹属于思维领域的东西相互结合，并因此察觉到这一情形与实际观察结果并不相符以外，我实在无法设想出如此的观点。我们也清楚地懂得，在形成某个理论的过程中，假如一个人越是经常如此，那么最后的结论就越难以置信。然而，我们并不能清楚地认识这一不确定的因素。或许某个人很走运地碰巧命中，或许他将步入千夫所指的不归路。对于此项任务，我认为直觉的作用微乎其微。就我一般性的看法，直觉的结果应该是理性而又公正的。但就人们普遍关注的那些终极性问题，诸如科学和生命的重大问题时，直觉经常缺乏正义感。在这一情形中，我们每个人都受制于内心深处的偏见，我们的思想也在无所适从的情况下甘于听从这些偏见的颐指气使。如果说我们此时有诸多合适的理由表示怀疑，那么我们不妨对自己精心准备的阐释采取一种冷静或是低调的态度。然而，需要立即补充说明的是，这些对自己所做的批评并非去强迫别人对于某些存疑的见解表示格外的容忍。

我认为下述方式是公正的，对于那些从开始就觉察到的观察事实与结论自相矛盾的情况，任何人都可以毫不留情地予以批驳，同时也要注意，一个人的理论具有时效性而且是较为短暂的。

当我们对生的本能和死的本能的有关问题做出推断时，并没有预感到许多困扰人心和浑浊不清的情况会时有发生。例如，一种本能拒斥另一种本能或者是一种本能由自身转向某一对象等。这种情况是由于我们必须使用科学术语而引起的，也就是使用心理学，尤其是属于深层心理学专有的比喻性描述。如果不采取这种方式，我们就无法述说有关事物的发展过程，甚至不可能对它们加以关注。但是，如果我们已经能用生理学的或化学的专门术语来代替心理学的术语，那么我们描述中的不当之处就不会出现。实际上，它们也无非是一种比喻性语言的组成部分，尤其是作为一种更为简单的语言，已为我们所熟知。

4. 一个变态主题的考察

本能向其对立面的转化有两个过程

考虑到有关理论的熟悉程度，当我们从本能发展的过程以及生命进程的角度对本能的变化进行分析时，有必要将其限制在性本能的研究范围之内。观察经验告诉我们，本能的变化有如下情形：转化为相互对立；与自我相关联；压抑；升华。

鉴于并不打算在此研究升华，而压抑有必要另辟章节加以探讨，因而我们在此只就前两种变化展开分析。必须谨记于心的是，在本能以原有的形式活动时会遇到动机的强烈反抗，于是我们将本能在这种情形中的变化视为抗拒本能的抵御方式。

本能向其对立面的转化共有两个过程，即主动形式向被动形式的转化以及本能的内容转化。由于这两类转化在本质上具有明显的差异，所以我们将分而论之。

主动形式向被动形式的转化的事例有两个，即施虐狂[1]——受虐狂[2]、窥视癖[3]——裸露癖[4]。转向只是关系到本能的目的，主动性目的如虐待、窥视代之以被动性目的如被虐待以及被窥视。就本能内容的转化而言，只有由爱转化为恨这一种情形。

本能向主体自身的转化似乎显得合乎情理，例如受虐狂在事实上体现为施虐狂向自我的转化，裸露癖本身就包括主体观摩自己的身体。从有关分析性的观察中，我们确定无疑地认为受虐狂体验到自我折磨的快感，而裸露癖者则感受着展示性器官的快乐。实质上，在这一过程中发生

---

① 亦称“施虐癖”。指通过对自愿或不自愿的异性实施性折磨、羞辱，在受虐者倍感痛苦的情况下与之性接触，从而获得最大性快感和性满足。——译注

② 性变态的一种。患者只有在承受自己或他人施予的身体上或精神上的痛苦时，才发生性快感。——译注

③ 变态心理学用语，指以单纯的看作为快感源泉的性变态心理现象。——译注

④ 以暴露自己的生殖器而求得性欲满足为特征的性变态。——译注

改变的是对象，而目的丝毫没有更改。在这些事例中，无论是对主体自我的转化抑或是主动向被动的转化，都是相互关联并同时发生的。这一点我们绝不可视而不见。

为了对上述情形作出确切的说明，我们有必要从基本内容入手进行深入彻底的分析。施虐狂与受虐狂的整体过程可能表现为以下三种情形：(1）施虐狂的对象是别人，所采用方式是进行攻击或暴力行为；(2）如若放弃对象则以自我取而代之。在转向自我的时候，也对主动转化为被动的过程施以影响；(3）新出现的人会被看作追求的对象，此人是本能目的改变的结果，代替了主体的角色。

最后一种情形经常被视为受虐狂。受虐满足与原初的施虐狂方式如出一辙，被动状态中的自我首先处于幻觉之中扮演角色，之后实际上被外在的主体取而代之。在这一情形之外是不是还有其他的直接性的受虐狂满足，则是很大的疑团。我以前描述过形式上的那种并非源于施虐狂的原始受虐狂，但至今仍未亲眼所见。现在看来，通过对强迫神经症施虐本能行为的观察来推演上述第二种情形的存在是非常必要的。在这一过程中，存在着某种有关自我态度的转化过程，但没有必要保持对别人态度的默认。这一变化只是在第二种情形中才呈现出来。这样，虐待的欲望转化为虐待自我和自我折磨，而不是转变为受虐狂。

与施虐本能相伴而生的是某种特殊性目的的实现，诸如侮辱、摆布他人甚至是使其疼痛不已。鉴于此种情形的出现，使得我们对于施虐狂的认识有失偏颇。精神分析已经表明，疼痛程度的增强并未对作为本能原始目的的性行为构成什么影响。一个有施虐倾向的孩子并不会考虑给予对方疼痛的感觉，他事先也没打算如此尝试。但如果施虐倾向一经转化为受虐倾向，那么疼痛便很容易满足被动的受虐目的。因此，我们依据足够的理由确信，疼痛感觉与其他的那些不愉快感觉一样，激发了性兴奋并且创造了一种快乐的条件。在这种情况下，主体才会甘愿忍受这种疼痛。假如疼痛的感觉忽然转变为一种受虐狂目的，那么所引起的疼痛也就会以退化的方式成为施虐狂的目的。当别人处于疼痛的处境中时，主体通过与受虐者的共鸣而沉醉于此种受虐情形中。应当指出的是，在上述两种情形中并不是疼痛本身使人快乐，而是与疼痛相伴的性欲激情使人沉醉，这种性欲激情可以容易地从施虐的部位获得。如此，从痛苦中享受快乐就成为承受虐待的向往，但是作为一种本能，则只是出现于本能施虐之人。

窥视本能的活动起初源于性欲

让我们观察这样的一种对立情形，即本能的目的表现为窥视别人和暴露自己，或者是按照性倒错[①]的描述即窥视癖和裸露癖，从中可以发现虽然大相径庭但并不复杂的情形。与先前类似，我们也可以设想以下三个阶段：(1) 观看是一种面向外部对象的动作；(2) 抛弃外部对象，将窥视本能转向自己的身体，此时就会展现新的目的即让别人观看；(3) 将自己的身体暴露给新引进的主体。可以肯定的是，主动目的仍然在被动目的之前，也就是说自己先看之后再让被

① 又称性变态或性欲变异，指经常以不符合社会习惯的方式来获得性满足的异常性心理与性行为。——译注

人看。但对于施虐狂则有很大的差异，在窥视本能的情形中我们可以识别出先于刚才所描述的第一阶段。窥视本能的活动起初源于性欲，它的对象是主体自己的一部分。在通过比较之后，这一对象才为他人身体的一部分所取代，并由此进入第一阶段。以下图式也许能让我们了解窥视本能的具体情形：

（a）某人观看别人性器官——性器官被自己观看

|　　　　　　|

（b）某人观看外部对象（主动窥视癖）

（c）某人身体的一部分作为对象被其他人观看（裸露癖）

在施虐狂的情形中，这种开始就针对外部对象的预期阶段并不存在，尽管对儿童竭力控制自我身体的这一阶段的构成并不缺乏依据。

需要切实注意的是，上述有关两种本能的事例所展示的从主动到被动的转化及转向自我本身，这些情形实际上根本没有融入本能冲动的所有能量。虽然这种转化过程十分激烈，而且在一定程度上，本能早期的主动趋向与晚期的被动趋向也是同时存在的。因此，对窥视本能的唯一的确切解释是，它在发现阶段、其自体性欲阶段与预阶段以及最后的主动或被动形式等等，都是同时存在的。假若我们的认识是基于本能满足的机制，而并非本能所导向的行为，那么该种认识的真理性意蕴就会清晰明了。此外，我们可以将每一种本能生活视为相间的连续性系列。在本能生活的任一时段内，每一系列都具有同质性，系列间的关系可比拟为火山熔岩的间隔式喷发。初始时，本能的喷发活动的形态不变而且不朝任何方向发展。但后来的每一轮喷发则开始产生变化，比如由主动方式转变为被动方式。于是，随着新特征的出现，这种喷发的过程呈现为后一轮加在上一轮之上。假如此时对本能冲动的观察从初始状态直到某一限定点，那么我们所描述的连续活动必然会展示本能活动发展的景象。实际上，我们在本能活动的后期阶段就可以观察到其对立面，这一点用布洛伊勒[1]引入的矛盾症可以进行简明的分析。

毫无疑问，有关本能活动的历史以及各阶段间的恒久性认识使我们清晰地掌握了本能发展的知识。观察经验表明，某些显而易见的矛盾在个体之间、群体之间以及种族之间呈现出显著的差异。我们可以将现代人所体现出的明显的本能矛盾视为久远时期遗传的结果。我们完全有理由想象原始人类的本能生活，那种形式不变的主动性冲动明显要超出现代人的平均水平。

当自我发展处于早期阶段时，性本能的目的是追求自体性欲的满足。对于这一点，我们习以为常地将其视为自恋，然而我们从来没有对自体性欲与自恋的关系加以分析。接下来的问题就是，窥视本能的预备阶段（表现为主体自

① 布洛伊勒（1857—1939），瑞士精神病学家，因对早发性痴呆的研究而享有盛誉。——译注

身成为窥视对象）必须在自恋的情形下进行划分，并且可以被看作是一种自恋的形成。这样，主动性窥视本能由此发展而来并且将自恋远远抛开。被动性窥视本能则与此相反，它紧紧依附着自恋对象而毫不松弛。施虐狂向受虐狂的转化也同祥表示对自恋对象的回归。被动性窥视狂和受虐狂的情形，是自恋性主体通过认同以另一外在的对象加以取代。假如考虑到施虐狂的自恋性预备阶段，我们就可以得出更具一般性的结论，即本能的变化，诸如本能转向主体自我以及主动性转向被动性等，依赖与自我的自恋性组织并且具有自恋的意蕴。

因此，我们必须提醒自己，直到现在我们所研究的只是本能的两种对立现象，它们是以矛盾方式体现出的最为显著的性本能，即施虐狂与受虐狂、窥视癖与裸露癖，但我们对于后期阶段影响性本能的诸多因素仍未缜密地考察，所以无法采取相同的方式加以研究。我们也可以做出一般性的设想，它们的活动具有自体性欲的特征，亦即表明与它们的根源如机体器官相比而言，对象是不值一提的，但是在规范形式下，对象与器官呈现出一致性。但是，尽管窥视本能的对象在初始时属于主体自身，但是并不属于视觉系统。在施虐狂的情形下，器官抑或是有作用的肌肉组织直接指向另一对象，而不考虑这一对象从属于主体自身。按照费德恩和杰克斯的那些似乎合理的意见，如果器官在自体性欲本能中产生决定性的影响，那么本能目的的主动性或被动性特点就将取决于器官的形式与作用。

5. 爱与恨的交锋

> 男性与主动、女性与被动的融合是一种生物学的事实

关于本能内容中对立两极的转化，我们唯一可以观察到的情形就是由爱向恨的转化。考虑到两者共同具有的特征是针对同一对象，所以我们将它们的共生性视为矛盾情感的最为关键的例证。

由于爱与恨的这种情感活动不可纳入本能的结构系统中，我们只能对其进行特殊方式的处理。虽然我们对爱与恨这两类对立的情感与性行为之间的密切关系不会产生任何的怀疑，但是我们并不准备把爱与先前已经探讨过的其他概念做同样的理解，即将爱视为性本能的要素之一。对于爱这一情感要素，我们大可对其做出整体性的描述。但是这种观念给我们带来一定的困难，我们仍然无法认识到其中的涵义。

事实上，与爱相关的不是一个而是三个对立面。在爱与恨的两级对立之外，还有爱与被爱以及爱与恨的交织等缺乏兴致的对立面。关于爱与被爱，它们之间的对立完全属于主动向被动的转化，这一情形与窥视本能一样，可以溯源至它的隐藏部分。同时，这也是一种自爱情形，我们可以将它视为某种自恋的特征。之后，根据被外在对象所取代的是对象还是主体，可以知道是导致了爱的主动目的还是被爱的被动目的，被爱的情形与自恋有所相似。

我们只要承认心理生活作为一个整体关涉到三种对立形式，就可以更好地认识爱的多种对立性。这三种对立形式是：主体——对象；愉悦——烦恼；主动——被动。

正如我们曾经所说，自我与外部及主体与对象的对立在个体发展的早期就形成了。观察经验表明，个体凭借身体动作可以将外在刺激化于无形，但是对机体内在的本能刺激则无济于事。对于我们的智力来说，这些对立物的存在无疑是十分重要的，它为我们提供了基本情形的分析，这是任何力量都无法干预的。关于愉快与烦恼之间的对立，我们在此前已有说明，它们作为一种情感的尺度，对我们的意志与行为有着极为重要的意义。对于主动与被动的对立，我们不应该使其与自我与外在世界的对立混为一谈。从自我的角度来看，它与外在世界的关系是被动的，因为自我承受着外在世界的刺激并对这些刺激作出反应。基于本能的作用，自我对外在世界反应表现为某种特殊的行为。由此，我们可以发现，自我相对于外在刺激而言是被动的，但借助于本能活动它又可以表现出主动性，主动和被动的对立之后就与男性和女性的对立融为一处，但是在此之前的这种对立不具有心理学的意义。我们认为，男性与主动、女性与被动的融合确实是一种生物学的事实，但是这种融合程度与我们所想象的那种彻底性和唯一性还存在着一定的差距。

以上三种对立情形在心理活动中相互结合，相得益彰。在最初的心理活动中有两种对立呈现一致性。而在心理生活的初始阶段，自我倾注于本能并且在一定程度上通过自身满足本能的需求，我们将此种方式称为自恋和自体性欲的满足。一般而言，这时候个体的意向并未全部倾注于外部世界，同时也与目的实现无所关联。所以自我主体与能够产生快感的事物在此期间表现为一致性，与毫无关联的外部世界也保持一致，当然也会因为外部世界的刺激而可能出现烦恼的情绪。假若我们将爱视为自我与快感根源的关系，那么可以发现的爱的对立面的首要呈现方式就是自爱以及对外部世界的冷漠。

如果说自我具有自体性欲的特征，那就可以认为它不需要外部世界，但是当自我与自我防御本能发生关联时，它就需要外部世界的对象，不然的话自我就可能把内在的本能刺激看作是不愉悦的影响。自我可以在快乐原则调控之下获得更好的发展。既然向自我展示的对象已成了快感的根源，那么对象就会融入自我。一方面是对对象施以内向投射，另一方面则是自我再一次使内在的任何对象变为烦恼的根源。

如此一来，我们依据确切的客观标准，就把内外有别的原始性的现实自我转变为纯粹的快乐自我，因此，快乐具有对一切事物的优先性。就快乐自我而言，外部世界被一分为二：只要是与自我一致的就是快乐的事物，而其他的只能归于外在事物。另外，快乐自我还将自我的一部分提取出来并置于外部世界，这样的情感状态就变成怨恨。经过这一重新解构，原初对立的两极现在重归一处，即自我主体与快感相结合，而与外部世界一致的是烦恼或怨恨。在原始自恋阶段，对象的出现就会促使恨，也就是爱的第二个对立面得以发展。

正如我们已经了解并认可的，对象最初是由自我防御本能将其从外部世界带入自我，而在引入外部刺激的同时，恨也体现为自我与外部世界的一种关系。恨的先决条件是冷漠，而现在冷漠则成为恨的特殊表现形式。外部世界、对象及所恨之物好像在初始阶段是一致的，假如此后对象成为快感的根源，那么就会被爱融入自我。这样，就纯粹性的快乐自我来说，对象就再一次变成了外在的因素，因为遭受怨恨。

按照我们的理解，正如爱与冷漠的对立反映了自我与外部世界的对立一样，爱与恨的对立则再一次使快乐与烦恼的对立重新确立起来。只有在纯粹的自恋阶段被对象阶段所取代时，快乐与烦恼才能反映出自我与对象的关系。假若对象成为快感的根源，某种动机的产生就会使对象逐渐接近自我，以至两者最终形成一致。我们因此可以认为，可以产生快感的对象极具吸引力，而且我们对那个对象产生爱意。反之，如果对象赋予我们烦恼的感觉，那么主体就会竭力扩大对象与自我的距离，并通过消除刺激的作用实现对外部世界的逃避。如果我们体验到该对象引起的厌恶与怨恨之情，那么我们将这种对对象的怨恨转化为攻击并毁灭对象。

在关键时刻我们可能会说，当本能对某一对象产生爱意之时，会竭力去寻求满足，但是当本能怨恨某一对象时就令我们深感惊异。因为我们已经认识到，爱和恨的对立并不适用于解释本能与对象的关系，而是只能用于解释完整的自我与对象的关系。然而，假如我们考虑到语言的应用方式，就会发现爱与恨的涵义显示了较大的局限性。我们不可以这样认为，即如果某一对象可以维护自我防御的利益，我们就对他产生爱意。需要指出的是，我们或许可以用那些比“爱”的表达效应更低的词语如“喜爱”、“感到惬意”等说明与对象的其他形式的关联。

“去爱”一词逐渐地融入自我与对象的纯粹的快乐关系之中，并最后着落于性爱的狭隘意义的领域内，以此来满足升华的性本能需求。因此，心理学所假设的自我本能与性本能的区分就与语言的意蕴相协调了。实际上我们并不会习惯性地认为单个性本能会对对象产生爱意，而是乐意将自我与其性对象的关系同用爱意表达的情形相吻合。而“情形”一词之所以适合于表达此种关系，是因为事实证明，只有在生殖器官的原初情状中，并且在生殖的条件下，才可以深入探析性本能的所有构成成分。

我们应该注意，关于“恨”这个词的应用并没有与性快感一同产生什么密切关系。自我之于对象痛恨与厌恶，并且企图毁灭这一引起烦恼感受的对象，而对于它们是意味着性满足中的挫折，还是自我防御需要满足中的挫折，则根本不予考虑。我们可以肯定的是，恨与对象关系的真正来源是自我基于保存的防御斗争，而与性行为没有关联。

在性行为组织建立以后，爱才与恨表现为对立情形

因此，我们认为本能内容中的爱与恨的对立绝非是如此简单的关系。该种对立关系的原因并非是原有共同物的断裂，而是它们各自具有不同的原因。受愉悦与烦恼的关系的影响，爱与恨在形成对立之前各自具有不同方式的发展。

因此，现在的问题集中起来就是我们一再提起的爱与恨的起源问题。爱源于自我，它以自体性欲的形式满足其本能冲动，但这一目的必须通过某一器官的快乐感受才能达到。它在初始阶段表现为自恋的特征，之后指向对象。当这一对象被引入扩展的自我之中时，自我就将对象视为快乐感觉的来源，从而呈现出趋向于对象的动机性力量。在后期阶段，它与性本能活动的关系极为密切。当这些性本能一旦被彻底合并时，它才与性激情完全融为一体。爱的预备性阶段是以不完全的性目的形式呈现出来的，而性本能的发展却异常复杂。我们观察到有一个引入或吞噬某一爱的类型的阶段，它要彻底摧毁对象的分离状态，因此可将这一阶段描述为一种矛盾情形。而在性前期的肛欲攻击组织的更高阶段上，对对象则采取了控制的方式，对对象的摧毁业已成为冷漠情形的具体体现。在预备性阶段与这种情形中，由于相关对象的态度而使得爱与恨难以分离。在性行为组织建立以后，爱才与恨表现为对立情形。

从与对象关系的角度分析，恨要先于爱存在。恨源于自恋性的自我，恨对外部世界采取了否定的态度，同时恨

也是对对象产生的一种烦恼的情感，它总是与自我防御本能有着密切的关系。所以，性以及自我本能随时都可形成对爱与恨的不断重复的对立。就像处于肛欲攻击组织时期那样，当自我本能占有性功能时，就会将恨的特性赋予本能的目的。

我们从爱的起源过程以及爱与其他事物的关系中，诠释了这样一个问题，即爱为什么经常体现为某种矛盾，也就是说那种因反抗同一对象而引起的怨恨情结。与爱融为一体的恨的因素，最初也起源于爱的预备性阶段，而此时爱并未处于超越一切的状态，同时部分地建立在自我本能对对象的毁灭反应之上。从自我与爱的利益冲突来看，这种毁灭反应可在极为短暂的动机中找到原因。所以在这两种情况下，与爱融为一体的恨都是以自我防御本能为基础的。在爱与某一对象的关系断裂之后，恨总是借此机会取而代之，这样便会让我们形成由爱向恨转化的情景。我们从这种情形中可以获得如下认识，那种真实动机的恨是由于爱回撤至虐待现象的预备性阶段所导致的，这样就使恨披上了性欲的外衣，从而使得爱意情结能够持之以恒。

关于爱的第二种对立情形，即爱转化为被爱是对主动与被动两极关系的反应。对这一对立情形的判断，与我们关于窥视癖与施虐狂的分析是一致的。

最后，我们似乎可以做出如下的概述。本能变化的基本特征产生于这样一种状态，即本能冲动任凭那些在心理活动中起主导作用的三种对立物的颐指气使。关于这三种对立物，我们以生物性特征赋予主动与被动对立的情形，将真实性赋予自我与外部世界的对立，而对于愉悦与烦恼的对立，则明显体现出成本因素方面的考虑。

6. 心灵模式中的本能态势

> 恨转化为爱或爱转化为恨，在许多情况下都是非常普遍的

假若将心理状态分为本我、超我和自我，而且这一区分可以证明我们的研究有所突破的话，那么就会使我们更深入地了解心理内部的动态关系，而且可以更加清晰地对它们加以说明。此时，我们也已经知道自我尤其容易受到知觉的影响。从广泛意义上说，知觉之于自我就像本能之于本我一样具有同等的意义。同时，自我与本我一样都易于受到本能作用的影响，其实自我只是在本我经历特殊发展之后的一种心理状态。

最近我致力于研究本能的相关问题，现在我也将会以这些问题为基础继续进行其他问题的研究。我们关于两类本能的划分，其中之一是爱欲本能或性本能，可以说，迄今为止，这一问题最吸引人的眼球，同时也是较为容易分析的。关于性本能的内容，大致有与性禁令无关的性本能、受目的控制并且由此产生的具有升华性质的本能冲动，此外还有自我生存本能。就后一种本能而言，有必要将其赋予自我，并且在我们的分析开始之前使其有充足的理由与性的对象本能相对立。关于受目的控制的本能则很难赋予

其确切的定义，于是就将虐待性视为这一类本能的特征。考虑到生物学理论的有关论据，我们可以设想存在一种死的本能，它的任务是使有机生命返回至一种无生命的状态。另一方面，我们如果把爱欲的目的看作是将一盘散沙的生物性微粒广泛地聚合起来，从而进一步加剧生命现象的复杂化，那么，爱欲的目的当然也包括维持生命。

现在看来，这两种本能都在努力重新构建一种由于生命的出现而遭受侵扰的状态，那么按照这种目的，生的本能与死的本能从词语的严格意义上来说都具有保守性。生命的浮现可以被视为生命持续的基本原因，当然也可以被看作临近死亡的现象，但生命本身则是这两种不同趋势的矛盾与融合。这样，生命的起源问题必然要关涉到宇宙论，而对于生命目的这一问题的解答也必须做出二元论的思考。

按照上述论点，某些特殊的生理过程如合成代谢或分解代谢将与这两类本能中的一类发生关系。这两类本能在生命实体的每一个微粒中都是非常有活力的，尽管这些生命实体的微粒大小并不均等。那么，某一生命实体可以成为性爱欲望的载体。

尽管这一假设并没有清晰地展示这两类本能是以何种方式实现相互间的融合，但这种呈现出一定规律性而又极为普遍的现象却是我们进行概念分析不可或缺的一个假设。这样，考虑到可以把单细胞机体结合而形成多细胞的生命形式，那么单个细胞的死的本能就可以成功地得到抵消，破坏性冲动就可以凭借某一特殊器官转向身体外部。这一特殊器官应该是肌肉组织，而死的本能作为一个指向身体外部与其他有机体的具有破坏性特点的本能，看上去会因此而显示自己的意图，尽管这种意图还只是不完整的。

假若我们承认两类本能相互融合的现象，那么如何使其分离就必然成为我们不可推卸的理论任务。性本能的融合的服务性典型事例是其实施虐待的行为，施虐症促使它自身独立的那种非常态的性行为是分离，尽管还不足以成为完全的分离。在这一问题上，我们开始形成以前在这一点上从未思考的关于多种事实的新认识。破坏性本能基于发泄的目的，往往是服务于性爱行为的，那种癫痫症状就是本能分离的现象。我们也逐渐认识到，本能的分离与死的本能的现象正是那些严重神经症诸如强迫性神经症最为明显的体现。为了及时地做出概要性的说明，我们可以设想力比多退行在本质上表现为本能的分离。此外，还有这样的问题，即在神经病症的发展过程中，那种矛盾心理的异常反应能否被视为某种分离？然而矛盾心理明显地体现为一种仍未结束的本能融合过程。

此时我们的兴趣显然是继续进行追问，在我们所假设的心理状态结构即自我、超我和本我与两类本能之间，是不是绝无任何联系可言？还有，作用于心理过程的快乐原则能否体现出它与两类本能以及心理分化过程之间的稳定的联系？然而，我们在分析这些问题以前，还有必要消除与该问题表述术语有关的某种怀疑。我们对于快乐原则没有产生任何质疑，并且也有足够的临床理由来证实自我内部的分化。但我们在两类本能的区分问题上好像有证据不足的尴尬，人们已经觉察到临床的事实表现可能与本能区分存在着矛盾。

上述事实似乎是不容置疑的。我们可以将爱与恨置于两类本能的对立两端，而且可以毫不费力地寻找到爱欲的某个代表；同时我们也能够在破坏性本能中寻找到使人莫名其妙的死的本能的代表——恨，我们有必要为此心存侥幸。临床经验向我们显示，不只是爱经常会以出乎意料的规律性特点与恨相随，也不只是出现人类社会中那种常常是恨先于爱的情况，所谓的恨转化为爱或者是爱转化为恨，在许多情况下都是非常普遍的。

> 不论是在自我中还是在本我中，都存在一种可被替代的能量

与我们所关心的问题并不相关的是这种情形，即某人对同一个人先爱后恨抑或是先恨后爱，这种情况都是由于对方有理由让他做出不同的选择。另一种情况是，那种朦胧的爱意在开始的时候是以敌意和攻击性倾向来进行自我表现的。但是这一情形也与我们所关心的问题没有什么关系，这是因为对象倾注中的破坏性因素在此压倒了爱欲，而爱欲是在以后才融入其中的。在有关神经症心理学中的几个事例中，存在着更好的理论基础来对实际的一些变化进行假设。例如，对那些处于迫害妄想症中的患者实施某种特殊的手段，使其可以克服自己对他人所产生的格外强烈的同性恋意向。如此一来，该患者曾

经最爱的那个人成为一个迫害者，病人对其实施的往往是极具危险性的攻击行为。此处，我们有权利把先前的那个过程引入其中，该过程中爱被转化为恨。然而，我们最近才从一些研究中得知，在有关同性恋的产生根源以及性欲丧失的社会情感根源的事例中，存在着极为强烈的敌对情绪，该情绪可以引起非常大的攻击性欲望。因此，只有当这些情感被克制之后，先前遭受痛恨的对象才能获得爱。然而，我们发现这里产生了一个新问题，即在这些事例中我们试图假设的恨是否能够直接转化为爱。显而易见的是，此处的变化是发生在内部的，那些有关对象行为上的变化对它们无济于事。

在对那种与妄想狂的变化发生关系的现象进行分析之后，我们忽然发现有可能存在着另外的一种机制。一种矛盾的态度从一开始就表现出来，并且这种转变是依靠倾注的某种反应移置发生作用的，能量以此从性冲动中回撤并填充到相反的冲动过程中。

在消除某种引发同性恋现象的争斗的同时，发生了一件与之不完全相同但颇为类似的事情。我们在敌对性态度问题上没有发现任何使人满意的未来景象，因此可以认为，是它囿于利益的原因而被某种爱的态度取而代之。所以，在这种情况下可以期盼更多的使人欣喜的前景，这就是指可能引起的发泄。因此在任何情况之下，我们对那种关于恨直接转化为爱的设想都感到厌恶，因为这种转化与两类在本质上根本相左的本能丝毫不能相容。然而人们也会发现，我们借助于另一种把爱转化为恨的机制，就可以进行另一个理应获得确切说明的设想。以下情形出自我们先前的推断，即不论是在自我中还是在本我中，都存在着一种可被替代的能量。该种能量尽管保持中立，但是它会与性冲动抑或是破坏性活动全力协作。假如我们对这种可替代的能量不加以想象，就无法在研究中获得任何实质性的进展，这主要涉及到它的来源、性质以及涵义。

目前有一些问题依然未能澄清，例如本能冲动的性质问题以及它在经历了各种变化后继续存在的问题等，迄今为止仍没有得到确切的说明。在含有性因素的本能中，这些问题很容易被观察到并因此得到解释，同时可以把归于同一范围的这些过程的工作看作是我们正在分析的内容。例如，在成分本能之间有着某种程度的往来，还发现从某一特定的性欲来源中获得的一个本能可以把它的强度转移，用以强化来自于另外一种来源的成分本能。此外，一种本能的满足能够取代另一种本能的满足，以及其他一些具有此类性质的事实。可以说，所有这一切都赋予我们提出种种设想的决心与信心。

可以实现转移的“力比多”从属于快乐原则

就目前的研究情况来看，我所能做的只是提出某种设想，但缺乏相应的佐证。以下的认识看上去是合理的，即在自我抑或本我中都显现出同等活力的、能够保持中立的可转移的能量，都确定无疑地来自于自恋的力比多的储藏库中。因此我们可以进一步设想，这个可以实现转移的力比多是从属于快乐原则的，它的目的在于避免能量积聚和推动能量释放。当然，我们在这种关系中易于察觉到某种冷淡效应。

这一状况呈现出本我中精力投注过程中的一些特点。性欲倾注表现出关于对象的剧烈冷淡，这在经由分析而产生的移情现象中更为明显，这种情况产生的必然性与它们的对象并无关系。兰克[①]最近列举了一些关于方法论的合适的事例，可以用这些方法说明具有报复性特征的神经症活动在对象的择取上发生了错误。人们从这种潜意识行为想起了三个乡村裁缝的喜剧故事，其中一个裁缝必须被处以绞刑，因为村里唯一的一个铁匠犯了死罪。该惩罚势在必行，而不论惩罚的对象是不是罪犯本人。也正是在梦的研究中，我们首次在移置作用中发现了这种由初始过程引起的放纵情结。在这种情形中，也正如我们目前所分析的情况一样，那种被降至次要地位的正是这些对象，它可以被视为能量释放的通道。而自我的特点之一，就表现在极其苛刻地选择对象与能量释放的路径。

假如这一可转移的能量就是缺乏性能力的力比多，那么我们就可以把它视为获得升华的能量。这是因为，考虑到它在促成那种结合抑或是趋向于结合的过程中所起的作用，而自我的专有特性仍然保持着性爱的统一和结合的目的。如果我们可以在更为广泛的意义上将思维活动也置于

① 奥地利心理学家，精神分析学派最早和最有影响的信徒之一。——译注

这种转移作用中，那么思维活动也必然接受获得升华的性欲能量的补充。

我们已经分析了升华作用的某种可能的现象，即它能够借助于自我的调解作用而有规律地呈现出来。我们还记得另外一种情形，即自我赋予本我的对象倾注的实现过程是，通过将获取的力比多摄入自身之中，并把它与那种依靠认同作用而产生的自我完善过程相结合。在性欲力比多向自我力比多转化的过程中一定会出现性目的的丧失。无论在何种情形下，这种现象都表明了它在自我和性欲的关系中所扮演的一个重要的角色。如此就会从对象倾注中获得力比多，进而把自身视为唯一的爱恋的对象，并且使本我的力比多丧失性欲目的抑或是使本我的力比多升华，这样自我的目的就与爱欲目的背道而驰，它使得自己服务于相反的本能冲动。从而，它只能够暗自认同另外一些本我的对象倾注，或者可以说它不得不被纳入其中。

这些探讨似乎可以被看作自恋理论的重要扩展。在开始的时候，一切力比多全部是在本我中积聚而起的，而当时自我仍然处于形成过程中，或者是说它还很不完善。当力比多的一部分从本我中释放出来并成为性欲的对象倾注时，现在日益强盛的自我就企图获得这些力比多。在这种情况下，自我的自恋情结被置于次要的地位，这是因为力比多从爱恋对象身上撤回而产生的。

我们在分析本能的根源时发现，本能冲动的形式表现是由爱欲引起的。假如没有对《超越快乐原则》中的相关理论加以考虑，以及为了说明依附于爱欲的施虐狂因素的最终原因，那么我们就难以在本能的二元论观点问题上获得自信。然而，假若们无法摒弃这一观点，就必然会认为死的本能在本质上是悄无声息的，而生命的呼唤来自于爱欲的力量。

因而，我们确信对生命的呼唤产生于爱欲所遭受的抗拒中。在与那种将障碍引入生命中的力量即力比多的缠斗中，快乐原则以指导性方法为本我提供帮助。假如生命的特征与费希纳[1]的恒定性原则相符，那么它就会不断地趋向于死亡，爱欲的目的与性本能的要求以本能需要的方式遏制了下降的程度，并且把新的紧张状态融入其中。此时，在快乐原则支配下的本我将以各种方式避免这种紧张。而要实现这一任务，首先要尽可能遵循未失去性欲特征的力比多的要求，也就是说要尽力满足直接的性欲望倾向。然而，它进一步的行为是以一种更为全面的形式展开的。在性活动过程中，有关性物质的释放在某种程度上与躯体及种质的分离呈现出一致性。该种情形表明，在死亡与性满足的完全实现之间存在着某种相似性。同时也表明了死亡与某些低等动物的交媾行为的一致性，这些生物在孕育出新个体之后就遭遇死亡，这是因为当爱欲借以满足的方式得以消除时，死的本能就可以随心所欲地实现其目的了。我们已然明晰，自我通过使某些力比多得以升华并且对紧

① 费希纳（1801—1887），德国物理学家和哲学家，心理物理学的创始人，实验心理学的先驱者之一。——译注

张状态施以制衡的行为向本我提供了援助。

7. 本能与生命

> 人性本善的虔诚心理只不过是一种不幸的错觉

自我本能和性本能的比较分析，是我们对力比多问题进行初始研究的基础。然而当我们对自我做了更为细致的探讨以及认识了自恋观念后，自我本能和性本能的区别就逐渐失去了其验证的价值。从为数不多的事例来看，自我总是以其本身为对象，好像是与自己产生爱恋情结。但是，这种分析的结果是将常态中的情形过度地夸张了。我们不应忘记，自我经常作为力比多的主要储藏之所，而对于对象的力比多的倾注即是由此出发而又复归于此，而绝大部分的力比多则仍然留存于自我之中。所以，在自我的力比多与对象的力比多之间经常出现相互间的转化。如果我们假定情况确实如此的话，那么此二者之间并没有什么性质上的不同，并且两方面的势力也更显得纠缠不清了。

对于这种观点，我们并没有多大的热情。有关本能中对比势力的观念，不久之后被赋予了更为精确的涵义。此处不必详细地述说这一新的认识，我只想对其结果略作分析。在我看来，在最广泛的意义上，两种不同的本能即是性本能和以破坏为目的的攻击本能。当诸位听到这样的描述时，也许并不将其视为什么有创见性的观点，它不过与人们通常所熟悉的爱与恨的对立，抑或是物理学所描述的那种无机物界中的吸引和排斥的情形类似而已。但是也会有不少人认为，这一假设如果不是什么正确见解的话，那么它就是某种需要尽早抛弃的歪曲观念。我认为，这种抛弃的观念源于某个强劲的心理意识作用。例如，为什么在这么长的时间过后我们才认可攻击性本能的存在呢？还有，为什么在考虑将那些熟悉的事实视为我们研究所需材料的问题上显得如此的迟疑不决？假如我们将这种本能赋予动物的话，那么可能不会引起什么争议。但是将其安置于人类个体之上则显得不太敬重，因为这种情况有悖于宗教教义和社会习俗。人的天性本来是善良的，即使某个人有时候显得残酷暴戾，这也是由于他的情绪遭受了严重的侵扰，而这种侵扰或许是由于不适应社会生活而导致的。

然而令人遗憾的是，不论是历史的事实还是我们自己的生活经验，都与人们的美好愿望相去甚远。这些事实或经验表明，对人性本善的虔诚心理只不过是多种不幸的错觉中的一个而已，人们一直以来期望这些错觉会使每个人的生活日臻完美，但最后却适得其反。我们并不需要展开这一争论，因为我们的设想正是存在着破坏性的本能，因为仍然存在被虐待的现象。诸位知道，如果性欲的满足是以性对象的备受折磨与屈辱为代价的，那么我们便把性满足者称为虐待狂；假如性欲的满足是以自己情愿接受这种折磨和屈辱为条件的话，我们就会将该性欲满足者称为被虐待狂。诸位也知道这两种情形产生于正常的性活动中，假若以非常态的目的取代了正常的性目的，这就是一种反常的现象。在虐待狂和男性之间以及被虐待狂和女性之间，都存在着难以琢磨的密切关联。我要向诸位讲清楚的是，这一方面的研究还没有什么进展，力比多学说难以用来解释虐待狂和被虐待狂的行为，其中又以后者为最。

我们可以相信的是，虐待狂和被虐待狂的比较，是说明性欲本能与破坏本能相互关联的一个合适的例子。我们提到的设想，认为这种关系很具有典型性，那些凡属于我们可以研究的本能冲动都类似于这两种本能的糅合，只是其糅合的比例会有很大不同。对于这一糅合体，性本能构成了多样性的性目的，而攻击本能则只允许它们的一致倾向有所弱化。根据这一假设而进行的一系列研究，将会为病理症状的发展设置重要的通路。这是因为，两者之间的糅合是能够分离的，但本能的解体有可能产生消极的后果。只是由于这一认识显得异常新奇，谁也没有尝试过应用。

> 被虐待狂比虐待狂的历史更为远久

现在让我们探讨一下有关被虐待狂的特殊问题。假如我们将性本能的因素搁置不提，就会发现一种以自我折磨为特点的行为趋势。我们曾经讲过，自我抑或是本我以及全部人格最初包含着一切本能的冲动。如果说这句话非常符合破坏本能的情形，那么被虐待狂就比虐待狂的历史更为远久。虐待狂本身具有攻击的本性，它是某种以别人为目标的破坏性本能。原初形状的破坏性本能会有不同的成分存留于有机体内，所以我们可能会形成两种认识情况，一是它或许与性本能混合一处而导致被虐待狂，二是它可能会以攻击方式作用于机体外部。关于这些问题，我们可以做出下列可能的设想，即对机体外部的攻击可能会因为存在某种障碍而不能实现，这时它或许会返回自身而增加原有破坏性的强度。我们知道这是一个非常严重的情况。当攻击遇到障碍的时候，有可能引起更大的伤害即破坏自身。这样，因为要保护自己，所以就要避免破坏性本能的自我折磨，于是在这种情况下就只好将攻击目标定位于别的对象。这对于伦理学家来说，无疑是一种对凄惨行为的揭示。

然而伦理学家或许仍然会觉得我们的猜测是不实际的，并且以此作为慰藉自己的理由。在破坏自己机体的行为中，的确有一种本能是不可思议的。诗人可以随意地描述这一情形，因为他们对此并不负任何的责任，这属于他们特有的自由联想的权利。实际上，如此表述在生理学领域内也为人所知，例如我们所熟悉的胃黏膜可以进行自我消化。然而，我们还需要更多的证据来支持自我破坏本能的存在基础。我们决不可在发现极少数可怜的弱智患者采用奇异的方式寻求性欲满足的情况下，做出不切合实际的设想。如果我们试图对本能做更为深入的研究，就可以获得我们所需要的事实。不仅是心理活动受本能的支配，而且本能还可以支配植物性的生活，我们也有必要密切关注这种有机本能的特性。至于这是不是所有本能的通性，只有在以后的研究中进行确认。本能具有一种要求恢复事物早期形态的意向。这样，我们可以假定，如果事物的某一形态一旦遭到毁灭，马上就会有一种本能可以再次恢复这个形态，我们将这种现象称为强迫重复。例如，低等动物所具有的某种能力可以将业已不存在的器官再一次复制出来；疾病的治愈必须依靠患者所具有的恢复能力，这种恢复行为的本能特征或许是源于低等动物的再生能力。或许这种强迫重复[1]现象还表现在鸟类或是鱼类产卵时的迁徙甚至是动物所有的本能的行为中，实际上强迫的重复体现出本能保守的一面。

从心灵活动的现象也可以看出强迫重复的事例不在少数。但是让我们深感诧异的是，婴儿早已遗忘了那种遭受压抑的经验曾经在梦境中呈现。而且在分析治疗时的那些反应，尤其以移情作用时的反应更为显著。在我看来，强迫的重复在那一刻已经压制了快乐原则。我们还会发现其他同样的事实，如某人一生之中出现强迫的重复行为反应，而且自我伤害以至于终生不变，某些人以为这种情况与那种噩运相关。我认为，不论如何分析，这种情况都应由当事人自负其责。所以，我们经常提及的所谓恶魔般的人性就源于这种强迫的重复。

需要思考的是，本能的保守性究竟如何帮助我们认识自我破坏的走向？还有，该种本能所要恢复的是机体的何种情形的早期状态？关于这一问题，我们可以轻易地作出回答，而且这种回答可能有多种可能的答案。假定在远古时代，生命是以某种神秘莫测的方式从无生物中孕育出来的，那么我们可以这样想象，那个时候已经存在着某种本能，它的目的就是要通过摧毁生命而重新返回到无机状态。如果再假定自我破坏所导致的冲突缘起于该种本能，那么

① 精神分析术语，指一个人重新体验早年的情绪的冲动。——译注

我们就可以把这种本能冲动看作是任何生命历程都不可或缺的一种死亡本能的体现。我们仍然确信存在两类本能，食色本能经常试图把生命的物质积聚为更大的实体，而死亡本能与此相反，它竭力使生命的物质重返至无机状态。于是，这两类本能作用的配合与抗争孕育了生命，这一过程一直持续到死亡为止。

诸位可能会奇怪地说，您所讲的好像不是自然科学，只不过是叔本华的哲学。但我想说的是，一个具有胆略的思想家所思考的事情，难道就不可以被后人的苦心孤诣的研究所验证吗？或许在叔本华之前就会有说这些话的人，然而我们所说的并非就是叔本华的观点。在我们看来，死亡并不是生命发展的唯一目的，同时我们也不会因为死亡不可避免而轻易地选择死亡。我们承认有两种基本的本能，而且也认可它们各自的目的。对于这两类本能在生命的旅程中如何实现糅合，或者死亡本能如何被强制性地服务于食色本能，特别是死亡本能如何转向外部而成为一种攻击行为等等，所有这些问题都是我们将来要面对的。

8. 快乐原则与行为的强迫重复性

快乐原则是性本能可以借助的一种活动方式

关于我们所设想的快乐原则[①]与历史上所建构的哲学体系的时间差距，抑或是快乐原则汲取了那些哲学学说

① 指人格中的本我(性本能)自始至终都以追求满足、获得快感、避免痛苦为唯一目的。——译注

的多少观点，这不是我们的兴致所在。这一具有思辨性质的假设，建立在我们竭力分析与说明的事实材料的基础之上，这些事实则来自于我们日常的观察对象。精神分析所展示的并非是这种研究方式的优先性和原创性，快乐原则的假设所依据的现象也非常准确，因此丝毫不可轻视。另外，对于对我们的研究有所帮助的哲学和心理学知识，我们表示诚挚的谢意，因为这些知识对我们分析所谓的快乐和不快乐感受的涵义具有极为明显和重要的影响。

然而令我们失望的是，我们对于这一问题的研究并没有任何的成效。我们业已决定的研究方式是，将快乐和不快乐的感受与心理活动所呈现的一定数量的兴奋因素加以联系，这些兴奋因素不受任何方式的限制，无拘无束。依靠这种方式使两者联系起来，可以发现快乐与兴奋数量的减少相对应，而不快乐感受与兴奋数量的增加相对应。当然，我们这样说并不意味着，快乐和不快乐的感受程度与兴奋数量的相应变化之间是只是某种简单的联系。心理学知识使我们认识到，这两者之间并不存在任何直接的正比例关系。这种感受可能取决于一定时期内兴奋的增加或减少的数量。对于这一问题，实验有可能起到很好的解决效应。但假如我们的研究在缺少准确的观察引导下就盲目地深入进行，那么这对我们这些所谓的分析学家而言就是一种愚蠢的行为。

然而，此时我们却不能失去对这些问题的兴致。我们发现了费希纳这样一个具有敏锐洞察力的研究者，他对快乐与不快乐这一问题提出了自己的认识，这种认识与精神分析学强制我们接受的那种观点基本一致。在费希纳的短篇著作《关于世界万物和有机体进化史的一点认识》中，他指出："就有意识的冲动似乎总是与快乐或不快乐的感受具有某种关系而言，我们可以认为快乐和不快乐的感受与稳定性和不稳定性的状况存在着一种心理物理学[1]的关系。这就为我准备在别的地方需要更为细致分析的某个设想奠定了基础。依据这一设想，由意识阈中产生的每一种心理物理活动，当它在一定限度之外而且近乎完全的稳定性时，就会引起一定比例的快乐感受，而当它在一定限度之外并且完全远离了稳定性时，就会引起一定比例的不快乐感受；而在可以描述为快乐与不快乐的质的阈限的这两个限度之间，存在着一个对审美毫无兴致的虚无区域。"

那种让我们确信快乐原则在心理活动中居于控制地位的事实，在下述的假设中也呈现出来。这一假设是，心理结构力图尽可能最少量地保持已有的兴奋量或是使其不发生变化。后一种假设仅仅是关于快乐原则的另一种表达方式，因为如果心理结构活动的目的是使兴奋量停留在较低的水平，那么任何可以增加这种兴奋量的物质一定会被视为与心理结构的功能背道而驰，也就是不快乐的感受。快乐原则源于恒常性原则，而恒常性原则其实是来自于强制我们奉行快乐原则的那些事实。此外，某种极为细致的分

① 指关于身心之间或外界刺激和心理现象之间的函数关系或依存关系的科学。——译注

析表明，归咎于心理结构的这一倾向可以属于费希纳的趋向稳定性的原则中的一个特殊事例，他已经将快乐与不快乐的感受与这一原则联系在一起。

然而必须强调的是，那种认为快乐原则在心理活动的整个过程中居于主导地位的观念，在严格意义上来说也有失之偏颇之处。假定快乐原则居于这种主导性地位，那么快乐感受应该占据我们心理过程的绝大部分的空间。但是我们生活中的普遍的经验并不能证明这一结论。所以，人们至多可以认为，心理中确实存在着一种趋于快乐的倾向性，但是这种倾向必然会受到某种对抗因素的制约，所以最终不可能总与快乐感受的倾向相一致。

快乐原则是一种主要的活动方式

假若我们现在进行思维转向，开始考虑什么情况可以阻碍快乐原则发挥作用这一问题，那么我们仍然会在稳固而且坚实的基础上作出答复，并且有大量的研究经验可资利用。关于快乐原则以这种方式遭受控制的第一个事例，我们十分熟悉并且认为其发生过程富有规律性。在心理结构中，快乐原则是一种主要的活动方式。然而从有机体在外部世界的危险情景中进行自我防护来看，它在初始阶段就毫无效用而且是极其危险的。鉴于自我防护本能的影响，快乐原则事实上已转化为现实原则。现实原则并没有最终放弃获取快感的意向，但它要求满足的愿望可以延迟实现，这样可以失去获得满足的多种可能性，在通往快乐的漫长而曲折的道路上暂时承受不快乐的感受。然而，快乐原则是性本能可以借助的一种活动方式。

我们必须承认的是，以现实原则取代快乐原则仅能说明一小部分不快乐的经验，而且这些不快乐的经验并不是最为显著的。还有一种规律性的不快乐感受可以在心理结构中的冲突中发现。这时，自我正按照这样的发展倾向融入高度混合的组织之中。这种心理结构所具有的一切能量都源于先天的本能冲动，但是禁止它们达到同样的发展阶段。在发展过程中，某些单一的本能或本能的一部分按照它们的目的或要求，就与混合进入自我这一包容性的系统中的其他本能无法共存。这样，前者在遭受压抑的情况下从这一系统中分离出去，并存留在心理发展的低级阶段，而且它自始就丧失了获得满足的可能性。如同遭受禁锢的性本能极易发生的情况那样，假如它们在后来可以成功地曲径通幽并且努力获得直接的或替代的满足，那么，这个事件在其他情况下原本可以成为获取快乐感受的契机，然而却被自我当作痛苦的感觉。此时那种处于压抑状态下的旧的冲突已不复存在，一些本能正企图借助于快乐原则获取新的快感，而快乐原则中却蕴藏着一种新的有悖于快乐原则的事例。

上述提及的不快乐感受的两种来源，完全不能涵盖更多的不快乐的情形。但是我们可以肯定的是，这些情形的存在与快乐原则的主导性地位并不冲突。我们所感觉到的不快乐具有知觉性质，它可能是对未获满足的本能所引起的压力的知觉，也可能是由外部事物引起的感觉。就这些事物而言，它们要么本身就是痛苦的，要么就会在心理结构中产生不快乐的期望，这也就是说它们被心理结构视为危险的因素。对这些本能以及危险的反应，属于心理结构活动形式，因此可以通过正确的方式接受快乐原则或是对快乐原则进行修正的现实原则的指引。因此，我们就不必对快乐原则进行任意的广泛的约束。但需要指出的是，对那种由外部危险而引起的心理反应进行探讨，可以为我们现在研究的问题提供恰如其分的材料，并提出有价值的新问题。

现在，精神分析技术的发展已经是今非昔比，和这一学说创立时的情形相比发生了很大的变化，这也可以说是我们苦心孤诣的研究收获。在初始阶段，精神分析医生的工作只不过是发现患者本人未能觉察的潜意识材料，之后将这些材料的组成成分聚合一处，并且在恰当的时候告知患者。在当时的研究背景下，精神分析首先被视为一种解释的艺术。但是这种解释并不能起到治疗效果，因此另一种实效性的目标就应运而生，即迫使患者从他们自己的记忆中认可精神分析医生的这种思维模式。在这一过程中，研究的重要方面是对付病人的抵抗，这种解释艺术目的就在于尽快地揭示这些现象。要向患者指出他的抵抗行为，并且借助他人的影响即移情作用来引导患者放弃其抵抗。

然而，情况似乎逐渐明朗，对于将潜意识的事物变成意识这一最初目的，我们刚才提及的方法不可能完全实现。患者无法记起他内心所有遭受压抑的事物，而且他不能记起的事物或许就是其中最基本的组成部分。因而，患者不可能对我们告诉他的这种建构模式的正确性表示信任。这样，患者会自我强制性地将遭受压抑的材料作为一种即时的感受来重复，而不是像我们希望的那样，将其视为以前的东西进行回忆。这些准确无误而又使人厌倦的重复再现，总是把婴儿期性行为的一部分作为它们的主题，即俄狄浦斯情结[1]的一部分及其派生物，而且它们必定会在移情的范围内以及患者与医生的关系中表现出来。当发展到这一阶段时，就可以认为早期的神经症现在被一种新的移情性神经症取而代之。医生尽力使该种移情性神经症维持在最为狭隘的范围之内，这样就尽可能迫使患者进行更多的回忆，并尽可能降低其重复出现的次数。通过回忆产生的事物与重复出现的事物之间的比例与相关的事例有关，并随着事例的不同而发生变化。一般来讲，这一治疗阶段不可省去，医生必须让患者重新体验已经忘记的那些情形，但同时也要使患者保持一定程度的冷淡。如此，患者就会认识到，呈现在它面前的事物实际上只是对过去那些情形的反映。假如可以做到这一点，患者内心中就会产生信任感，进而按照我们这种方式实现治疗的目的。

在依照精神分析进行神经症的治疗中，为了便于理解这种强迫性重复的方式，我们必须首先摒弃如下这种错误的认识，即将我们所应对的抵抗视为潜意识方面的抵抗。

① 原义指男孩亲母反父的复合情绪，后统指幼儿对异性父母的依恋、亲近，而对同性父母的嫉妒和仇恨等复合情绪。——译注

此处，潜意识的指向在于遭受压抑的事物并没有对治疗过程产生任何的抗拒。事实上，它的努力只是移去附着于其身上的压力，并力图进入意识或者是借助某种行动进行释放。治疗过程中的抗拒产生于最初实施压抑的心灵的同一个较高的层次和系统。然而，经验告诉我们，抵抗的动机以及抵抗本身在治疗过程中的最初阶段是潜意识的。我们因此察觉到，这一事实暗示了我们的术语使用中的一个失误。假如不是在意识和潜意识之间加以比较，而是在连续性的自我与遭受压抑的事物之间进行对比，我们就会因此而避免模糊不清。属于自我的很多事物本身就具有潜意识性质，其中尤须注意的是那些被视为关键性的事物。相反，自我中仅有为数不多的事物属于前意识领域。当纯粹描述性的术语被一种系统的或动力学的术语取代后，我们就可认为患者的抵抗来自于他的自我。因此我们会立即发现，必须把强迫性重复归于潜意识中遭受压抑的事物。极有可能的是，只有在治疗工作进行到一半而且这种压抑得到缓解之后，强迫性的特征才得以显现。

我们可以确定，意识和潜意识自我的抵抗是在快乐原则的引导下发挥作用的，它所要避免的似乎是由于脱离了压抑状态的事物而形成的不快乐感受。那么，强迫性重复也就是那种遭受压抑的力量是如何与快乐原则联系起来的呢？显而易见，在强迫性重复中被重新体验到的大部分事物必然会引起自我不快的感受，这是由于它使得遭受压抑的本能冲动开始发挥作用。不过，这只是一种我们已经知道的那种与快乐原则不相冲突的不快乐。这就出现了如下情形，即对一个系统而言是不快乐的，但同时对另一个系统来说却是必要的。然而，我们此时要分析一个新的显而易见的事实，即强迫性重复恢复了那些不含快乐潜力的经验，这些经验即使是在更早的时候也从未给始终遭受压抑的本能冲动以满足的感受。

在婴儿时期，性活动的早期高潮阶段必然会丧失，这是由于它的愿望与现实有所冲突，并且与儿童发展的不适当阶段也是相矛盾的。这一高潮阶段会在最失落的情况中结束，同时还伴随着极为痛苦的感受。爱的磨灭给他们的尊严造成持久的伤害，这种伤害是以自恋式的创伤表现出来。根据我和马希诺夫斯基的观点，这种自恋式的创伤对于形成神经症中经常性的自卑感产生巨大的影响。因为儿童身体发展的因素，他们的性渴望不会获得理想的解决，这样就会产生如下的怨言："我什么也不能干，干什么都不会成功。"通常情况是，儿童与异性父母之间的情感关系常常使他们产生失落的感觉，进而使性追求成为一种毫无目的的等待，抑或是对新生婴儿的嫉恨，这就是儿童对所爱对象的那种缺乏忠诚的心灵的确切证据。如此，儿童获得的爱恋愈来愈少，而对他的管教却变本加厉，再加之严厉的斥责与惩戒，使得儿童体会到了他们所受蔑视的强度。

患者借以移情作用，不断地重复那些厌恶和痛苦的情形，并且通过巨大的努力使其恢复过来。他们继续停留在未结束的治疗阶段，并一再地想尽办法使自己落入被嘲讽的境地，他们会强求医生说出严厉的斥责语言以及冰冷的态度，并且会及时发现嫉恨的对象。但是，所有这一切都不会引起过去曾有的那种快乐的感受。可以想象的是，假如这些感受是以记忆或梦的形式表现出来，而不是通过新的经验表现出来的话，那么它们应该引起为数不多的不快乐感受。当然，它们的目的是为了促使本能冲动获得满足，但这些活动的结果却是形成不快乐的感受。然而，我们发现患者并未从这些活动的以往经验中汲取任何教训，虽然这些活动被迫地在某种压力之下继续进行。

按照精神分析的方式，那种在神经症患者的移情现象中所发现的情形在某些正常人的生活中照样存在。这些人给我们的印象是，他们被一些厄运所围绕或者是受某种魔力的控制。但就这种情形而言，精神分析一直以来的观点是，他们的命运多数来自于自己的安排，这与婴儿期的影响有着重要的关系。此处的这种强迫性与神经症患者具有的强迫性重复大致相同，虽然我们所关注的这些人并未表现出以症状应对神经症冲突的情形。我们注意到，有一种人的人际交往最后以失落的情形结束，例如帮助者在一定时间后总会遇到被帮助者过河拆桥的行为，暂且不论他们之间有何不同之处，但这些被帮助者似乎必定会承受忘恩负义的痛苦；或者是有这样的人，他的友情总是以朋友的背叛而告终；抑或是有这种情况，某人在一生中屡次把另一个人扶持到权力的巅峰，但在一段时间后他又放弃了这个人并用一个新人取而代之；还有这种可能，即愿意与某女士爱恋的每一位情人都会经历相同的发展阶段，最后得到同样的结果。当某种重复行为与该个体的积极活动紧密联系时，并且当我们可以对他进行性格辨认时，他的这种性格特质总是一成不变，而且在重复行为中强迫性地表现出来。不过，这种同一事件连续的反复出现并不使我们感到意外。

下面的事例或许会给我们留下难以磨灭的印象，这个事例中的主人公好像是在进行某种消极行为的体验，他并未对这种体验附加自身的影响，然而却总是屡遭磨难。例如，一个连续与三个丈夫结婚的女子，当她发现三个丈夫在很短的时间内陆续身患重症，就只好陪伴他们直至死亡。对这种命运进行真情与梦幻般描述的是《自由的耶路撒冷》，这是泰索所著的浪漫史诗。主人公坦克莱德意外地杀死了头戴敌军骑士盔甲的、他深深热恋的少女克洛林达。在将克洛林达安葬之后，坦克莱德走入一片陌生怪异的森林，这是一片曾使十字军闻风丧胆的森林。他挥起宝剑向一棵大树砍去，然而树干的裂痕处鲜血直流，并且传出克洛林达的声音，她的灵魂被禁锢在这棵树里。坦克莱德听见他心爱之人的怨言。的确，他又一次伤害了克洛林达。

就上述这些事例而言，主体的情形是以移情中的行为和男性与女性的生活历程为基础的。为此，我们可以大胆地设想心理活动中的确存在着一种超越快乐原则的强迫性重复。我们因而也会有这种思想倾向，即将创伤性神经症中的梦境以及引起儿童游戏时的冲动与这种强迫性重复形成某种关联。

遭受创伤的梦可以被视为最具确切性的动机力量

然而，我们在极少数情况下才能发现这种与其他动机无关的强迫性重复的作用效果。例如在儿童的游戏过程中，我们已经重点提及了一些能够说明强迫性特征的其他方式。在这种情形中，强迫性重复与可以直接获取快感的本能满足形成紧密的友好关系。显而易见，移情现象成为抵抗作用的工具，抵抗是自我在武断地坚持压抑的过程中留存下来的。就为数众多的那些可以被解释为强迫性作用的现象而言，我们可以寻求对其进行解释的合理性基础，如此就再无必要引入某个奇异的动机力量来加以说明。

或许，那种遭受创伤的梦可以被视为最具确切性的动机力量。然而，我们在缜密思考之后不得不做出一定的认识上的妥协。也就是说，在其他一些事例中，所有的依据和理由并不可能全然以这种我们所熟悉的动机力量进行阐释。如果要证明强迫性重复这一假设的合理性，还存在许多相关的问题需要说明。现在看来，与快乐原则相比，强迫性重复仿佛是一个更为原始、更具有根本性意义以及更有本能性质的行为原则。假如强迫性重复的确在心理活动中起着重要的作用，那么我们应该全面掌握它的情况，例如了解一下强迫性重复相当于何种类型的功能，或者是它在什么情况下出现以及它和快乐原则究竟是何种关系等等。然而，迄今为止，我们仍然将快乐原则视为作用于心理活动中的兴奋发展的力量。

第四章 人格的使命

1. 人格解剖

一个人格由三个“我”组成，它们的关系是怎样的

我们在这里采用尼采[①]曾经使用过的那个名词“本我”。“本我”这一无关人称的词语看上去极为适合描述心理活动中外在于自我的那一领域的特性。这样，个体心灵中的三个领域便是超我、自我与本我，我们在下文中即将探讨此三者之间的联系。

我有必要在演说之前说一些简短的题外话。可以想象的是，诸位一定以为有关意识的三种情形与心灵的三个领域之间难以协调，因此你们会认为我们的结论失去了一定的确切性意蕴。就我个人而言，认为我们没有必要为此感到失落，因为我们可以承认自己没有权利期望那种泾渭分明的界定。我们可以打个比方，尽管比喻起不到证明的作用，但是可以帮助我们理解。让我们设想有这样一个国家，它有着各具特色的地形，如山脉、平原与湖泊。在这个国家居住的人来自不同的民族，如日耳曼人、马扎尔人、斯洛伐克人等等，他们各自从事着不同的职业。这些人生活

① 尼采(1844—1900)，德国非理性主义哲学家，唯意志论哲学的主要代表。——译注

的地域也有所不同，如日耳曼人住在山上以畜牧为生，马扎尔人生活在平原，依靠种植水稻和葡萄维持生计，而斯洛伐克人则居住在湖滨，通过捕鱼和编织芦苇过活。像我们这样的设想，的确使生活呈现出明确的界限，甚至这种情形足以使威尔逊[①]总统这种大人物感到惊奇。不仅如此，这种特意的安排对于地理教学也极为便利。但是，假若你亲自去这些地方观光的话，或许对这种特有的安排难以一睹为快。这三个民族的人们即日耳曼人、马扎尔人以及斯洛伐克人的杂居随处可见，稻田可以开垦在山坡之上，而在平原地区也会出现牛羊。或许有为数不多的情形与我们的设想符合，这是因为山丘之上不可捕鱼抑或是湖滨之处不能栽植葡萄。你携带的地图应该总体和实际情况相吻合，但是在个别地方存在着许多差异。

就“本我”一词而言，诸位不必期望我可以让你们获得更多的认识，除了让你们清楚它只是一个名词之外。这是因为，本我是人格中难以明晰的部分，我们对它的了解极为有限，但即便是如此有限的了解也源自梦的解析以及神经症形成的分析，鉴于其大多数呈现为负的性质，因此只能以非自我者进行表述。假如必须要将其形象化，我们不妨将其视为锅中沸腾的水。我们可以设想，本我在某个地方与身体活动直接相关，并且从那里获得本能的冲动并作出心理活动的目的表现。但我们无从知晓本我是在什么

① 伍德罗·威尔逊(1856—1924)，美国第28任总统，著名的资产阶级政治家和学者。——译注

情形下与身体活动发生关系。本能可以赋予本我精力，但是本我没有组织性和统一的观念，它只是积聚着某种冲动为本能需要的满足服务。在本我的发展历程中，那些逻辑律特别是矛盾律并无适用之地。本我并不关涉什么否定的意义，就哲学家将空间和时间视为心理活动必不可少的形式而言，本我将其置之度外。我们为此深感惊奇，本我竟然无所谓时间的观念，它不会随着时间的流逝而发生心理过程的更变。这一点最为奇异，希望哲学家给予一定的重视。那种永远不可超越本我的意念冲动，以及那些因为遭受压抑而附着于本我的印象都将持续存在，它们会保持数十年不变，但也可能使人觉得是最近显现的。当我们对其加以分析治疗使其转变为意识之后，那些冲动及印象才被认为是过去的事物，并唯有如此才能弱化其重要的特性以及剥夺其势力，这种情形也是精神分析疗法产生功效的基础。

我经常认为，我们目前仍然不能借助于更多的事实，例如受到抑制的内容不随时间的流逝而产生变化。这一事实似乎为我们的研究提供了良机，我们可以借此追求某些深邃的真理性的认识。但目前我们并没有进行这一方面的深入探讨。

基于人类个体发展的研究，我们获得了有关精神结构的知识。其中最为远久的部分，我们称之为本我。本我具有遗传性，它是与生俱来的。而首先要明确的是，本我由本能构成，本能源自于机体内部，它以我们无法探明的形式在机体中获得了精神性的现象。

在个体所处的外部世界的种种因素的作用下，本我中的一部分内容经历了特殊的发展。由此生成了一个专门的组织，该组织源自于本我的表层部位，与可接受刺激的器官相衔接，并且具有免受刺激损害的活动程序。我们将这一特殊组织称为自我，自我这一心灵区域成为本我与外部世界之间的桥梁。

> 自我可以随意地进行由自己控制的活动

自我有一些基本特征。自我可以随意地进行由自己控制的活动。考虑到感觉和知觉与肌肉活动之间存在着预先的关联，自我的任务就是进行自我保存。针对外部事件，自我这一任务是通过意识到刺激、在记忆中储存刺激的经验、逃避强烈的刺激或者是感受适宜的刺激，以及最后通过有效地改变外部世界使之成为自己有利的因素。就内部事件来说，自我与本我取得联系，它履行自我保护的任务是通过控制本能冲动、决定是否允许本能愿望得到满足以及延缓这一满足过程，直到在外部世界中寻找到有利的时机，不然就会对本能欲望实施硬性的压制。由于刺激引起的紧张感，使得自我的活动失去了快感，这种情况与紧张的产生机制无关，即不论是自发还是由外而入的。紧张程度的衰减可以引起快感，但是紧张的绝对强度不可能产生快乐或是不快乐的感觉，而是取决于变化的节奏。自我总是竭力寻求快乐感，而尽力避免不快乐的感觉。在预见到不快乐感觉的增长过程中，就会产生焦虑。而不论是来自外部还是内部，不快乐感受的激增都被视为危险的来临。自我总是不顾它与外部世界的联系而撤回至睡眠状态，并且在这一状态中自我对它的组织进行了很大范围的改变。

成年人在童年时期依靠父母的抚养而生存，这使得父母的影响作用得以延续在他们的自我中积淀而成，我们将这些沉淀物称为超我。在此意义上，超我是自我分化的结果，它可能与自我相对立并成为自我必须重视的第三种力量。

自我的活动需要同时符合本我、超我和现实的要求，这也表明自我要善于协调它们之间的关系。关于自我与超我的关系，当我们将其回溯至儿童对父母的态度的那一时段，就不难获得理解。事实上，父母的影响作用不仅涉及他们的人格，而且还关系到以这种人格为媒介的世世代代的家庭、种族甚至是整个国家的传统以及这些人格反映的直接性的社会需求。在每一个体的发展过程中，就如同教师以及其他那些在社会生活中的榜样人物等等都在以同样的方式塑造超我。我们可以发现的是，对于这些人的父母或者是继任者而言，尽管在本我和超我之间存在着根本的不同，但其中的一个相同点是它们都反映着先前的影响，即本我反应为遗传的影响，超我则根本反映着前人的影响作用。对于自我而言，则主要承受着个体经验即那些偶然或是现时的事件的支配作用。

对于本我来说，它决然不知什么是价值、善恶与伦理道德。本我的发展历程受到与唯乐原则有密切关系的利益或数量等因素的影响。根据我们的认识，本我所具有的唯一任务就是力图发泄本能欲望。这些本能欲望的精力似乎与心灵中其他部位的精力有所不同，它往往变动不居并且容易释放，假如不是这样的话，那么就不可能存在什么移置作用和凝缩作用，而这些作用是本我所特有的功能，并且这些功能与其他对象的性质完全没有关系。

在诸位所知的一些事例中，本我除了具有潜意识性之外还有其他一些特性，并且自我和超我的一些部分也有潜意识性质，但是它们不能同时具有原始的以及非理性的特点。对于自我的研究，假如我们将它与本我和超我加以严格区分，那么就有必要关注自我与心理的最表层或者是前意识系统的关系。前意识系统与外界沟通，可以引入知觉，并且在活动的时候产生意识现象。前意识是整个心理系统的感觉器官，它同时感受着外在刺激与内在的兴奋。我们可以尽量认为自我是本我的一部分，这一部分由于接触到外界事物而受到影响，同时又可以通过感受刺激进而为机体不受侵害做出贡献，它的作用与围绕机体周围的外层要素相似。自我与外部世界的关系体现出自我的特点，它将外部世界的信息传递给本我，而这种传递可以起到挽救本我的作用。假如本我对于外部强大的作用力置若罔闻，而是一味地追求本能欲望的满足，那么它就难免会遭受灭亡的厄运。自我为了不辱使命，就必须细致地观察外部世界，并将外部世界的知觉画面保存到记忆之中，进而将知觉画面中的那些来自于内部的活跃的因素排除出去。考虑到本我的利益，自我将其活动的通道加以控制，并且把思想的缓和因素安置于欲望和行为之间，进而利用记忆中的经验以唯实原则取代了唯乐原则。唯乐原则对与本我的活动历程具有重大的影响，而唯实原则是对相关安全和功效的有力保障。

自我蕴含着理性和谨慎，本我则反映了桀骜不驯的欲望激情

在这一过程中，虽然时间的因素难以述说，但该系统中依靠知觉系统将信息传给自我的工作必然与时间因素有着莫大的关联。自我与本我的特有区别在于，自我具有整合其内容以及促使心理统一的倾向性作用，而这是本我力不能及的。正是因为自我具有这一特点，才能使其具有获得最大功用而必须成为高级型的组织。自我的作用正是在于知觉到本能的欲望，并且对其采取控制手段，但是控制作用的事项有赖于本能附属于某种大型组织并且本身具有较为重要的地位。如果我们用通俗易懂的语言进行描述，那就是自我蕴含着理性和谨慎，而本我则反映了桀骜不驯的欲望激情。

以上是关于自我的功能和成效的述说，现在我们可以从另一方面加以探讨。自我是本我的一部分，它与外部世界的危险因素最为接近并因此而有责任对这些因素加以改变。从动力的视角分析，自我是怯弱的，它的精力来自于本我，但这种来源方式正如我们所知，它是依靠某种欺骗的伎俩从本我中摄取了许多精力。其中的方式就是所谓的模拟作用，这与所模拟的对象是被保留抑或是抛弃没有关

联。选择某一对象的行为是本我中本能的需求，而自我的首要任务就是密切注视这些需求。就模拟对象而言，它可以向本我毛遂自荐并且吸引本我的精力，从而将力比多据为己有。在个体的生命过程中，自我总是从过去已经择取的对象中摄取大量的精力。总而言之，自我必须履行本我的要求，假若它可以创造条件并圆满地实现本我的要求的话，那么自我就成功履行了职责。我们可以将自我和本我的关系比作骑手与马的关系。马提供运动的能力，骑手则规定目的地并且引导马奔跑至目的地，这即是骑手的权利所在。然而就自我和本我的关系而言，一般较为常见的情形是骑手策马前行，但必须按照马所要行进的方向前进。

凭借着压抑和抵抗的作用，自我与本我的一部分相脱离。由于压抑的范围没有扩展至本我，因此承受压抑的因素就进入本我的其余部分。诸位知道这样一句谚语，即一仆不可侍奉二主。然而自我的处境更为凄惨，它必须同时侍奉三个残暴的主人，而且必须竭力平衡三者的要求。这些要求往往互有分歧甚至于引起严重的冲突。这也难怪自我总是疲于奔命。那么，这三个残暴的主人是谁呢？一是指外部世界，一是超我，一是本我。如此，自我处于三者的围困之中，承受着三方面的威胁并最终由于无法抗拒压抑而引起焦虑。自我因为具有那些来自于知觉系统的经验，于是它就会代表外部世界的要求。与此同时，自我还要行使本我的奴仆的职责，它要与本我形成友善的关系并自荐成为本我的对象，进而摄取本我的力比多成分。自我好需要调解本我与外部世界的关系，在某些时候必须通过前意识活动来掩饰本我之潜意识的命令，并且缓解本我与外界的冲突。这一点表现为，当本我毫不屈服一意孤行的时候，自我便用斡旋的方式表示对本我以现实性的关注。另一方面，自我的举动在超我的严密监视之下，超我规定了行为的基本模式，它并不在意本我与外部世界中的任何困难情形。如果超我违反了这种基本模式，那么它就会进行自我责罚，使自己产生紧张的情绪并且表现出自卑与罪恶的感觉。由于自我一方面受到本我的驱使，另一方面受到超我的监视，此外还须面对外部世界的挫折，因此它不得不尽力去消弭各个方面的作用和影响以求构建和谐的态势。考虑到这种情况，我们方能体会到为什么经常叹息生活的艰辛。当自我被迫承认怯弱时就产生了焦虑，其中包括对外部世界的那种现实性焦虑、对于超我的常规性焦虑以及为应对本我的激情欲望而产生的神经症的焦虑。

请诸位注意，在你们提到将人格区分为自我、超我和本我时，不可将这三者的界限等同于地理学上的那种严格清晰的界线。对于心灵性质的解释，决不可采用诸如图画抑或是原始人类绘图等那些直线式的方法。在现代的绘图中，其着色处往往给人以由浓厚到淡薄的特点，我们似乎可以将这种由浓厚而淡薄的阴影视为心灵的界线。此外，我们在作出区分之后还必须使得这些已被区分开来的事物再次发生联系。由于人类的心理状态变幻莫测，因而不可随意地妄加断言。那些界定之后的范围或许因人而异，并且它们的功能也是如此，至于自我与超我之间那种差异则更为典型。另一方面，心理疾病的结果与此相似。我们可以想象的是，某种神秘疗法或许会打乱心灵各区域间的原有关系，从而使得知觉系统可以觉察到平时无法觉察的那种自我底层与本我的关系。需要指出的是，关于这一方法是否有助于人们形成真理性的认识并且产生最佳疗效，是不能匆忙下结论的。但是我们有必要承认的是，精神分析的治疗方法与此类似，这是因为精神分析疗法的目的旨在稳固自我，使其可以脱离超我而自由存在。

2. 人性与人格

字词表象如同记忆遗痕一样可以再次成为意识

我们的研究兴致被病理学理论引入遭受压抑的领域。考虑到自我在一定的意义上可能具有潜意识特性，因此我们希望可以提升对自我的了解程度。迄今为止，意识和潜意识的区分是我们进行研究的唯一的理论引导，然而后来我们感觉到这一区分的意义难以明晰。

我们目前掌握的知识总是与意识紧密相关。即便是属于潜意识的知识，我们也务必使它们转化为意识的形式才能加以了解。然而这是如何可能的呢？当我们在谈论使某物成为有意识的时候，究竟是在说明什么问题？还有，这一过程是如何产生的？

对于这些问题，我们已经确切地认识到研究工作的基点。正如我们所说，意识作为心理结构的外表，也即是指意识作为某种功能，已经被归属于在空间上最接近外部世界的系统范围中去了。当然，此处并不是局限于功能的空间领域，还涉及到解剖学意义上的空间。因此，我们也必须将知觉这一表层器官视为研究工作的基点。

就外部与内部而言，也即是说我们称之为感觉和情感的一切知觉在最初都是有意识的。现在的问题是，它们是如何在思想的意义上与那些内在的过程取得联系，而且这种过程是如此的模糊不清而又难以确定。它们是作为心理能量迁移的代表存在的，而且这种能量是在活动过程以及结构内部的某一区域获得的。然而，它们是朝着意识可以发展的表层地带进发，还是意识向它们所在的区域逐渐靠近？显而易见，如果我们不是严谨地运用心理学空间概念抑或是心理地形学概念加以分析的话，就丝毫不会以为这是一个难题。然而，上述两种可能的态势都是难以想象的，我们不得不求助第三种可能性来解释这一问题。

关于潜意识观念和前意识观念之间的真正区别，我们已经在别的地方做过探讨，那就是：潜意识观念来源于某种从未认识的材料，而前意识观念则与字词表象相关。这是为前意识和潜意识系统寻求到某种区别标志的首次尝试，并不是针对两者与意识的关系。当我们把“某事物是如何成为意识的”这一问题表述为“某事物是如何成为前意识的”，我们就会感到更为有利。这样，我们关于后一问题的回答就是，某事物是凭借与之相应的字词表象建立联系而实现的。

所谓的字词表象也就是指记忆遗痕，它们曾经一度以知觉的形式体现出来。因此，这些字词表象如同记忆遗痕一样可以再次成为意识。在对其性质进行分析之前，我们突然发现只有那些以前属于意识知觉的事物才能成为有意识的，而来自于内容（情感除外）的任何事物要想成为有意识的，它们则必须借助记忆遗痕使自己转变为外部知觉。

对于记忆遗痕，如果我们将其设想为存在于那种直接与知觉意识相连的系统中，那么这些记忆遗痕的精力投注就会迅速地从内部扩展到后一系统的成分上。我们由此立即想起了幻觉，那种最动人的记忆常常可以从幻觉或是外部知觉中加以区别。不仅如此，我们还将立刻发现，记忆系统中的精力投注在恢复记忆的时候依然故我，但是在精力投注不只是从记忆遗痕向知觉的成分扩展，而是彻底超越知觉的时候，就会出现某种与知觉无法区别的幻觉。

言语遗痕则主要来自于听觉，我们因而认为前意识系统中存在着一个特殊的感觉源。字词表象的视觉成分处于次要位置，可以通过阅读获得。我们可以先将其搁置起来，那些起辅助作用的字词的感觉运动表象除了聋哑人以外也会是这种情况。某一言辞的实质的确就是被听见的那个词的记忆遗痕。

字词表象的视觉成分处于次要位置，可以通过阅读获得

我们决不可为了寻求简化而误入歧途，以至于对视觉遗痕的重要性严重忽视，抑或是形成这样的认识，即假若

对视觉遗痕的恢复效果断然否定，就可以使思维过程成为意识。而为数不少的人认为这是一种适宜的方法。我们从沃伦冬克的观察中了解到，对于梦和前意识幻想的研究可以为我们显示视觉思维的特性。另外，具有意识性的事物通常只是具体的思想问题，但是无法对这种思想之中那些各具特色的子问题之间的关系形成视觉的反映。所以，图像思维仅仅是成为意识的一个极不完整的形式，它在一定程度上比言辞思维更接近于潜意识系统，而且可以确定的是，它在个体或者是种系的发生上都较后者更为远久。

我们还是继续面对这些不同的意见。假若这就是使原本属于潜意识的事物转化为前意识的方法，那么就可以回答如下的问题，即遭受压抑的事物是如何成为意识的。我们认为，借助分析以促成前意识的中间联系就可以实现这一目的。因此意识仍然维持原状，而潜意识并不会转化为意识。

现在，我们对外部知觉与自我的关系已然明晰，但是对内部知觉和自我的关系还缺乏有针对性的探讨。这就使我们再一次产生疑问，即如果把全部意识都归于意识的外表系统这样一个知觉，真的是合理的吗？

内部知觉源于某种过程感觉，而过程感觉所呈现的多种形式显然也是产生于心理结构中的最深层次。我们对这些感觉和情感了解不多，如果说对这些方面的事例有所了解的话，也就是那些可以归于快乐抑或是不快乐的感受的事物。与那些来自于外部的知觉相比，它们居于更加主要和更为根本的地位，它们即使是在意识模糊不清的状态中也可以产生。与外部知觉一样，该种感觉也具有多层次的特点，它们或许来自于不同的领域，并可能呈现出截然相反的性质。

快乐感受缺乏任何内在推动力的性质，而不快乐的感觉可以在最高程度上表现这一特点。由于不快乐感受易于引起变化和发泄，所以我们不能将不快乐感受理解为能量倾注的攀升，也同样不能把快乐感受理解为能量倾注的降低。在快乐与不快乐感受这一系统形式下，我们可以将成为意识的事物看作是在心理活动中的某种尚未确定的质与量的成分。然而，问题也就因此产生了，即这种成分能否在它真实存在的区域变为有意识的，或者是否有必要将其先转移至知觉系统。

临床经验做出了有利于后者的判断。它向我们显示，这种尚未确定的成分的行为类似于某种遭受压抑的冲动。假若自我忽视了强制做法，那么尚未确定的成分就会施以内在的驱动力量。而它只有在对自我的强制行为进行抵抗并阻碍可释放的时候，才可以立刻转为不快乐的意识。与此相仿，因身体需要而激发的紧张感受可以是潜意识的，身体的痛苦感受也是一样。痛苦感居于内部知觉与外部知觉之间，即使是痛苦源于外部世界，但这种感觉的活动也如同内在知觉一般。因此，感觉和情感唯有在抵达知觉系统后才可以成为意识的。假若其发展进程受阻，即使在兴奋过程中与它们一致的那种尚未确定的成分的行为与其一致，它们也不会以感觉的形式呈现出来。这样，我们就可以通过凝缩的、并不完全正确的方式来分析潜意识情感，这一情感与同样并不完全正确的潜意识观念相类似。不同之处其实在于，它们必须在被引入意识以前并与潜意识观念形成联系，而那种本身就能够直接转换的情感则并不需要如此。这也就是说，就情感而言，意识和前意识的区分并无意义，情感要么是意识的，要么是潜意识的，我们因此也无需对前意识加以考虑。

现在，字词表象的作用已经十分清楚地显现出来。内在的思维过程借此作用而转变为知觉，这就如同对该原理的证明一样，即所有知识的外部知觉中都必然有根源可寻。在思维过程的倾注行为超过一定限度时，思维活动就像是源于外部世界一样可以被感知，因而也就被赋予真实性的意义。

当我们对外部知觉和内部知觉与知觉——意识的表层系统之间的关系加以明晰之后，就可以继续分析自我这一概念了。需要注意的是，接下来的分析要从自我的中心环节即知觉系统入手，而且首先必须引入那个接近记忆遗痕的前意识，尽管我们已然知道此时的自我是无意识的。

一位作家从个人动机出发，始终持有这样一种偏见，即认为他与纯科学的严谨性毫不相关。但是，我现在认为这一认识对我们的研究十分有利。这位作家就是格劳代克，他毫不动摇地认为自我中的生活行为基本上是被动的。正如他所说，人们总是生活在毫不知情而且自身无法驾驭的力量之下。对此，我们具有相同的感受，即便是它们未能怂恿我们毫无顾忌地为格劳代克的观点在科学领域中寻求某一立足之地，我们依然认为没有踌躇不决的必要。我的建议是，借助回忆由知觉系统出发，以及从作为前意识的自我开始，并且跟随格劳代克的观点使“本我”这一名称融入心灵的另一部分。我们从回忆这一实体进行思考，该实体则向其他部分扩展，而其他部分的行为特点与具有潜意识性的本我相似。

不久之后，我们就会发现这一概念能否使我们的研究有所帮助，抑或是在说明及理解的意义上使我们获益匪浅。我们可将某一个体视为未知的潜意识性的本我，而本我的外层即是从知觉系统演进而来的自我。假若我们在这一点上竭力地浮想联翩，就可以认为自我并不能囊括整个本我，然而唯此才可在一定程度上使知觉系统作为自我的外层表象，这看上去与卵细胞的胚胎层有所类似。自我并未与本我彻底隔离，它的那些较低的成分已经并入了本我中。

自我的上方是一项名为听觉的帽子

在并入本我的成分中有遭受压抑的事物，这些事物甚至可以被视为本我的某一部分。这些遭受压抑的事物只是因为压抑的抗拒作用与自我隔离，但它可以通过本我与自我进行联系。于是，我们立刻发现，借助病理学的研究而勾勒出的界线只是与心理结构的表面水平有关，这也是我们唯一可以认识的，尽管我们必须声明所选形式对于任何特殊应用毫无夸张之处，而仅是出于解释的目的。或许可以进行这样的补充，即自我的上方是一顶名为听觉的帽子，人脑解剖使我们知道，这顶“帽子”只是位于旁侧，呈现出歪戴着的姿势。

我们可以清楚地发现，自我属于本我的一部分，在知觉－意识这一系统的中介作用下，自我已经在来自于外部世界的直接影响下发生改变。另一方面，自我企图将外部世界的影响施加于本我及其活动倾向，并且力图以现实原则取代在本我中毫无节制的而居于主导地位的快乐原则。自我中的知觉作用相当于本我中的本能作用。自我体现的是具有理性特征的事物，它与充斥着激情欲望的本我形成鲜明的对比。这些情形与我们已经知道的那种常态下的区别是一致的，但是必须提醒诸位的是，这一区别只适用于一般性的或是理想性的情形。

自我的重要功能在这一事实中呈现出来，即它可以把对能动性的正常控制转移给我。于是，在自我与本我的关系中，自我好比是骑马之人，它必须具备驾驭马的雄厚实力。然而其中的区别在于，骑手是以一己之力驾驭奔马的，而自我则是借助其他的力量。我们还可以对这一类比做进一步的说明，假如某一骑手不愿意与马分离，他往往是被迫地驾驭这匹马向他自己愿意去的地方驶去。与此类同，自我也是经常将本我的愿望付诸实施，好像是两者的想法不谋而合。

现在看来，就促进自我的形成以及使其从本我中分化出来而言，除了前意识知觉系统的影响，还存在着另外某种因素的作用。就个体的身体而言，首先映入眼帘的是其外表，这是产生外部知觉和内部知觉的地方。在这一点上，我们从其他任何客体上均可发现，只不过是它把两种感觉让位于触觉，其中的一个可以相当于某种内部知觉。生理学已经为我们展示了身体依此在知觉世界的其他客体中找到其特定位置的方式。或许痛苦的感觉也在这一过程中产生影响，人们在痛苦中得到的那些有关新的器官知识的办法，也许就是我们通常获得自身观念的一种具有典型意义的方式。

就自我而言，它首先是一个身体的自我。自我不只是一个表面的实体，而且还是某种表面的投射。假如我们为此寻求解剖学上的类比，就能够轻而易举地将它视为解剖学家所说的“大脑皮层上的小人”，它在大脑皮层上是倒立的，这也正如我们所知的那样脚朝天脸朝地，在左侧是它的语言区域。

我们已经多次探讨了自我与意识之间的关系，但是在这一问题上还有一些重要的事实未曾涉及。鉴于我们不习惯在任何情形中都将社会的伦理道德标准考虑进去，所以我们对于所谓潜意识内含着淫邪观念的认识并不感到奇怪。此外，我们所期待的任何心理功能在我们的社会价值标准上等级越高，那么就越容易寻找到它进入意识的路径。然而，在这一点上，精神分析并没有给我们带来什么收获。现已表明，那种需要缜密思维的微妙复杂的智力行为并非一定要进入意识，它也可以在前意识中实现。这一方面的事例是不容置疑的，这一情形可以出现在睡眠中。当个体从睡梦中醒来时，他会马上想起不久之前的一个苦思冥想的数学难题抑或是其他问题的解决途径。

然而，另外的一种情形更让人感到奇异。在研究中，我们会发现某些人所具有的自我责备或者是良心发现的功能。这种等级极高的心理活动是潜意识的，而且会产生极为重要的结果。于是我们发现研究中的那些含有潜意识抵抗的事例并不在少数。但是这一情形却置我们出色的判断能力于不顾，迫使我们去分析所谓的潜意识的负罪感受。这一问题使我们异常困惑，并且新的问题也不断涌现。尤其是在众多的神经症情形中，潜意识的负罪感受起着至关重要的作用，而且在治愈的过程中为我们设置了严重的障碍。假如考虑到现代社会的价值观念，我们就必须承认以下这一事实，即不仅是自我中的那些最低级的观念，即便是最高级的观念也同样是潜意识的。

3. 冲突与融合

每一个体都存在着诸多群体性心理

任何个体都是不同群体的一个单位，他们在许多方面都受到群体关系的约束，同时也会模仿社会中的杰出人物从而构建自己的未来模式。所以，每一个体都存在着诸多群体性心理，例如种族心理、阶级心理、宗派心理以及民族心理等等。当然，个体也能超越这些群体心理，从而形成一定程度上的自主性与创新性。与那种迅速出现但仅仅是昙花一现的群体形式相比，这种稳定而恒久的群体形式以及由此产生的固定的结果并不使人感到意外。而正是在那种稍纵即逝的、所谓群体之上的群体中，我们发现了已经得到确认的个性完全泯灭的奇迹，尽管这种奇迹在我们看来只不过是白驹过隙般的短暂。

我们对于这一奇迹的理解是，它体现为个体对自我理想的抛弃，而代之以那种在领袖人物身上的群体性理想。另外需要说明，该种奇迹不是在任何情形中都十分显耀。事实上，个体自我与其理想的脱离对大多数人而言并不显著，此两者之间仍然容易结合在一起。自我总是体现出早期自恋性的满足感，这一情形使其择取所模仿的领袖人物更加便利。就领袖人物而言，他们通常追求的是明显而纯粹的个性，并且只需要给别人展示强劲而足量的力比多自由的形象。因此，人们就往往需要这种强势的领袖人物，经常向他们做出让步甚至是臣服，并且赋予他们特有的控制性权力。

关于群体的力比多结构的说明，有助于我们理解自我和自我理想的区别以及这一区别的可能性的问题，这也表明对象被置于自我理想的地位上以及存在着另外的认同作用。作为自我解析的首要步骤，该种在自我中等级划分的设想有必要在心理学的各个领域中实现其合法性。我在《论自恋》中已经整合了所有相关的病理学资料，用以支持上述划分。然而，可以期待的是，当我们更为深入细致地进行精神病心理学的研究时会产生更大的收获。目前需要考虑的是，自我融入对象与自我理想的关系中，但这一关系源于自我。有关神经症的研究使我们充分地认识到，外部对象与作为一个整体的自我之间的所有相互作用极有可能在自我中反复出现。

我们只将这些认识视为一个可能的结果，而此时有必要重提那个先前无奈搁置起来的问题。每一种心理分化都向我们呈现出心理功能活动的日益艰难的景象，如果其稳定性受到威胁，则很可能造成严重后果即某种疾病的出现。我们自呱呱坠地时起，就存在于这一过程之中，即从自恋情结到对变化多端的外部世界的感知。与此密切相关的情形是，我们不能长期面对事物的变化，即使在睡梦中也会呈现从事物变化之后的情形返回至先前不受刺激与逃避对象的状态。但需要明确的是，我们在这一过程中毫无疑问地听从外部世界的指示，并且凭借着规律性的变化以暂时消除对我们形成影响的大量的刺激作用。然而，我们会发现另外的事例，这是一个与上述限制无关的病理学意义上的重要现象。我们实现了这样一个过程，即将心理存在分割为连续性的自我以及处于自我之外的潜意识和遭受压抑的因素。该种新出现的事物的稳定性不容乐观。在梦境与神经症的状态下，那些被拒之门外的事物会不顾某种抗拒作用而为进入其中一直努力着。而在正常的清醒状态中，我们会运用特殊的手段使遭受压抑的事物避免抗拒作用，并暂时接纳它们融入自我以便使我们获得某种快感。例如诙谐和幽默或者是某种喜剧都可以通过这种方式实现其功能。每一位具有神经症心理学知识的人都会联想起诸如此类的一些并不典型的事例，但我的兴致却是那些属于我研究领域中的实践层面的问题。

毫无疑问，我们可以设想自我理想与自我的分离不能持续太久，随时地违背习俗禁忌，在那种赋予自我的否定与制约中是经常性的现象，这种情形在一些节日习俗中表露无遗。从原始情形来看，那些节日规范正是法规之下的某种僭越，节日中的氛围也是由于法规而形成的情感宣泄。在本质上，古罗马的农神节①与现代的狂欢节②同原始时期的节日没有什么区别，都表现为各式各样的放荡不羁以及对那些原本是神圣不可侵犯的律令的僭越。在自我理想中一定存在着自我无法拒绝的一切制约，然而考虑到上述情形，拒绝这种制约必然会促成那种节日的景象，与此同时自我欲望将再次获得满足。这就表明，在自我中的某些观念与自我理想吻合时，必定会出现激情的放纵，反之，某种负罪感受抑或是内疚感也是源于自我和自我理想之间的冲突。

以下这种情形已为众人皆知，即某些人的心理态势会产生周期性的变化，表现为由郁闷情结经过某种中间状态的起伏波动而达到平静的状态。这种起伏波动的情形会以

① 罗马宗教的重要节日之一。——译注

② 欧洲中世纪和文艺复兴时期流行的一种民间节日，该节日拥有一整套表示象征意义的感性形式，从大型而复杂的群众性戏剧到个别的狂欢表演。——译注

不同程度呈现出来，例如会体现为轻微的波动，也会体现为抑郁症和狂躁症等特殊的形式，这种症状会对个体构成严重的侵害。以那种反复出现的抑郁症为例，来自外部的作用显得微乎其微。如果从内部动机来看，这些患者并没有出现与平常人有什么不同的情形。于是，就会给人造成这种印象，即这些症状不是什么内在的心理原因所导致的。我们现在将讨论那些与周期性抑郁症十分类似的一些病症，而这些病症与精神性侵害有所关联。

向狂躁症的转化并非是抑郁症必不可少的特点

因为心理状态中的那些自发性波动的基础不得而知，所以我们对于狂躁症取代抑郁症的机制无从知晓。这样，我们可以随意地设想这些患者是我们研究所需要实践的对象。我们可以从自我的分析中获得不容置疑的认识，即狂躁症患者的自我与自我理想融为一体，表现为自我谴责对狂躁与自我实现的境况并没有构成什么侵扰，该患者可以处于这样一种喜悦之中，即他的抑郁以及自我良心的责难都消失于无形。与狂躁症相比，抑郁症的情形显得较为逊色，它体现为这样一种矛盾，即具有敏锐性特征的自我理想对于处于贬损中的自我进行无情的鞭挞。正如我们刚才的设想，在某种随时发生的反抗中，那些环境因素依然是自我与自我理想的关系发生变化的重要原因。向狂躁症的转化并非是抑郁症必不可少的特点，一些单一性的抑郁症从未呈现出向狂躁症转化的倾向。

此外，也有一些抑郁症显然是由外部原因导致的。这表现为主体丧失所爱恋的对象，这种丧失或者是因为对象死亡抑或是因环境因素导致的力比多从对象中撤回。此类由于心理原因导致的抑郁症最后可能发展为狂躁症，而且这种周而复始的行为可以重复若干次，就仿佛是自发性病症一样可以轻易出现。所以，我们发现这些情形看上去仍然显得模糊不清，尤其是精神分析的研究仅仅涵盖了为数极少的抑郁症病例。迄今为止，我们所探讨的只是那些丧失了对象的病症，这显然是由于主体对这一对象的冷淡所致。在此之后，尽管此类对象依靠认同作用重新在自我中出现，但是它受到了自我理想的无情斥责，这种谴责与贬损体现为抑郁性责难的方式。此类抑郁症也或许会转变为狂躁症的形式，所以我们会发现这样的情况，即此种症状不同于临床表现的一般特征。

毫无疑问，我们可以将这两种抑郁症，即由心理因素所导致的以及自发产生的抑郁症形成的原因，一并归于自我与自我理想之间的周期性冲突。对于自发性抑郁症，我们可以设想这是因为自我理想具有显示制约力量的倾向。而对于因心理原因导致的抑郁症而言，这是由于自我理想的施虐所致，自我此时就会被迫进行反抗。自我理想的施虐行为，是在与被抛弃的对象加以认同的情形下产生的。

4. 负罪感的动态形式

负罪感在不同情形中的表现方式

正如我们通常认为的那样，自我在多数情况下形成于认同作用。那种已经被本我所抛弃的倾注行为此时被认同作用所置换，此种认同作用中的第一种情形常常是作为自我中的某个特殊功能进行活动，并且它会以超我的形式与自我产生分离。此后，在它日益强盛的时候，自我就会更为强硬地抗拒认同作用。超我会对它在自我中的独特地位或是与自我的关系归于某种因素，而这一因素我们有必要从两个方面加以分析。其一，我们将其视为认同作用的第一种情形，即在自我非常衰弱的时候产生的认同作用。其二，我们将其视为俄狄浦斯情结的继承者，因此会将一些最重要的对象引导至自我之中。如果我们将超我和自我后来发生的变化加以对照，就会发现两者的关系大致上与童年伊始的性欲期和青春期以后性行为之间的关系相仿。尽管它很易于受到后期的所有影响，但它始终存在着与自我分离并控制自我的功能，这是由恋父情结赋予它的特点。它同时也是对先前自我的软弱与依赖性的某种回忆，而且仍然会支配业已成熟的自我。自我也必须要听从超我的要求，这就好比是小孩要被迫服从父母的管教一样。

但是超我的来源，即本我的首次对象倾注派生于俄狄浦斯情结，并且这一派生行为对它而言还有更为重要的价值，这种派生性将它与本我在种系发生上获得的事物联系起来，并使它变为先前某个自我结构的再造事物，此时这一自我结构已经把它们的沉淀物存留于本我中。这样，超我总是与本我紧密联系，并且作为本我与自我联系的代表。超我深深根植于本我之中，并且因此比自我更为远离意识。

当我们将研究视角定位于某些临床表现时，就可以对这些关系形成最佳认识。尽管这些事实表现已近如明日黄花，但我们仍然有分析的必要。我们发现，某些个体的行为方式极为独特。在我们信心十足地和他们交谈抑或是对其疗效表示欣慰的时候，他们反而显示出厌恶的表情，同时他们的整体情况更是每况愈下。初始时，人们会以为，他们的这种表现是一种挑衅行为，似乎是在证明自己比医生更有能力。直到后来的某个阶段，人们才会形成深层次的、更为公正的认识。他们开始认为，这些患者不仅不会接受任何的赞赏，而且对于良好的疗效不以为然。那种本来对其他人而言可以产生良好疗效的治疗手段，但是施加于这些患者时却导致了症状程度的加深，并且向我们展示了所谓的消极的治疗反应。

毫无疑问，这些患者所展示的与健康相抗衡的言行，表明他们对健康的恐惧。我们对这种情况有着习以为常的认识，即这些人对症状的渴求超越了健康的期望。假设我们是以通常的方式来理解患者的对抗行为，即便是我们对患者的对抗采取宽容的态度，允许患者从病症中获取某种利益，这就说明其本身就是健康的最为强劲的障碍。这种障碍的强度，与那种诸如对病症的依恋的这一我们熟知的障碍来说有过之而无不及。

我们最终认识到，这一问题内在着某种道德的因素，它表现为一种负罪感，这种感受使其在病症折磨中才能获得满足，而且患者拒斥任何的有助于恢复健康的措施。现在看来，我们这种理解是正确的，虽然这一解释会让为数不少的人感到遗憾。事实上，这种负罪感对患者而言是悄无声息的，我们并未强行赋予他们任何罪名，而且他们也不会自认为有什么罪恶行为，而仅仅是认为自己处于病态中而已。就这种负罪感而言，它向我们展示的只是难以克制的那种对健康的抗拒。然而，假如我们向患者说明这是他病症持续的原因的话，那么会使他们认为是痴人说梦。他们所要表达的见解是，采用精神分析疗法来医治其疾病是无济于事的。

我们的上述说明仅仅适合于这种病症中最为特殊的事例。然而，所谓的负罪感这一因素对于多种病症，或者是对于那些极其严重的神经症而言，只会极少数情形中才加以考虑。或许正是产生于该种情形下的这个因素，也就是说自我理想的倾向性决定了神经症状的恶化。所以，我们应该理所当然地、全面地分析负罪感在不同情形中的表现方式。

就那种常态性的、源于良心的负罪感而言，在理解上并没有什么难处，这种负罪感是由自我和自我理想之间的冲突导致的，它是一种批判功能所引起的自我责难的情形。

我们可以据此推测，神经症状中那种为人熟知的自卑感或许与这种意识之中的负罪感存在密切的联系。在我们非常熟悉的强迫性神经症和抑郁症中，负罪感受极为明显。这表现为自我理想的态度极为严肃，它往往对自我进行无以复加的斥责。

就另外形式的强迫性神经症而言，负罪感力图彰显自己的一切，但是它无法向自我证明这种做法的正确性。因此，该症状患者的自我极力反对罪行的迁移，在竭力拒斥的同时也会寻求医生的帮助。而对此保持沉默是不明智的行为，这样做于事无补。研究结果向我们显示，超我正承受着不为自我所知的一些过程的影响。但是，我们有可能觉察到真正藏匿于负罪感根基之处的那种遭受压抑的冲动。所以，超我在这种情况下比自我更为熟知潜意识系统中的本我。

超我在抑郁症的情形下取得了对意识的制约权。然而在这一症状中，自我不会轻易地进行反抗，它会坦诚地进行内疚表白并甘心接受惩罚。强迫性神经症中的问题是，应该遭受责难的冲动从未隶属于自我。但是在抑郁症中，超我向其表达愤慨的对象则会凭借认同作用而成为自我的一部分。

令我们深感困惑的是，负罪感为何会在这两种神经症中显示出如此强劲的力度。然而，这种情形中的关键问题表现为另外的方面。在某种癔症症状中，根本性的条件就是发现这种负罪感。癔症患者进行自我防护，以使自己免遭痛苦，其中超我的斥责正是以痛苦来威胁它，所采取的是那种使自己免遭不堪忍受的对象倾注的方式，这种方式其实就是某种压抑。所以，自我应该对这种存留于潜意识中的负罪感承担责任。一般而言，自我是在超我的控制之下发生压抑的，然而在此种病症中发生的是自我将同一种功能转而施加于超我之上。正如我们所知，反向作用在强迫神经症中居于控制地位，可是癔症中的自我却乐意与和负罪感的一些因素维持疏远的状态。

对许多人而言，甚至可以设想大多数的负罪感在常态下一定是潜意识的，这是由于良心的根源与存在于潜意识中的俄狄浦斯情结密切相关。假若有人乐于做出这种矛盾式的设想，那么对于正常人而言，他们不仅远比那个人所相信的更没有道德性，而且也远比他所知道的更具有道德性。这样，这一判断的前半句来自于精神分析的研究，而精神分析对后一判断则没有什么发言权。

一个令人诧异的事实是，这种潜意识中的负罪感如果不断增强，那么将会使人沦落为罪人。我们会在许多犯罪的人中间，尤其是那些年轻的犯罪者中发现，他们在实施犯罪行为之前就会产生一种异常强烈的负罪感。因此，负罪感反而成为犯罪行为的动机，而并非是它的结果。如果把潜意识中的负罪感附着于某种现实性的事物上的话，那么这似乎成为某种心灵的慰藉。

现已表明，超我在上述情形中体现为与意识的自我毫不相关，而是与潜意识中的本我如胶似漆。对于超我这一重要特点，当我们将其置于自我中的前意识字词记忆遗痕中时，问题就必然出现了，即假如超我是潜意识的，那么它能否存在于字词表象中？如果说超我不是潜意识的，那么它究竟在何处？我们目前所能应对的是，超我和自我是一致的。我们不可能否认它源于听觉印象，因为它是自我的一部分，并且在很大程度上借助于字词表象与意识贯通。

> 超我如何以一种负罪感的形式来表示自己

对于另外的问题，即超我是如何以一种负罪感的形式（抑或准确地说，以一种责难的形式，这是因为负罪感是在自我中对这种责难做出回应的知觉）来表示自己的？还有，超我又是如何变得对自我那么恣睢暴戾？我们在抑郁症的情形中会看到，超我出于对意识的控制权的极度渴望而对自我肆意斥责，这就好像它要不遗余力地对个体进行虐待。根据施虐狂的有关认识，我们认为某些破坏性的因素处于超我之中而且转向对抗自我。现在看来，在超我中获得主导地位的事物可以被视为对死的本能的某种培育。事实也即如此，假若自我不能及时地以转变为狂躁症为代价免遭超我的暴力折磨，那么死的本能就会屡试不爽地促使自我走向覆灭。

此外，还存在一种我们并不知晓的情形，即以某种强迫性神经症的形式施以良心的谴责同样会使人深感烦躁和痛苦。需要提醒诸位的是，与抑郁症不同，强迫性神经症决然不会采取自我毁灭的行为。看起来，它可以避免自杀的行为，而且比癔症更能有效地使自己免遭危险。在强迫性神经症中，借助于向前生殖器组织的退行，就可以使爱欲冲动演化为对对象的攻击倾向。于是，破坏性本能就在这里得以发泄，它的目的是毁灭对象抑或是存在这样的企图。自我对这一目的不以为然，而是实施反相作用以及采取预防性手段竭力反抗这种意图，从而使这些意图容留在本我之中。然而，超我所体现出的意思是自我应该对这一局面负有责任。超我在对破坏性的企图施以惩罚时严正声明，它们不仅凭借着退行方式伪装起来，在事实上以恨替换来了爱。鉴于在两方面无所依靠，于是自我只能无效地对抵御本我的恶意冲动以及良心的谴责行为实施斥责。不过，自我也有效地遏制了来自上述两方面的极为暴戾的行为，即无休止的自我伤害以及在其范围内施以对象的伤害。

这样就必须千方百计地应对个体身体中那种危险性的死的本能的活动，有些是经过与性因素的结合而被视为有益的部分，有些则是以攻击的方式面向外部世界，毫无疑问的是，它们在很大程度上无阻碍地进行内部的活动。现在的问题是，超我是如何在抑郁症中成为死的本能的汇集点？

依照本能的特点和道德观念来分析，我们可以认为本我体现为彻头彻尾的非道德性，自我具有强烈的道德性倾向，超我或许是超越任何道德的，因此在这一意义上超我就像本我一样冷若冰霜。需要指出的是，假若个体越是抑制自己对他人的损毁倾向，那么该个体在自我理想中就格外显得暴戾，因而他的攻击倾向就越发明显。然而，我们发现人们平常的认识与此截然不同，即自我理想的标准模式似乎正是抑制攻击行为的动机力量。此前的事实则表明，个体愈是抑制自己的攻击倾向，其自我理想对自我攻击意图就愈显得强烈。这种情形仿佛即是某种移置作用，表现为转向自我的方式。可以说，即使是极为平凡的道德规约也可呈现出严格禁止的特点。毫无疑问，可以实施严厉性惩罚的超我源出于此。

考虑到对这些问题的深入分析，我们不得不做出新的设想。我们已经认识到，超我是从那种将父亲视为模仿对象的认同作用中产生的，而所有这种认同作用事实上已接近性欲匮乏抑或是得以升华。因此当这一转化行为发生时，就会随之出现本能调离的情形。在抵达升华阶段后，性因素就无力将先前那些与之融合的破坏性因素再次结合，于是这些因素就会通过攻击性倾向以及破坏性的形式得到释放。此种解离即是那种绝对命令所特有的那种严厉与暴戾的深层原因。

然而，当我们再次针对强迫性神经症展开探讨时，情形就发生改变了。将爱恋情结转化为攻击并未受到自我的干预，但是在本我中呈现出某种攻击性。但这一进程依然超越了本我并扩展至超我，此时超我就变本加厉地实施对自我的暴虐行为。应该明确的是，这种情形与抑郁症所展示的情况一致，自我借助于认同作用取得了对力比多的掌控权，但如此一来就要承受超我的严惩，这种严厉惩罚的实质在于超我启用了先前与力比多融合而成的攻击力量。

如此，有关自我的认识就日趋明朗，与其相关的各种情形也随之水落石出。现在，我们对自我的优劣性完全清楚，这些特性有着非常重要的功能。凭借着与知觉系统的关系，自我按照时间顺序调控心理活动并使其接受现实性的验证。依靠此种思维方式的介入，自我就可以起到延缓动力释放的效用而且还可以掌控活动的路径。对于掌控活动路径而言，这一功能如果说是某种事实状况，倒不如将其视为某种形式。从行为视角分析，自我所处的地位如同君主立宪的政体形式一般，如若不通过其准许，那么任何的议案都无法实施。然而，它在对国会议案行使否决权之前已经处于徘徊不前的境地。自我可以通过外部世界的生活经验不断丰富起来，但本我对它来说确是另一个具有外部世界性的因素。自我竭力要把本我置于自己的控制之下，将力比多从本我中撤回以及把本我的对象倾注转化为自我结构。

本我中的要素通往自我具有两种路径，其一是直接性的，其二则需要凭借自我理想的导向作用。在这两种路径中，选择何种路径对于某些心理活动而言或许具有决定性的影响。从自我的活动来说，它从接受本能的冲动发展为对这种冲动的控制，或者是从服从本能的活动发展为对它们的抑制。显然，自我理想在这些过程中发挥了重要作用，它在局部性的功能体现为抵制本我的本能活动的某种反相作用，而精神分析则是作为一种工具性的力量，将自我对本我的控制能力逐渐增强。

然而从另外的视角分析，自我处于三种力量的颐指气使的状态中，因而它会由于这些不同的威胁而使人为之怜悯。此三种具有威胁性的力量分别源自外部世界、本我的力比多以及超我的暴虐。由于焦虑现象是一种逃避危险的表征，所以就存在着与此三种危险情境相对应的另外一种焦虑。自我企图成为外部世界与本我之间的中介物，这就好比是定居于国境线上的人一般，自我要求本我按照外部世界的期望去采取行为，而且将借助于身体的活动使得外部世界听从本我的意图。事实上，我们可以将自我视为采取精神分析疗法的医生。考虑到自我十分关注外部现实的力量，从而就会将自己看作是力比多的对象提供给本我，这样做的意图是使本我的力比多依附于自我。自我不仅是本我的帮助者，而且也展现为某种向它的主人谄媚取宠而又唯命是从的奴隶形象。自我一有机会就会向本我表示友好并与其和谐相处，它会借助于前意识的掩饰作用将本我的潜意识要求隐藏起来。实际上，即使是自我显得冷若冰霜时，它也会造成本我听从于现实要求的假象，同时对本我与现实的真正冲突加以掩饰。在可能的情形下，自我也会对它与超我之间的矛盾进行掩盖。这样，就自我在与本我与现实之间所处的状况而言，它常常游走于谄媚取宠、机会主义与假意等情形中间。自我好比是一位圆滑的政客，即便是面对真理时也故作深沉，以此来维持那种备受拥护的状态。

就本能的两种类型而言，自我所展示的看法是有失偏颇的。自我借助于认同与升华的作用，为本我中死的本能掌控力比多提供了便利。然而，这样的话，会使其成为死的本能的对象以至于发生灭顶之灾。因此，自我必须以力比多填充自身，以求可以通过上述方式提供便利。如此一来，自我就成为激情欲望的表象，而且从那一刻起就渴求持久地存活并获得爱怜。

然而，自我对力比多的抗争也存在着被虐待和死亡的威胁，这是由于它的升华造成了对本能的解脱与攻击性本能在超我中释放。当自我承受超我的折磨甚至是臣服于此类攻击之下时，就会产生与原生动物遭受到自己产生的裂变物毁损一样的结局。而从另外的观点看，这种起毁灭作用的裂变物类似于超我中的那些道德性的观念因素。在与自我发生关系的范围内，它与超我之间的关系可能是最为滑稽的。

焦虑真实存在的区域是自我，自我由于遭受到三方面的危险，于是它就从危险知觉抑或是存在于本我中的类似危险情境中撤回精神倾注，之后将其以焦虑的形式加以释放。自我恐惧的事物，无论是源自外部世界还是力比多引起的危险，我们无从解释。我们可以进行说明的是这种恐惧呈现出消失的特性，然而并不能依靠精神分析加以研究。自我仅仅听从快乐原则的警示。另外，我们可以指明，自我恐惧超我的实质内容是良心。自我理想中那些优势性的因素曾经以割弃来胁迫自我，或许这种因割弃而产生的恐惧正是由良心引起的恐惧的焦点所在，因此这种面对割弃的恐惧以对良心的恐惧的形式存在着。

> 任何一种恐惧归根结底都是对死亡的恐惧

有这样一句名不副实的警句，即“任何一种恐惧归根结底都是对死亡的恐惧”。这句话听起来似乎没有什么意义，而且无论如何都无法被证明是合乎情理的。我认为，将死亡和现实性焦虑的恐惧与对神经症的力比多焦虑区别开来是极为合理的。但是这样给精神分析理论设置了一个严重的障碍。死亡本身是一个消极性的抽象概念，对于死亡的恐惧只能这样解释，即自我抛弃大部分的自恋力比多倾注或者是说放弃自己。这与下述情形相类似，当自我在承受焦虑的时候放弃了外部对象，因此我认为，对死亡的恐惧产生于自我和超我之间。

与各种焦虑的发展情形基本类似的是，关于死亡的恐惧也只是在两种情形中才会产生，即作为外部世界的危险情境的反应，以及发生于诸如抑郁症的内部过程中。借助于神经症症状的分析，我们可以对正常的人更深入地了解。

关于抑郁症中产生的对死亡的恐惧，我们只能作出这样的说明，即自我放弃自己的原因是它体会到超我的痛恨与侵害。对自我而言，生存即意味着获得超我的爱意，此时超我再次以本我的形式表现出来。超我的意图是实施救援的作用，这一作用与那种早期阶段中由父亲拥有而在后期由命运所赋予的功能具有一致性。然而，当自我处于某种万分危急的情境中时，特别是当它认为自己面对这种危险无能为力的时候，必然会获得相似的结果。自我感觉到自己已经四面楚歌，陷于绝境。此外，我们发现这种情形与出生时的严重焦虑状态以及婴儿期的渴望式焦虑是一样的，这种渴望式的焦虑是因为婴儿与其具有保护作用的母亲疏离而形成的。

通过上述分析，我们把死亡的恐惧等同于对良心的恐惧，并将它们一同视为是对割弃恐惧的发展状态。我们也从负罪感在神经症中显示的意义中领略到，那种经常性的神经症焦虑处于极为严重的状态中时，就会常常为割弃、良心以及死亡所引起的恐惧，也就是自我与超我之间形成的焦虑所深化。

关于本我，它缺乏向自我表示爱或者是恨的渠道。我们对本我的需求仍然难以名状，因为它还没有形成完整的意向性。在本我中，爱欲激情与死的本能处于无休止的抗争中，对于一种本能是利用什么方式防御另一种本能的挑衅与攻击，这一点已经显现出来。这样，本我就承受着虽然是默默无闻但是却强劲无比的死的本能的控制。死的本能也希望求得一处平静的港湾，并且也愿意让那种受到快乐原则指使的激情爱欲悄无声息，但这样做可能会降低其功效。

哲人咖啡厅

5. 暴戾的超我

自我对于存在于内的遭受压抑的欲望毫不知情

想必诸位不会否认，研究基点对于我们分析人与物都是至关重要的。

精神分析也不出其右，此种研究所产生的成果抑或是一事无成的结局，都与其基本的出发点紧密相关。精神分析是从症状考察开始的，症状是因为自我中遭受压抑所导致，所以这种情形不为自我所知。自我对于存在于内的遭受压抑的欲望毫不知情，正如同自我对外在的实存也一无所知一样。请诸位见谅如下的比拟，即前句意义正所谓是内在的国外领土，而后句则意指外在的国外领土。就精神分析的方法而言，是由考察症状转入潜意识领域的分析，进而又将研究对象确定为本能活动以及性行为。正因为这样，导致了许多人的责难，他们会认为人不仅有性行为，还具有与此相关的高尚情操。我们可能这样认为，某些人经常性地百无聊赖地遐想，而对事实置若罔闻，正是因为他们对崇高情感的顶礼膜拜。

就神经症的产生而言，我们在一开始就认为这是由本能的渴望与内在抗拒之间的冲突所导致。对于这些抵抗、否定以及压制等对抗性因素，我们至今记忆犹新，同时我们毫不否认这些因素具有自我本能这样的特点，它与普通心理学中的自我相类似。此处的困难来自于科学研究的局限性，因此精神分析无法对其进行全面的分析。不过，现已了解的知识也不容忽视，我们的研究方式可以从遭受压抑的内容转向压抑的力量。就自我而言，这一概念并不需要进行任何说明，然而现在也无法寻求初步研究的手段。

在向诸位讲解之前，我担心自我心理学以及在此之前有关潜意识的讲述可能对你们构成不同的干扰，但是为什么有这种担心则很难说清。就我原先的阐释而言，或许诸位认为那些内容大体表现为事实的陈述，而此时所要讲述的则要突出理论或思辨性的色彩。然而，这种认识是存在偏颇的。在深思熟虑之后，我可以断言，关于自我心理学中的思辨性并不会强于神经症心理学的有关分析。所以，我认为这些材料的性质应对上述疑问做出解释，同时我们实际上不太习惯处置这些材料。但是，关于诸位现在的认识与先前相比无论是不是显得更为谨慎或犹豫，我已经对此不以为然了。

研究之前的情形可以向我们展示继续研究的路径。但是要以自我抑或是以我们自己的自我作为研究对象，这是怎么回事呢？自我本来就是主体，怎么会转变为客体呢？这种忧虑是多余的。自我完全可以将其本身视为客体，而且这种客体与通常那种所谓的客体并无差异，它可以被观察和评价，同时也可以做出一些不为人们所知的各种方式的行为。于是，自我的其中一部分可以监察另一部分，同时自我也可以发生分裂，而被分裂以后的部分也可以重新结合。所有这些情形对诸位而言并不陌生，我们也仅仅是强调而已。但是在其他的方面，那种变态行为及其夸张性的特征有助于我们对正常现象的认识。假若我们将一晶体猛掷于地，该晶体必然会破裂。然而，这种破裂并非无章可循，它是依照裂纹而成为碎片的，虽然裂纹的界线不易辨认，但是它毕竟与晶体的结构有密切的关联。与晶体的破裂类似，精神病即具有这种破裂的结构。

虽然恶魔之人是原始人恐惧的对象，但我们对恶魔之人也同样具有恐惧的心理。恶魔之人与外界的实在性相分离，但它们正因为如此才认识到内心的实在性极为明显。一种恶魔之人会存有被人侦探的幻觉，他们在做出极为隐蔽的行为时会察觉到某种从不知晓的势力或人对其进行侦查，这样使他们的幻觉更为强烈。它们仿佛听到了侦查的声音，例如："这个人现在要说话了"或者是"这个人要穿衣服出去了"等等，不一而足。与侵害相比，这种侦探式的行为虽然不属雷同，但也不乏相似之处。总体看来，这些恶魔之人就像那些没有信任感的患者一样，他很愿意在其胡作非为之时被拘捕并遭受惩罚。事实上，这些恶魔之人的心理状态并非有何不对之处，我们的自我中也存在着某种侦查功能以监视或恐吓自己。

就这些事情而言，我不清楚诸位与我的感受是否相同。我由于接受了临床经验的强烈影响，对下述情形表示认可：那种侦查机能脱离自我的其他部分也许属于自我结构的应有特点。对于这一认识，我始终如一地坚持并且对这种脱离的机能之特点及关系进行了不断的分析。从感受侦查的幻觉的实际情形看，或许认为这种侦查只是定罪量刑的首要步骤，因此我们完全可以将这种机能的另一方面视为良心的活动。良心会极为轻易而且是经常性地与自我相脱离，而且两者形成对峙状态。例如，我们想做一些快乐的事，但是因为良心的缘故而没有去做；抑或是我们屈于巨大的诱惑而做出了有悖于良心的事情，但会在之后的一段时间内由于良心的责难而感到内疚。我们可以将自我中的这种机制视为良心，但更为严密的做法是将那种自我侦查机能看作另外的实体，这种机能是良心的仲裁所必需的，而良心是该种机能的活动方式。既然我们将这一机能视为某种实体性的因素，所以必须赋予它一个称谓，于是我们将其称为超我。

诸位可能会对我的上述阐释冷嘲热讽，即你们认为自我心理学只是拓展了日常的某些抽象性的事物，将其由概念转变为实体的因素，而这种转变是毫无意义的。依我之见，自我心理学确实难以避免人们所熟知的事物，但是我们研究的目的是对一些事实做出新的分析，而不是获得什么新的发现。对于诸位的评断，我并不会央求你们放弃自己的观点，而是让我们将目光放远一些。我们认为，病理学中的事例会向我们提供可靠的背景知识，而这些知识是一般心理学所缺乏的。假若诸位认可了超我这一概念，并认为超我具有某种独立性以及自身目的，它并不是依靠自我来调控自己的精力，那么我们就可以立刻发现某种临床现象。这种现象展示了超我的严厉性甚至是暴戾性以及它与自我的关系的不同情形。这一现象即是指忧郁症症状。

虽然诸位不是精神病医生，但想必你们对这一症状有所耳闻。我们关于忧郁症的发病原因和机制的了解非常有限，它最为明显的特点是超我所展现出来的。忧郁患者处于正常状态时，他对自己的责备是否严厉与常人没有区别。然而当症状发作时，该患者的超我就会变本加厉地侵害柔弱的自我，会以极为残酷的手段对自我实施恫吓。此时的超我似乎在不停地搜集自我那些错误的事实，直到自己的侵害力量增强时就对其施以攻击。超我将自我置于其“淫威”之下，并且以崇高道德的裁决者自居。由此可见，我们自身所感受的罪恶心境也正是始于超我对自我的强力迫使。这种罪恶感受就像是神灵所赋予我们内心一般，但是又呈现出周期性的特点。或许在一段时间之后，来自于超我的批判销声匿迹，自我得以重见天日并获得应有的权利，并期盼着症状的再次光临。当然，此时也会出现截然不同的情形，自我会变得欣喜若狂，就好像是超我失去往日的风光抑或是与自我狼狈为奸。此时的自我就会肆无忌惮地追求一切欲望的满足。但这一过程所涉及的材料浩如烟海，仍属于我们未知的领域。

> 良心存在于我们的内心深处，但它决然不是与生俱来的

诸位或许希望我可以举出多种事例来验证超我形成抑或是良心起源的相关知识。哲学家康德[1]曾经扬言，唯有繁星密布的太空以及道德法则才可以证明神灵的尊崇。的确，繁星闪烁无疑是异常壮观的。然而，就良心来说，神灵也难以避免某种失误，这是由于绝大岁数人的良心仅是凤毛麟角甚至是不堪一提。对于“天赋良心”的论断，我们并非有意忽视其中的心理学意义上的个别真

① 康德（1724—1804），德国哲学家，德国古典哲学的奠基人，被认为是对现代欧洲最具影响力的思想家之一。——译注

理性的认识，而是认为这一论断需要重新诠释。毫无疑问，良心存在于我们的内心深处，但它决然不是与生俱来的。在这一点上，良心与性恰好相反，它不是先天存在的，而是形成于生命发展的过程中。对于婴幼儿来说，无所谓什么道德，在他们的内心中并不会发生对快乐冲动的遏制行为。超我在以后所展示的功能首先是具有某种外力或者是父母权威的性质。父母通过赏罚的不同方式调控子女的行为。对于子女来说，惩罚即意味着爱意的消失，所以为之恐惧。后来所谓的对于道德的忧虑正是滥觞于那种关于外部力量的客观性忧虑，假若这种外部力量的忧虑占据主导地位的话，就不会有什么超我或是良心。在不断发展的过程中，才形成了我们为之欣喜的常态情形即关于道德的忧虑。这样，外部机制转化为内在机能，父母的监护功能被超我取而代之，它对自我进行侦查、导向以及恫吓，这与父母对待子女的方式如出一辙。

如此，父母的教育职责中的权威、方式以及目的被超我所获取，超我既是父母权利的承接者，也是父母的替身。我们不久之后就会了解这一转换过程。然而，我们有必要首先对二者的不同之处加以辨析。超我的功能是片面的，它所展示的功能仅仅是父母的严厉与惩戒，而对于关爱的情感因素则全然忽视。父母假如确实是以严厉的手段对待子女，那么我们就容易理解子女为什么会产生出残酷暴戾的超我。然而出人意料的是，虽然父母对子女不施惩罚而且疼爱有加，但是子女仍然会形成暴戾的超我。

或许会让诸位感到失望，关于父母的教育职能向超我的转化问题，我无法做出更为详尽的阐释。这是因为，这一转化历程极为繁杂，关于该问题的详尽述说无法纳入我们今天的演说之中，还有就是我对该问题的了解有所欠缺。在这一历程中居于基础性地位的是模拟作用。也就是说，某个自我与另一自我具有相似性，这样就会使这个自我与另一个自我在某些方面完全一致，其中前一个自我会模拟后一个自我，并极力与之寻求共同之处。这一模拟过程好比是将另一自我置入腹中并化为自身。在与他人的各种关系构成中，模拟作用最为重要也最为久远，我们不可将其与对象选择过程相混淆。模拟作用于对象选择的区分如下：假若某个儿童模拟他的父亲，那么他的意愿是与父亲具有相同的特征。但是假如他把父亲作为选择对象的话，他的目的则是想把他的父亲据为己有。也即表明，模拟作用所体现的是自我加以改变以求与父亲相同，而对象选择则不需要这一环节。个体不仅可以模拟他人而进行自我变化，还可以将他人视为性对象。据说，由于女性自身的某种特点，使其自我极易接受性对象的影响。关于模拟作用与对象选择之间那种耐人寻味的关系，我们在先前已有所述。这种关系情形可见于儿童或者是成人；也可以在正常人抑或是患者的身上出现。某个体假若失去了爱恋的对象，或者是被迫放弃，他就会运用模拟作用加以弥补这一损失，当个体将对象置于自我之中时，对象选择就为模拟方式所替换。

然而，我个人对上述模拟作用的解释不甚满意。假若诸位承认，超我的形成过程表现为对父母的模拟，那么仅此一点也不会使人遗憾。以下事实可作为这一观点的另一证明，即自我中新产生的某种优势性功能与恋母情结的命运的关系非常紧密，因此超我似乎可以被视为儿童期内的极为重要的情结的接续。当儿童的恋母情结消失之后，他就摒弃了当初对父母所形成的强烈倾注的对象。考虑到补偿方面的需要，他在早前形成的对父母的模拟此时显得更为频繁而且程度更深。

研究表明，假如恋母情结并未彻底消失，那么超我的发展会有所迟滞。在超我的发展进程中，它受到来自继父母以及儿童的养育者和榜样人物的影响。大致来讲，超我往往会与原初父母渐行渐远，而且不会另有人为之替换。另外，我们需要注意儿童在不同阶段会对其父母做出不同的评价。在恋母情结逐渐让位于超我时，儿童眼中的父母是崇高的，然而此后父母的权威就每况愈下了。

> 事实上，自卑的感受存在着极强的情色根源

但愿诸位可以形成这样的认识，即当我假设超我的时候，不只是把具有抽象性的良心转化为某一人物，而是在阐明一个具有真实结构的实体性事物。此外，我在此将描述超我的另一种重要的活动方式。超我是自我理想的代表，自我以其唯马首是瞻，通过它权衡自己并追求自我理想的境界。毫无疑问，自我理想就是早期父母所呈现的高尚情结，是儿童心目中完美的形象。诸位已经知道自卑感是神经症患者的特点，而在声名远播的著作中常有“自

卑情结”一词。此词的创造者经常自以为是地标榜自己符合精神分析的所有要求，而且会自认为心理学的认识程度加深。事实上，“自卑情结”一词并不常见于精神分析的研究中，同时这一词语也使人形成简明的认识。假如我们遵循某一心理学家的观点，将这个词的意义归原于个体关于器官损毁的知觉，那么我们就会形成极为片面的认识。事实上，自卑的感受存在着极强的情色根源。当儿童感到失去别人的关爱时，就会感到自卑，成年人也会出现这一情形。使儿童感到有所欠缺的唯一器官，对于男孩而言就是短小的阴茎，而在女孩那里就是阴蒂。然而，与负罪感相似，自卑感亦是源于自我与超我的关系，是两者矛盾的展示。然而，我们对自卑感于负罪感实难做出区分，或许只是将前者视为道德自卑感的情色填充物。这种区别在精神分析中很少提及。

考虑到自卑问题已是众所周知，因此我暂时将其搁置一边。某一历史人物仍然活在世上，现已离职，而且他在出生时受到创伤，造成某一肢体严重畸形。另有一位著名作家，出于为名人写传记的偏好，因此就为此历史人物作传。诸位知道，作传与心理的某些需求难以割舍。所以，该作家就以肢体畸形而生的自卑感受作为创作基础，去描绘主人公的性情发展脉络。然而，这位作家却严重忽视了一个极为重要的细节。一位女性会因为孕育出某个先天残缺的婴儿而倍加爱怜，并想以此来弥补孩子的不幸。但是，在我们所列举的这一事例中，那个历史人物的母亲行为怪异，竟然因为这个孩子肢体残缺而将其冷落。在这个孩子最终成为权倾一时的人物之后，他的所作所为会表明他永远不会宽恕那位可恶的母亲。假若诸位已将母爱之于儿童心理需求的观念根植于心的话，那么就可以修正那位作家关于自卑感受的写作内容。

让我们重新回到超我的述说中。鉴于超我的起源阐释，我们分别获得了生物学与心理学的重要的事实，这就是以儿童与父母间的长期依赖关系和恋母情结作为超我形成的基础，而且这两个事实互为依存，缺一不可。依我之见，超我集中了所有崇高的道德理念，它是追求理想欲望或者是高尚生活方式的主体。我们可以将超我回溯至父母与教育者的耳濡目染，因此也会从中发现重要的实质意义。可以认为，父母与教育者在培养儿童的过程中也融入自身超我的指示。无论其自我与超我的关系如何，但在培养儿童的时候都是严肃细致的。父母与教育者似乎并不记得自己在儿童时期的那些痛苦，但是他们还是极力模拟自己父母的行为方式对自己的孩子施以严厉约束。如此，我们发现儿童的超我事实上是以父母的超我为模拟对象，而并非模拟父母本身。至此，诸位会承认，在人类对社会行为、犯罪行为以及教育方面的了解过程中，超我的作用是显而易见的。而那种所谓的唯物主义者严重忽视了这一问题，他们拒绝承认这一切，而是认为人类的意识形态在任何时候都是源于经济基础抑或是作为经济基础的上层建筑。这一观点的确是真理，然而却不可能涵盖一切真理。人类并非只是生存于现代社会，超我这一意识形态深深摄入历史之中并延续了民族的传统观念。这一传统观念只是接受了现代社会的影响并获得新的发展，它唯有借助于超我的力量才能在人类发展中彰显至关重要的作用，而经济条件的影响并非是根本性的。

我在1921年间，根据自我和超我的区别进行了集体心理的研究，并形成这样的结论，即个人集合成为群体，假若在其中摄入公共因素于众人的超我之中，并且全体人员都认同这一公共因素，那么就会在每一个体中形成相互的模拟行为，这样就转化为某种集体心理。这种情形只是展示了某一公认领袖人物的群体。然而，我们并不会轻易地认为，只要是规划了超我的界限就可以使自我心理学的研究一帆风顺。这只是所研究的问题的出发点，只是此处的困难不受初始研究步骤的限制。

诸位应该明白，全部精神分析的理论基于以下的情形，即当患者在由潜意识转化为意识的过程中经常表现出抗拒的行为。这种抗拒的客观现象是该患者的想象戛然而止抑或是远离主题。或许当他的思维接近主题的时候，会觉察出由于抗拒而产生各种痛苦的感受。此时，我们便会提醒患者，他们的所作所为说明抗拒已经发生，但是患者毫不知情，只是感觉想象中存在着阻碍。经验表明，我们的分析是正确的，这种情形的产生意味着患者的抗拒是潜意识的。在此之前，我们也许认为这种潜意识中的抗拒处于心灵的某一部分，然而精神分析的初学者则会轻率地认为这就是潜意识的抗拒。遗憾的是，这一回答界限不明，而且毫无价值。如果说这种抗拒源于遭受压抑的某种因素，我们必然会否定这一认识，而认为遭受压抑的因素具有某种向上发力的倾向并进入意识领域。这是我们多年以前的观点，而此时由于我们已经做出超我的设想，而超我所展示的正是禁止的力量，因此可以认为压抑的行为过渡至超我，也可以让超我直接干预或者是指示自我代其行动。假如患者在接受精神分析时对于那种抗拒一无所知，那么这必然是因为超我与自我可以潜意识性地活动于关键的情形中，或者更为重要的情形是自我和超我都是潜意识性的。总而言之，我们无论在何种情形下都必须注意到，自我抑或是超我与意识并不完全一致，而且那些遭受压抑的因素也并非与潜意识同属于同一领域。

我希望，诸位可以产生与我同样的感受，那就是现在暂时稍息片刻。在继续的演说之前，请允许我向诸位表示歉意。现在，我需要做的是补充若干年前曾经讲述过的《精神分析引论》。在我看来，一个没有设身处地地进行过精神分析研究的人实难对精神分析形成深入的认识。虽然我并不愿意将自己视为那种钻研玄妙学科的研究者，但是我坚信，任何缺乏在接受精神分析中获取的经验的人，势必会丧失关于精神分析方面的畅所欲言的权利。若干年前关于精神分析的演说，并未涉及该学说中的具有思辨性的理论要点，然而此时这些当初排除在外的理论与即将探讨的新观点存在着难以割舍的联系。

自我对心灵的绝大部分以及其中的关键性因素毫无所知

让我们重新回到正题。我们对以下两种观点已有所述：就自我与超我的本身而言，它们或许是潜意识的；其次，两者或许只是产生潜意识性的结果。关于这两种观点，我们有丰富理由认可的或许是前者。自我和超我的大部分的确可以被视为潜意识的，而且在事实上也是经常表现为潜意识的。换言之，个体并不知晓它们的内容，或者是经过万般努力之后可以获知。所以，无论是自我与意识之间还是遭受压抑的因素与潜意识之间决然不可能完全相同。就意识和潜意识的概念而言，我们有必要做出新的诠释。之前我们因为意识不可信赖，所以对它不屑一顾，但这样的认识是不正确的。意识的价值功效虽然并不显著，但是我们如果失去它，就会茫然失措，如果我们有意摒弃它，那么我们就会在潜意识心理学的研究中寸步难行。

我们似乎不必关心意识的涵义，因为意识对我们而言是不容否认的。就无意识而言，我们认为这个词最为久远。对任何一种心理历程来说，由于我们感受到某种影响而必须假定它存在时，然而我们却无法直接感知，就可以将这种心理历程看作是无意识的。我们与无意识这一心理历程的关系，与我们对于他人的心理历程的关系毫无二致，只不过前者属于我们自身。如果要对无意识做出更为精确的描述，那就是某种心理活动发生在某一时刻，但是我们在那一刻毫无感觉，那么这一心理历程就是无意识。根据这一界定，我们发现绝大多数的意识经历都只是在片刻之间是意识的，但是瞬间之后就隐匿起来，尽管它可以再次以意识的形式呈现出来。

尽管我们费尽唇舌，但是依然可能无法自圆其说，而且这些阐释不足以赋予我们这样的权利，即将无意识一词纳入心理学的范畴。然而，当我们联想到曾经探讨过的失误行为时，可能会发现一个新的现象。在解释某个口误的事例时，我们必须认为，在那个发生口误的人心里确实已存在着要表达某事的愿望。虽然我们可以通过言语的侵扰推断出这一愿望，但是这一愿望并未表达出来。可以说，这种情形就是无意识的。假如之后我们以这一愿望引导口误者时，他或许会觉得曾经拥有。所以，这一愿望只不过是暂时性的无意识，抑或是口误之人的否认，因而使得这一愿望永久性地成为无意识。在此意义上，该种描述是对我们所谓的隐匿的无意识的观点的支持。

精神分析表明，自我对心灵的绝大部分以及其中的关键性因素毫无所知。从某种作用力的意义来看，这一领域中的活动历程应该被视为潜意识的。这样，我们就赋予无意识一词以系统的涵义，诸如前意识与潜意识的系统，或者是自我与潜意识系统的矛盾等等。因此，无意识就可以被视为心理活动的某一领域，而不是被当做某种心理现象中的因素。就自我与超我的部分成为潜意识的观点而言，可以为我们的研究提供某些便利，虽然这一观点乍看上去并非如此。对于心灵中那一既不属于自我又不属于超我的区域，我们的确没有权利将其称为潜意识系统，这是由于潜意识性并非属于这一区域所专有。

6. 性学摄入的再分析

> 对象倾注与认同作用在原始口唇期阶段是难以区分的

假若自我只是由于受到知觉系统的影响，而产生变化成为本我领域的一部分，也就是说其成为外部世界驻扎于心灵中的使者，那么我们所要研究的问题将会变得简明许多，然而由此产生的问题也将更为芜杂。

我们曾经提及这样的假设，而且这一假设现在依然有效，即在自我之中存在着内部的演化阶段，我们称之为自我理想或超我。那么，现在必须面对的新问题就是，为什么自我的这一部分与意识的联系不如其他部分与意识的联系那样紧密？

在这一问题上，我们有必要拓展研究的范围。在针对忧郁症的患者的设想中，有这样的情形，即所丧失的对象继而在自我中得以复原。换句话说，就是对象倾注为某种认同作用所取代，如此我们对忧郁症的痛苦情结做出令人满意的阐释。但是在那个时候，我们还未认识到这一过程的所有涵义，同时也不清楚它是何等的熟悉及其典型意义。此时，我们可以领略到这一替代作用对我们所采取的行为方式具有十分重要的影响，而且对于那种性情的形成也产生巨大的作用。

对象倾注与认同作用在原始口唇期阶段是难以区分

的，我们唯一能想象的只是，对象倾注产生于本我之中，而在本我之中的性欲冲动的意向是可以觉察的。自我在初始时期还十分柔弱，但在后来变得强劲时就意识到的对象倾注存在，而需要应对的方案无非是，要么默示其存在，要么力图借助于压抑进行防范。

在个体必须割舍某一性对象时，他的自我中往往会产生某种变化。我们将此种变化视为性对象在自我之中的复原现象，这与在抑郁症中所发生的情形是一样的，但是我们目前对这一过程的实质还不得而知。凭借某种回撤至口欲期的机制，自我可以轻而易举地放弃某个对象，或者是有助于这一过程的实现。此外，认同作用极有可能是本我放弃其对象的唯一的相关因素。总而言之，尤其是这一过程发展的早期阶段是频繁出现的，这表明自我的性格正是由于被放弃的对象倾注所积淀而成的物质，而且将对象选择的历程囊括其中。有必要指出的是，必须在开始时就承认存在着程度不同的抗拒力量，而且在某种程度上，任何特殊个体的性格都曾接纳或者是抵制其性对象选择的历史性作用。对于经历过多次恋爱的女性而言，我们似乎很容易在她们的性格中发现其对象倾注的遗痕。同时需要注意的是，其间对象倾注与认同作用的有关情形，也即表明对象在被割舍之前还存在着性格方面的变化。这样，性格中的变化就存留于对象关系之中。

也许从另外的视角出发，我们可以将某个性对象所呈现的向自我的变化视为一种方法，自我可以运用这一方法控制本我的状态并与之加强联络。毫无疑问，自我在这一过程中的行为弱化了本我的活动经验。可以说，当自我在设想对象的特性时，它会把自己当做爱恋的对象强行附着于本我之上，从而企图以这种方式弥补本我的损失。

显然，这种由对象力比多向自恋力比多的转化就是指对性欲望的摒弃，我们将此种性欲丧失的过程称之为升华。然而，我们将会由此面对这样一个需要缜密思考的问题，即这一过程能否成为转向升华的一般性的途径，所有的升华是否都与自我这一中介作用毫不相关，它在开始的时候就将性对象力比多转化为自恋力比多，而在此之后赋予自恋力比多另外的意图。因此，我们在以后也必须思考其他的本能变化是否也有可能与这一转化无关。譬如，这种转化行为是否不能促使已融为一体的各种本能支离破碎。

现在所探讨的问题似乎已经远离主题。然而，我们仍有必要密切关注有关自我的对象认同作用的方面。如果这些认同作用的优势性不断增强，而且急剧攀升并变得极为强劲而又互有冲突，那么我们获得病理学研究的进展就将指日可待。认同作用互为抵触并相互阻隔，这就可能会导致自我的分裂抑或是形成多重性的人格。事实上，这一情形中的奥秘就在于各种认同作用轮番侵占了意识领域。即便是情形并非如此，但是就那些破裂的自我的若干认同作用之间的相互倾轧而言，我们并不能将其限定在严格意义上的病理学范围内。

然而，就与那种被抛弃的对象贯注相抗衡的性格能力而言，不论它在若干年后会产生什么影响，幼时的首次认同作用的影响力无疑是非常广泛而深远的。如此，我们的思路被导向自我理想的渊源，这是我们考虑到自我理想中潜伏着一种父亲式的作用，这是个体的首个最为重要的认同作用，这一作用在每一个体降临之前就已存在。显而易见，这一结果与最初的对象倾注无关，而是一种直接性的、早于对象倾注的认同作用。一般而言，由于这一对象选择发生于最初的性欲发展阶段而且与父母相关，因此可能在方才所说的那种认同作用中出现，并且对先前的认同作用施以强化。

我们完全有必要更为严密地分析这些错综复杂的问题。先来分析男童的情形。男童在幼小的时候就发展了一种对母亲的对象倾注，这最初与母亲的乳房有关，这是呈现于其依赖的原型上最初的对象选择的事例。男童还会以父亲的形象自居，并以此方式来对待其父亲。这两种关系会在一定的时期内同时并存，当该男童对母亲的性欲望变得极为强烈时，就会将父亲视为自己欲望发泄的严重阻碍，这时俄狄浦斯情结就会应运而生。这样，该男童就将父亲的权利据为己有并与其形成对抗关系，他渴望排挤父亲之于母亲的身份地位，从而使自己取而代之。他与父亲之间从此产生心理冲突，这种内在的冲突在认同作用中似乎最初就呈现出来。在男童身上所体现的那种简单而冲动的俄狄浦斯情结，正是与父亲的心理冲突和对母亲的至诚情爱的关系共同体。

当俄狄浦斯情结逐渐衰弱时，男童对母亲的对象倾注就不可避免地被摒弃。此时会出现两种可能的情形置换，其一是自持母亲的特有权利，其二即是增强那种以父亲自居的势态。一般而言，我们将后一种情形视为更加正常的结果，男童会把对母亲的至诚情爱在一定程度上维持下去。如此，男童将会由于俄狄浦斯情结的衰退而使自己的男子气概逐渐增强。就女童来讲，她们的俄狄浦斯情结与男孩的方式完全相似，如果说有不同的地方，那就是逐渐增强以母亲自居的态势，从而使其本身的女性性格特征持续发展并日趋稳定。

然而令我们有所失望的是，这些认同作用并未将被抛弃的对象摄入于自我之中。常见的情形是这样的，如果一位小女孩无法将父亲视为爱恋对象，就会把她自己的男子气概展示出来并且以父亲的权利形象自居，这也就是以丧失的对象来替代其母亲的地位。这种情形的维系，显然取决于她性格中的男子气概是否强盛，而与其构成状况无所相关。

俄狄浦斯情结具有积极和消极的双重特性

我们发现，男女两性的性欲倾向的强弱对比，影响着俄狄浦斯情结的发展进程，也就是这一进程的结果是显示以父亲的形象自居还是以母亲的形象自居。还有一种更为重要的方式。在人们看来，简明的俄狄浦斯情结绝非其最普遍的形式，它展示的是一种简化的图式。然而，这对于实际的目的而言无疑是极为适宜的。如若全面呈现俄狄浦斯情结的表现，就必须继续进行深入细致的研究。俄狄浦斯情结具有积极和消极的双重特性，我们可以将其归于童年最初阶段上表现的雌雄同体的特点。这些特点是，男童在对父亲持有抵触情绪的同时也对母亲表现出一种情深意切的对象选择，并且他还具有女童的特性，在父亲身上展示情深意切的女性特征的同时，表现出对母亲的敌视与嫉妒。人们之所以在这些问题上感到困惑不已，就在于该种雌雄同体的特性导致的错综复杂的情形，这些情形涉及到早期的对象选择和认同作用，然而要清晰地对其进行描述则极为困难。在这种情况下，极有可能将与父母的关系中展示的抵触心理活动视为雌雄同体这一特性的结果，而并非看作是由于竞争所导致而在认同作用中逐渐形成的。

对于神经症患者，如果设想其具有完整的俄狄浦斯情结，我们认为是合理的。精神分析的经验向我们展示了这样的现象：俄狄浦斯情结的组成要素在多数情形中，如果不考虑那些依稀可见的遗痕，就总会出现一方或另一方的消失的情况。如此，就会形成以下这种两极态势，即一方面是常态的、积极的俄狄浦斯情结，而另一方面是颠倒的、消极的俄狄浦斯情结。其居于中间的因素，将会呈现两极结构中具有优势地位的完整的特性。当俄狄浦斯情结逐渐解体时，其中的四种不同的发展态势就以此种方式形成对于父亲认同作用以及母亲认同作用。在对父亲的认同作用中，原属于积极的对母亲的对象选择关系存留下来，并将替代先前那种颠倒的父亲的对象选择关系。就对于母亲认同作用而言，也可以进行这样的描述，只是做一些细节末梢的修补而已。对于任何的个体，其身上具有的这两种认同作用的此消彼长必然反映出占据优势地位的性的倾向。

我们可以将那种在俄狄浦斯情结支配下的性欲期内产生的普遍结果，视为在自我中积淀而成的情状，这是依靠两方面的认同作用形成的，而这两方面的认同作用是以某种方式结合而生。自我的这一变化方式彰显了特殊的性质，自我是以自我理想或超我的表现形式与其另外的一些组成部分形成对比态势。

然而，超我的情形有所不同，它不仅是本我的最初对象选择所积淀而成的形态，同时也是对抗这一选择的某种能量反相作用的表征。超我与自我的关系不局限于“应该如此”的规则，而且也涵盖“绝不可如此”的这种禁止性的律令。自我理想所具有的这种双重规范源于以下事实，即它可以对俄狄浦斯情结施以压抑作用的影响。毫无疑问，这种情形取决于某一变革性的事件。而对于俄狄浦斯情结实施压抑行为是非常困难的，满足俄狄浦斯欲望的严重障碍是孩子的父母尤其是他们的父亲。于是，幼弱的自我就得以强化并借助自身中所设置的同样的障碍对压抑实施援助。超我则具有父亲式的性格特征，它在俄狄浦斯情结急剧强盛的时候可以立刻臣服于诸如权威影响、宗教教义以及教育理念等压制之下。这样，超我对自我的控制日益增强，控制形式体现为以良心抑或是某种潜意识系统中的负罪感受。

当我们再次分析超我产生的根源时，会发现两种极为重要的因素，即生物因素与历史因素。后者所展示的是这样一种情形，即个体中长期存在的童年阶段的那种软弱与依赖的性质，及其俄狄浦斯情结的情形和业已说明的压抑作用，都与力比多在潜伏时期的中止现象以及人的性行为中的双重动力密切相关。因此，超我于自我中的分化具有机会主义的色彩，它所承载的是个体发展与种族发展中的至关重要的特性，而且毫无疑问的是，由于超我始终是父母作用的使者，我们可以将其根源之处视为这些因素的恒久持存。

精神分析屡遭责难的原因是，这种研究方式对个体本性中的高级的、道德性的以及超越个体性的那些事实不屑一顾。然而，无论是基于历史的还是方法论的视角，这种认识都是有失公正的。我们在最初阶段就将压抑作用视为自我中的伦理和美学的某种观念。为数不少的人都认为，精神分析学也可以像哲学那样建构出完整的、面面俱到的理论范式，但是这一建构过程不可能一蹴而就，它必须借助于对正常和不正常现象的缜密分析，并需要通过考察极为复杂的心理现象而逐渐地明确研究的路径。假如我们的研究焦点包括心理中的压抑作用，那么我们就毫无必要对所谓的更高阶段的心理生命的活动感到惴惴不安。而此时，当我们已经开始对自我进行严密的分析之后，假如那些具有强烈的道德感受的人抑或是对人体中具有的更高级特性产生质疑的人仍然对我们进行责难的话，我们可以斩钉截铁地说："在自我理想或超我中，确实存在着高级的特性，这些特性是个体与父母关系的表征。即使在孩提时代，他们就已经完全知晓这些高级特性了。这些高级特性使人艳羡不已而又深感恐惧，它们会在后来融入自身之内。"

在此意义上，自我理想不断地延续着的就是俄狄浦斯情结，因而我们可以将其视为本我中最为强劲的冲动和最为关键的力比多演变的情形。自我依靠自我理想认识了它的俄狄浦斯情结，并且将自己置于本我的控制之中。就自我而言，它主要是外部世界抑或是现实的使者，而与之相互对照的超我则是内部世界抑或是本我的使者。与我们即将看到的情形一致，自我和自我理想之间的矛盾是现实与深层心理之间、外部世界和内部世界之间的这种两极对峙的终极反映。

自我理想的确立使得生物进化以及人类种族的变迁历程在本我中存留的遗痕为自我所吸收，而且对于每一个体而言，自我对其进行了再次的体验。自我理想构建的方式使其与每一个体的远古的积淀形成最为密切的关系。所以，借助于自我理想的建构，我们每一个体的心理活动中的那些最深层次的因素才可以依据道德价值转化为人类所尊崇的事物。然而，假如我们企图给自我理想寻求定位，抑或是在已经定位自我的基础上企图对自我理想进行任意方式的对照都是徒劳无益的。

自我理想显然在任何方面都与我们所期盼的那种人类的无与伦比的特性相吻合。如果我们将其视为先辈的祈求，在自我理想中必然囊括了所有宗教由此而生的初始性因素。假若断言自我与其理想相悖，那么这一自我的否定就会使信教者萌发某种可以证明其极度渴求的谦逊意识。当幼童逐渐转变为成人时，原本属于父亲的教化功能就需要由教育者或其他权威人物传承下去。这样，自我理想就接收了导向与禁令的权力，继而以良心的形式发挥道德律令的监察作用。在良心的欲求与自我所展示的形象之间的冲突，可以以某种负罪感受呈现出来。社会中的人际情缘就立足于他人之上，当然也建构于同样的自我理想的基础上。

> 从恋父情结中获取宗教与道德观念的，是远古人的自我还是其本我

人类颇为高级的需要如宗教、道德和社会责任感等，在最初的时候具有同一性。据《图腾与禁忌》一书中的设想，这些高级需要从其种系发生的意义上说均源于恋父情结，即凭借俄狄浦斯情结的发展历程而获得，并且为了消弭由此而生的、存留于年轻个体之间的竞争而获取了社会情感。在获取并发展这些道德因素的时候，往往是男性居于优先地位，之后才以交叉遗传的方式赋予女性。即使是在当代，社会情感也体现于个体之中，而反映于个体层面的则是家庭子女之间的嫉妒与纷争。当敌对情绪无法发泄的时候，就会形成与先前的竞争对象的认同作用。我们通过同性恋事例的分析，进一步验证了这一点。在此种情形中，那种继敌对情绪、攻击性之后的对象选择也为认同作用所取代。

但是由于涉及到种系问题，新的疑问也就出现了，这

使得人们准备没落地知难而退，然而这种选择又是于事无补。从恋父情结中获取宗教与道德观念的，是远古人的自我还是其本我？假如是自我，那么我们的分析为何没有涉及那些自我的遗传物？如果是本我的话，这些观念是如何与本我的性格特征呈现出某种一致性的？抑或是说，难道将自我、超我和本我之间的分化回溯至这一远古时期是一种错误的理解？还有，有关自我的概念认识对于种系问题的理解毫无用处并且无法加以应用？

我们首先来分析最为简易的问题。关于自我与本我的分化，不仅有必要将其归咎于远古时代的个体，而且有必要将这种分化的原因归于更为简单的有机体，这时因为外部世界的影响难以避免。据我们先前的设想，超我实际上源于引起图腾崇拜的经验。关于是自我还是本我感知并获得这些东西的疑问，不久之后就会丧失其理论价值。相关分析表明，自我之外的任何一种外部变化都不可能被本我感知，自我是联接外部世界和本我的中间环节。所以，我们认为依靠自我来论及直接性的遗传只是一种天方夜谭。也就是在此处，个体与种系的隔离才显得清晰起来。人们决然不可将自我和本我之间的区别描述的天花乱坠，但同时也必须知道自我是本我的进行特殊分化的一个部分。在早期阶段，似乎自我的经验并没有遗传性，只是在这些经验频繁地积聚并在以后赋予数代人足够的强度后，才能够转入本我之中形成某种遗痕。如此，在具有遗传特性的本我中储存着无数的经过自我而产生的遗痕，而且当自我在本我中形成它的超我时，它所能做的也许只是恢复早已不存在的那种自我并保障它们的再生。

关于自我和本我的对象倾注的先期矛盾是如何维系，并继续与超我展开对抗的问题，这通过超我的形成方式已为我们所知。如果自我在操控俄狄浦斯情结的问题上没有产生任何效果，那么本我中的俄狄浦斯情结的精力投注就会在自我理想的反向作用中寻求某种释放。此外，关于自我理想是如何可能在很大程度上融入潜意识的问题，这是由于自我理想与潜意识的本能冲动之间可能存在着极为频繁的交往。那种曾经发生于心灵最深处的激烈的倾轧，并没有因为即刻的升华作用和认同作用而消解，而是在更高层的领域内继续存在着。这种情形仿佛是科尔巴赫的油画作品“汉斯之战”所展示的那样需要在另一个世界来解决。

7. 性变态：人格的异形

> 性倒错者对于性本能的态度不尽相同

男性的性欲对象是男性而不是女性，女性的性欲对象是女性而非男性。我们认为这些人具有矛盾性情感，在更为准确的意义上将其称之为性倒错者，而性倒错者的表现则被视为性倒错。这些性倒错者的数量我们不得而知，但我们相信应该为数不少。

性倒错表现为以下一些极为怪癖的行为方式。（1）有些人可能是彻底的性倒错者，其性欲所根本指向为同性，对于异性则没有丝毫的性欲望，具有性冷淡甚至是性厌恶。就这些人中的男性而言，性厌恶会导致他们失去性交的能力抑或是无法获得性快感。（2）有些人也许是双重性倒错者，也就是所谓的心理性阴阳人，对于这些人来说，性欲对象可以是同性也可以是异性。关于他们的特点，我们还知之甚少。（3）还有一些人或许是偶然性倒错者。他们在某种情形下无法获得正常的性欲对象。另外，他们惯于模拟性行为，即将同性视为性欲对象并且在与其性交中获得性欲的满足。

此外，性倒错者对于性本能的态度不尽相同。在一些人看来，就如同正常的人可以接受自己的力比多一样，他们认为这种情形属于正常状态，并强烈要求性倒错的合法化。与此不同，另外一些人反对性倒错行为，认为那是一种病态的反映。

另外的一些不同之处与时间有着密切的关联。对有些人来说，性倒错的特征可以通过回忆追溯至初始时期，而在另外的一些人中则表现在青春期阶段。此外，性倒错可能持续一生，也有可能发生暂时的中断。有些人的性倒错出现于长期的正常的性生活之后，而有些人的情况是正常性行为与性倒错交替进行。饶有趣味的是，一些人由于在正常性行为的历程中产生痛苦，之后就将力比多转向出现错乱行为的性欲对象。

就上述性倒错现象而言，其中的各种不同的情形是独立存在的。我们可以毫不夸张地设想，唯有最为严重的性倒错行为是从童年阶段开始的，而且此类性倒错者丝毫没有因此而感到不妥。

基于维护自己所钟爱的观点，大多数权威人士喜欢强调性倒错者之间的不同之处，而不乐意对我们所列举的情形做出同一性的归类。毫无疑问，性倒错者之间的不同表现有目共睹，因此也决不可对每一类型中的众多的中间形式视而不见。我们有必要说明，我们的分析涉及到相互联系的每一种类型。

关于性倒错现象，我们在早期曾将其视为神经质退化的先天征兆。这一认识产生于临床经验，是医生首先在神经症者或神经症倾向的患者身上发现的。我们在此有必要分析先天与退化的这两种设想。

对于退化一词的使用，一些反对的意见也合乎情理，这是因为退化一词经常被滥用，例如将那些并不明显的创伤或传染性症状视为退化，已经是司空见惯的了。马格南关于退化的分类就属于这种情况，他甚至把神经系统的某些高级功能也形容为退化。如此一来，退化一词的应用价值抑或是其涵义是否得到扩展就变得可疑了。也许在以下的情形中使用退化一词更为适宜：(1) 出现了与正常情况极为不同的若干显著变化；(2) 效用高的工作状态和生存能力遭受重大侵害。

就退化一词的上述界定来看，事实上性倒错并不属于退化。这是因为：(1) 性倒错现象并未表现出那种与止常情况极为不同的显著变化；(2) 性倒错者的生存能力并未遭受侵害，而且其智力与伦理意识都处于高级阶段；(3)假如我们并不局限于医学视角，而是从更为宽泛的角度作出分析的话，那么性倒错现象不能根据前述两种事实界定被视为退化。第一，性倒错是一种普遍现象，这种现象经常为那些文明社会中的精英所具有，而且这一现象或许会被人们视为有着某种重要的功用。第二，在原始人群中，性倒错现象极为普遍，退化这一概念仅与高度文明的社会相联系。甚至是对处于文明社会的欧洲人而言，性倒错者的分布状况以及人们对于性倒错的看法也与气候及种族的因素密切相关。

就先天性而言，唯有彻底的性倒错者与此有关，这种认识的理由来自于性倒错者自身，这是因为他们的性欲冲动特点终生不改。而对于其他两种类型，尤其是偶然性倒错者绝难符合先天性的设想。这就说明，该观点的支持者为什么会把彻底的性倒错者与其他类型相区别，而且对性倒错的普遍适用性予以否认。因此，依据权威人士的观点，只有彻底性倒错者的现象是天赋的，而其余皆可归于其他的原因。

另有一种观点与此相左，即认为性倒错源于性本能的发展。其理由是：(1）对于包括彻底性倒错者在内的多数性倒错者而言，他们很早以前就产生了性印象，并藉此而形成了同性的恒久效应。(2）就其他为数众多的性倒错者来说，不论是有利的还是压抑的那些强势的外界作用，诸如同性关系、战火中的伴侣、身陷囹圄的监禁、与异性性交的危险、禁锢性欲以及性能力弱化等等都迟早会引起性倒错的固着。(3) 催眠暗示可消除性倒错现象。假使它是先天赋予的，这种情形真令人叹为观止。

与生俱来的性倒错因此受到质疑。假如我们对这种先天性的性倒错进一步观察，就会发现个体早期的生活经验也许对力比多的活动方向产生了决定性的影响。或许这些经验已然处于个体的记忆之外，但是可以在特殊的影响作用下被重新摄入记忆中。因此，遵循这一认识，性倒错只是性本能的常态中的变异行为，它与个体生活经历中的外部影响有着密切的关联。

天赋与习惯性的行为远不足以涵盖所有的性倒错现象

上述认识似乎非常明晰，然而以下这一现象却给其带来一定的影响。例如那些在个体早期常见的诱奸或是互相手淫等，参与这些性活动的人并没有转化为性倒错并持续下去。所以，所谓的天赋与习惯性的行为并不足以成为性倒错的唯一的原因，这远不足以解释所有的性倒错现象。

以下是关于性倒错的相关理解。对于性倒错的本质，我们无法从先天性和习得性的视角做出任何的说明。对于性倒错与生俱来的问题，我们有必要质问，这一现象从哪些方面来看具有先天性的特征？假若不能回答这一问题，那么我们不得不承认下述的粗略的说明，即每一个体总是将性本能的目标定位于性对象。就习得性而言，同样使我们产生疑问。假如我们撇开个体的某些因素，那些各式各样的偶然性的影响能否全然解释这种习得性？正如我们已经提到的，不可对个体因素视而不见。

关于性倒错问题，李兹顿、科南和薛瓦利埃等人持有一些异样的观点。一般性的常识表明，人不是男性就必然是女性。然而解剖学向我们首次展示了不同的现象，即有些人的性别特征模棱两可，难以辨别，他们的生殖器呈现出两性特征。在极为特殊的情况下，两种生殖器官都获得了充分的发展而成为真正意义上的阴阳人。当然，在多数情形中这两种生殖器官的发展趋势表现为退化。

这些异常的现象对于我们研究那些常态下的问题无疑有着重要的意义。这表明，解剖学中的两性现象并不使我们感到怪异。事实上，每一位正常的男性或是女性都有异性器官的遗痕。这些遗痕如果不是加以变化用于别处，那么就是某种无任何效用的多余的器官。

我们从这些由来已久的解剖学领域的事实中获得如下的观念，即从生理特征来看，人最初都是呈两性特点的，只是经过不断的进化才演变为单性，而另一性的特征由于退化而显得微不足道了。

我们或许可将这一设想纳入精神分析的研究领域，从而将一切性倒错者都看作是心理阴阳人。如果要使这一认识事实化，那么就有必要证明性倒错的现象毫无例外地与心理的和生理的阴阳人形成关照。

但令人遗憾的是，这一设想的证实存在着严重的问题，即心理意义上的阴阳人与解剖学中的阴阳人之间的密切的相关性无从谈起。我们经常观察到性倒错者的性本能呈现衰退倾向以及性器官的持续地退化，当然常见的情形并非说明某种规律性的特征。事实上，性倒错者与生理性阴阳人大体上是各自为政的。

对于第二性征和第三性征，也是人们的兴趣所在。对于这些特征与性倒错现象的关联，在很大程度上是存在的。需要强调的是，某种性别的第二性征和第三性征总是表现于异性。其中虽然具有阴阳人的特性，但并无必要像性倒错一样去改变性对象。假如伴随着性倒错，那么个体的某些心理意识、本能以及性格等至少也会具有异性的特点。仅仅是对于女性性倒错者，性格的错乱才呈现出某种规律性。对于男性而言，即使是最完整意义上的男性也与错乱行为相关联。假如我们认为心理性阴阳人实然存在的话，那么就必须说明，心理性阴阳人的多种表现显示了那种两性决定因素微乎其微。哈班认为，在很大程度上，呈现退化状态的器官在外观上与第二性征毫无关联。

“男性躯体中的女性头颅”，这是某一男性性倒错者用以说明双性理论的最为粗俗的表达方式。但对于女性的头颅有何特点，我们并不了解。因为我们毫无必要，甚至也没有任何的理由以解剖学的专有术语来研究心理学知识。虽然埃宾的阐释听起来要比乌尔里克所理解的更为精确，但是两者在本质上是一致的。从埃宾的观点来看，个体的双性特征对于男女两性的大脑中枢神经与生殖器官都存在一定的影响。直到青春期时，这些大脑中枢才得以发展，其中主要受那种起初是独立存在的性腺[①]的影响。然而，就男性大脑和女性大脑的认识而言，它们是否可以用于说明男性中枢和女性中枢，现在还没有什么证据可以像证实大脑具有语言中枢那样也具有的性功能的划分。

然而不管怎样，我们从上述的探讨中发现两方面的问题。其一，性倒错者具有双性特征。对于这一问题，我们仍然不清楚这种不属于解剖学的双性特征是如何形成的。其二，上述的探讨涉及到了性本能发展中出现的障碍情形。

心理性阴阳人的相关理论认为，性倒错者的性对象与正常人恰恰相反。对于男性性倒错者，他们就像女性那样为男性的体魄与心理所倾倒。这些人认为自己就是名副其实的女性，其所要做的正是追逐自己倾慕已久的男性。

虽然这一认识符合为数不少的性倒错现象，但是并未完整地展示性倒错者的通常特性。绝大多数的性倒错者无疑在心理上仍然具有男性特质，而异性的第二性征在其身上并不多见，这些人所追求的性对象是有着女性心理特征的人。假如事实并非如此，那么我们就无从解释以下现象。在历史上，男妓们以女性化的形态扭曲出场，屈服于男性性倒错者的淫威之下。毫无疑问的是，这种模仿女性的心态与性倒错者的思想是截然不同的。在古希腊时期，那些最具有男性气质的人多数是性倒错者。这些人往往爱恋幼

① 是指男性的睾丸(testis)和女性的卵巢(ovarium)。它们是内生殖器，除产生精子和卵子外，兼有内分泌的功能，即分泌性激素，故称为性腺。——译注

小的男孩，这当然不是因为那些小孩是男性，而是由于这些男孩具有羞涩、腼腆、柔弱以及渴望救助等等存在于女性身上的那些特性。当这些男孩渐渐长大后，他们就不再是男性性倒错者所钟爱的对象，或许他们自己将会爱恋新的幼小男孩。与多数情形一致，这种现象中的性欲对象是具有双性特征的人而并非同性。实际上，这种情形所体现的是那种爱恋男性与爱恋女性的协调方式，只是要求爱恋对象必须具有男性的生殖器。在此意义上，性欲对象也内在地反映着主体的两性特点。

关于女性性倒错者的情形较为明晰，这些人一般具有男性的心理意识特征，她们将那些极具女性神韵的同性作为性欲对象。当然，对于这种情况，如果我们加以深入分析的话，还会发现众多显著的不同特点。

关于性倒错者的性目的，我们需要提醒诸位，这些人的性目的不是唯一性的。对于男性性倒错者而言，通过手淫获得性的满足十分常见，而肛交并非是绝对的普遍。另外极有可能的情形是，关于性目的的限制在同性性行为中要比异性性行为中更为频繁。在女性性倒错的现象中，其性目的也呈现为多样性，但她们对接吻时产生的口腔黏液的融合更是情有独钟。

性倒错者在性欲对象的择取上颇为怪异

由于相关资料的限制，我们关于性倒错现象的发生根源的研究还无法深入。然而，我们上述的探讨对于相关问题的阐释有着十分重要的作用。我们曾经一度认为，性本能与性欲对象的关系比现实的反映显得更为紧密。然而根据性变态的有关考察，事实上性本能与性欲对象的融合程度是极其低下的。在此之前，我们曾认为此二者的融合会产生一定的危险情形，即把性欲对象视为性本能的构成部分，而现在我们必须在理解的基础上将其视为松散的情形。性本能在初始阶段似乎是与性欲对象保持独立的，其产生也与性欲对象的影响没有什么关系。

与正常人唯一不同的是，性倒错者在性欲对象的择取上颇为怪异。假若性倒错者将发育未成熟者视为性欲对象，这就无疑是一种极端的性变态行为。当然，此种情形尚属罕见。但此类情形的产生，是因为那些乐意与发育未成熟的孩童性交的人往往是怯弱之人，以至于他们将孩童视为性交的对象，或许是因为强劲的性欲本能一时无法寻求适宜的性对象而不得已为之。如此可见，性本能竟然是如此的饥渴难耐以至于到了饥不择食的境地。与此相比，饥饿本能因为对对象物的专注程度更高，因而只是在极为特殊的情况下才出此下策。我们由此可以对性本能产生更为深入细致的认识。此外，人类与动物的性交也可以作如上说明。此种情形也并非罕见，如此我们认为性欲的追求已然超越了物种的限制。

如果从美学视角分析，我们也许愿意将此种难以忍受的性变态行为视为精神错乱者的怪异行为，但实际上并非如此。观察显示，精神错乱者的那种性欲障碍与正常人并无差异，也同时与其种族或者职业没有关联。某些教师或者保姆之所以常常对孩子施以性侮辱，只是因为他们与孩子的接触机会频繁而已。对于精神错乱者而言，他们只是将这种性变态行为极度严重化，或者是他们在某种特殊意义上以此种严重的性变态行为替代了正常的性交方式，从而使其成为唯一的性行为方式。

以上这些性变态情形以及正常人与精神错乱者之间的不同表现，极大地丰富了我们研究所必需的资料。我倾向于如下这一理解方式，即使是对正常人而言，高级的心理活动也难以克制极度强烈的性欲。依我之见，那些心理异常的人，无论是从社会抑或是伦理观念的视角来看，他们的性行为必然是怪异无常的。同样，许多性变态的人只是将性行为视为自己的难言之隐，他们在其他方面与常人无异，而且可以在现代社会中以文明的方式生活。

对于常态下的性目的，我们一般认为是指生殖器的结合，并通过这种方式消弭性的折磨。此种方式与饥饿的满足极为相似。然而，在正常的性交过程中，也会产生某些附加的性爱动作，如果任由这些动作的持续，则极易演化为先前所说的性变态的情形。某人对性欲对象之间的一些常见的行为，譬如观看、抚摸对方的肌肤，我们把这种行为视为性交前期的过渡性行为。这种行为可以使双方产生初期的性快感以及兴奋程度的剧增，并且一直持续到性目的即性欲高潮的终止。另外，就双方的嘴唇互触而言，这已经被许多民族甚至是有着高度文明成果的民族视为具有极高的性意义，虽然口唇仅仅是饮食消化的入口处，而并不属于性交器官。此种情形被视为性变态与正常性行为的分界。

这样，我们可以对变态的性行为做出如下理解：(1) 作为性交而使用的身体器官超出了解剖学确认的性交器官的范围；(2) 在性欲望实现之前，与性欲对象的肉体接触时间过度的延续。

性本能总是对性欲对象做出过高的估计，然而就性欲对象的心理活动评估而言，却绝不仅限于性交器官，而往往扩展至性欲对象的全部躯体以及由此而产生的一切快感。在心理情感中也存在着这样的过高的估计，例如对性欲对象进行名不副实的描述，将其视为无限完美的形象并且任其为所欲为。这样看来，就情爱的屈从来说，如果我们不把其视为对某种权威的屈服，也可以将其看作是权威得以产生的关键因素。

于是，这种对于性欲对象的不符合实际的估量，就使性行为难以限制在正常的性交器官的活动领域中，从而身体的其他非性交部位也成为满足性欲的替代品。对于性欲对象做出过高估量的意义，我们最佳的探讨方式是以男性为例，这是因为男性的性行为可以直接分析。在这一点上，女性则不太适宜，由于现代文明的性禁锢以及女性固有的隐秘与虚伪，使人难以识破内在的机密。

口唇之间的接触属于正常的行为，但如果一个人将自己的口唇当做性器官而与另一个人的生殖器接触的话，就被视为一种性变态的行为。这即是正常与性变态的分水岭。

可以确定的是，这种口唇与性器官接触的方式由来已久，而且极为普遍。然而当人们发现这一变态行为时，会立即产生厌恶的感觉，并认为自己无法接受这种性活动的方式。

事实上，由此产生的厌恶感是习惯性的。譬如，某位男士可以疯狂地亲吻一个女子的嘴唇，然而当他想到使用该女子的牙刷时就不可避免地使他生厌，当然这不是说，与这位女子相比，他的口腔会更加卫生清洁。如此，我们的关注点就集中在厌恶的情形上，这种厌恶情结可以减轻力比多对性欲对象的过高的估量值，当然也可以被力比多的力量所折服。厌恶感似乎可以成为性欲目的的某种限制性力量，此种力量也并非总是限于性交器官。然而对于癔症患者特别是女性癔症患者而言，在面对异性的性器官时会毫疑问地顿生厌恶之情。就性本能来说，其冲动性力量的使命即是压制这种厌恶感受。

显而易见，肛门是令人感到肮脏和厌恶的。所以，以肛门作为实现性欲的器官就会被人视为严重的性变态。在这一问题上，当我做出以下辩护时，希望不会被人认为是一种自圆其说式的狡辩。我想表达的是，对肛门产生厌恶感的人只不过是因为肛门所具有的排泄作用，而且这种厌恶心理总是与那些令人作呕的排泄物紧密联系的。事实上，一个患有癔症的女子也会对男性具有排便功能的阴茎望而生厌，如果我们将此与那种对肛门的厌恶感做一嘲讽比对的话，岂不是五十步笑百步？

在男性之间的肛交中，肛门黏膜的作用贯穿于始末。

对此有所中意的行为并非与性倒错的情感特性相等同。与此恰有不同的是，男子同另一男子的肛交与男子同女子的性交相类似。事实上，正如前文指出，性倒错者之间更为常见的性行为是相互间的手淫。

> 有些身体的特殊部位，由于频繁地用于性行为而被视为性器官

对于性行为的方式拓展至身体的非性交器官来说，无论其形式如何异常，也没有赋予我们关于性本能研究所需的新的材料，这至多是表明性本能的意图是竭力以各种方式俘获性欲对象。在对性欲对象做出过高的估量之外，我们还从解剖学的知识中获得了某种不为人们所知的因素。有些身体的特殊部位，例如口唇、口腔以及肛门，它们已经由于频繁地用于性行为而被视为性器官。关于这一点，性本能的发展历程将会做出论证，而且也会解释某些特有的病理症状。

还有一种情况非常特别，表现为性欲对象为其他一些东西取代。尽管这些东西与性欲对象相关，但是无助于性目的的实现。对于这种奇异的现象，我们本应该将其置于性欲对象的变异中加以分析。然而，我们在未深入了解对性欲对象的那种过高估量之前先不必为此费心，这是由于该种现象是在抛弃性欲目的之后才被置于对性欲对象的过高估量之上的。

所谓的那些性欲对象的替代物，一般是指与性欲目的无关的脚、头发等身体部位，也包括某些人所迷恋的内衣等等。这些替代物看上去很像远古人的崇拜对象，他们认

为神灵就存在于这些崇拜物中。

恋物癖[1]对任何的性目的都不屑一顾，不论这些性目的属于常态还是一种错乱。所以在形成恋物癖的过程中，性欲对象只有符合恋物性质才可满足性目的，例如要有特殊颜色的头发、特定形状的衣服抑或是存在着某些身体部位的缺陷。在一定程度上，导致恋物癖的条件或许是，在渴望正常性欲满足的时候性器官的病变不足以维持性交。这一情形对于正常人也不例外，如对于性欲对象的意识性的高估，因而认为与性欲对象有关的一切东西都是完美无缺的。所以，常态情形中的性爱活动也会产生某种恋物情结，这尤其发生在正常的性交过程受到阻碍的时候。

一定时间内的抚摸（限于人类）对于正常的性欲高潮的实现是必不可少的。显然，抚摸性欲对象的肌肤是激发性欲所必需的环节，可以使双方产生极强的快感。所以，我们不会将性交结束之前的长时间的抚摸视为变态行为。

观看的情形也与此类似，此种视觉方式是与抚摸相伴随的一种行为，也是促使力比多兴奋的最为普通的方式。虽然文明的发展使人类的身体被遮蔽起来，但关于性的偏好却并未因此而中止。这种好奇的心理欲望，只有在窥视到性欲对象的性器官这一最为隐秘的部位才能就此作罢。如果这种好奇心可以从性器官扩展至身体的全部范围，那就会上升为艺术的感受。此外，观看也可以演化为变态行

① 指正常的性对象被某种物品所取代，并以占有此物来达到最大的性满足的一种性变态。——译注

为，如以下三种情形：(1) 仅仅注视性器官；(2) 全然压制了厌恶感，例如喜欢观看别人排便的人；(3) 不为正常的性欲目的做准备而是将其摒弃。最后一种是最为典型的裸露癖。据有关事例表明，暴露自己的性器官是为了可以观看别人的性器官。就这种想看别人性器官并同时将自己的性器官暴露给别人看的变态行为而言，我们从中发现了极为显著的特征。这种变态的性目的具有主动与被动的表现形式。如同我们先前论述的厌恶感那样，遏制窥视癖的力量是羞耻感。

对于性变态中最为普遍和重要的两种情形，埃宾称之为施虐狂和受虐狂，即是使性欲对象感到痛苦抑或是给自己造成痛。施虐狂具有主动性，受虐狂具有被动性。对于其他的研究者来说，他们乐于使用狭义上的术语“虐淫”[①]，这个词语突出了痛苦中的快感，埃宾所使用的专业术语则囊括了任何意义上的侮辱以及屈服所产生的快感。

施虐狂是一种主动性的虐淫方式，其发生原因在正常人身上就非常容易观察到。在绝大部分的男性的性行为中都具有攻击特点的征服欲望。按照生物学的逻辑推演，男性向女性的示爱是其压倒性欲对象抵抗的所必需的行为。所以，施虐狂可以被视为性本能中独立的而且是加以强化的攻击性因素，在移置作用的介入下而居于主导地位。

施虐狂的涵义在平日的使用中会产生变化，它可以被

① 将性兴奋与性满足同残酷暴虐之痛苦相联系在一起的性心理与性行为的变态。——译注

视为某种针对性欲对象的主动侵犯的行为，也可以被看作是从性欲对象遭受淫辱和虐待中获得的满足感。在严格意义上讲，后种情形被视为性变态的类型。

受虐狂则表现为对性行为与性欲对象的消极的被动式的情形，极端的表现是，借助于另一方的性侵害，使得自己由于身体及心理的创伤而获得满足。受虐狂这一性变态的形式，与正常的性欲目的更为疏远。至于它是起初就存在着，还是受施虐狂的影响而逐渐产生的，这是一个存疑。我们所常见的情形是，受虐狂表现为施虐狂行为的自我内化，也就是以自我取代了原初意义上的性欲对象。最严重的受虐狂的临床研究显示，诸多因素间的相互作用促使固有的被动态势进一步强化并趋于稳固。与厌恶感和羞耻感一样，此处需要处置的痛苦感受也是抗拒力比多的力量。在性行为中，主动与被动是极为常见的形式，因而施虐狂与受虐狂在各种性变态类型中独树一帜。

毫无疑问，人类的发展史已经证明了暴戾与性本能之间的关联甚为紧密。但除了力比多的攻击性被关注之外，对这一关系的理解还没有涉及其他的因素。权威人士的观点认为，性本能中的攻击性要素其实就是同类欲望间倾轧的残余。这也即表明，发端于征服性的欲望不仅与他人的满足程度有关，同时也对更为远久的个体本能欲望的发展有着突出的影响。

然而，就此种形式的性变态而言，其最为显著的特点是主动性与被动性竟然总是在同一个体中表现出来。在性行为的变态进程中，那种因对方痛苦而获得快感的人也会在所承受的痛苦中体验快感。施虐与受虐集于一身，其中的差异不过是主动性抑或是被动性的孰轻孰重的问题。

就此而言，在性变态中呈对立态势的双方往往同时存在。将这一情形与后期所需研究的问题加以结合，对于相关理论探索有着深远的意义。另外一种我们不可忽视的情形是，施虐狂与受虐狂的并存决不可仅归咎于进攻性的态势。在这一点上，我们倾向于将此种并存现象视为双性个体中的男女两性特征的对立。从精神分析的视角考虑，这一对立体现为主动性与被动性的共存。

一些研究过特殊情形中的那些最严重的性变态的医生，倾向于以同性恋的诊断方式认为这些性变态患者是机体功能衰弱的结果。但是，这种认识似乎没有什么可取之处。观察表明，绝大部分的异常行为总是出现在正常人的性行为中。在某些情况下，正常人可以长期采取这种变态的方式代替正常的性活动，以后是这两种情形集于一身。可以断言，没有任何一个正常人在正常的性欲望之外不产生某些变态的倾向。这一观点说明，备受人们唾弃的“性变态”一词的使用是不合时宜的。事实上，我们很难在性行为活动中对生理和病理做出严格的区分。

然而，对于那些存在着极端的性目的的性变态者需要被特殊关注。他们的性行为的表现形式实属罕见，以至于我们无法不将其视为严重的病态情形。这种情形主要表现在以无与伦比的性欲目的磨灭了羞辱、憎恶、恐惧或痛苦等各种感受，并且在此之后表现得更为荒谬，如舔舐排泄物或奸尸。然而，即使对于这种情形，我们也不可轻率地将这些人看作是精神错乱。此外，还有许多正常的人由于性本能的不可遏止而使性行为出现病态情形。

性变态的病理特征在很大程度上与正常范围内的性欲目的有关，而并非体现在异样的性欲目的之中。如果某一性变态者的性欲指向不是正常的性欲目的或者性对象，并且在某种条件下彻底排斥了正常范围内的性目的，那么我们就将这种固着化的性变态视为某种病理性症状。或许在最为可恨的性变态中存在着一些性变态的心理因素，这些因素对性本能的转移功不可没，因而我们应承认性变态的行为中贯穿着心理意识的活动。

> 正常人具有的整合有序的行为变得支离破碎，导致性变态的产生

对性变态的探讨使我们认识到，在性本能冲动与诸如羞怯、厌恶抑或是恐惧等心理感受之间必然存在着剧烈的抗争。此时，这些心理感受的作用是对性本能的遏制，从而使性本能无法为所欲为。假若在性本能还没有达到最为强劲的时候，这些心理感受就已经获得充分的发展，那么必然会产生应有的遏制效果。

此外，有关性变态的探讨也为我们提供了重要的分析方式，即正确的研究思路是将这些性变态人物的表现视为一种由多种动机因素相互结合而导致的行为。这些因素具有复合性，同时也说明性本能也许是多种因素作用的结果，而不是仅具有纯粹的单一特性。这些因素相互分离而产生

性变态的行为。如果按照这一理解方式，那么我们就会从性变态的日常行为中发现，性变态是由于正常人所具有的整合有序的行为变得支离破碎而导致的。

第五章 人类的命运

1. 批判的科学

> 艺术、宗教与哲学是与科学相抗衡的三种力量

依我之见，世界观呈现为理性色彩的建构模式，它作为统摄一切的理论，无可置疑地对我们所关涉的全部问题做出完满的解答，并且会使与我们息息相关的事物各居其位。这使我们相信，这样一种世界观就是人类期盼已久的理想生活。在这种情况下，我们无须考虑生命的危险，会对自己的奋斗目标心驰神往，并且将以内在的热情和努力实现梦想。

假若以上所展示的就是世界观的价值，那么我们对精神分析学就不会感到为难了。作为一种特殊的学说，或者是作为某种深层心理学抑或是潜意识心理学，精神分析学没有必要也并不适宜去构建自己的世界观理念，它完全有必要遵循一般的科学世界观。然而，所谓的科学的世界观与我们对其的理解大相径庭。科学的见解虽已认可宇宙观的统一性，然而却必须着眼于未来。在这一情形之外，消极性是这一统一性的特征，而且将可知事物限制在某一确定的期限内，其他一些无关紧要的因素皆不为所用。这一观点认为宇宙的知识只可以进行内在心灵的探析或是理性

的考察，而不可将其归咎于天赋观念①或是非理性②的直觉。该种认识在一二百年之前获得多数人的认可。时至今日，这一观点才备受质疑，一些人认为这种世界观空洞无物，对于人类的精神需求抑或是心灵的慰藉置之不理。

我们对这一异议可以进行肆意的斥责，而且其本身也随时会寿终正寝。与那些所有的不可归于人的存在范围一样，精神世界也属于科学的范畴。因此，在这一点上，精神分析具有为科学世界观进行辩护的权利，而无论任何人都决不可对精神分析说三道四，也同样决不可对心灵在宇宙中的地位进行诋毁。精神分析对科学的重要意义，在于其将研究的领域拓展至深远的心灵领域。假如缺乏这一心理学的构想，那么科学的总体构建就显得不尽如人意。虽然我们把人的理性与情感摄入科学研究的领域之中，但这并未动摇科学之为科学的应有地位，而且也没有形成有关知识抑或是探索方式的某些新的根源性认识。对于直觉与灵感而言，它们依然故我并且仅被视为某种错觉和欲望的满足。就人类的心灵需求而言，虽然科学也予以足够的关注并试图探索其真实的源头，然而对于这一探索的理由则并没有过多地重视。与此恰恰相反，科学总是倾向于在假象与知识之间作出谨慎的区分。

当然，这并非表明我们会草率地摒弃这种欲求抑或是

① 指人类不依赖于经验而生来就有的观念。——译注

② 一种强调直觉、直观或无意识、本能、欲望、冲动、情感、意志、体验等心理因素在精神活动中的作用与地位而否认或贬低理性的相应地位的哲学学说。——译注

贬损它在人类生活中的价值意义。事实上，这些欲求已经在艺术的发展以及宗教和哲学的领域内得以实现。同时我们决不可对以下的情形视而不见，即将这些因素置于知识的范围内是不合适的，如此则会给个体与群体的精神症状开辟某种捷径。

在科学的意义上，我们的批判应致力于某种拒斥与否决。另外，我们不可以将科学视为人类理性活动的某一区域，而就宗教与哲学而言，它们作为其中的另一区域起码存在着共性的意义。同时，我们也不可以宣扬这样的观点，即科学没有侵扰宗教与哲学的目的，抑或是它们在真理面前具有平等的权利，从而任何个体都可以自由地选择理性与信仰。就这种自由状态而言，人们认为其中缺少了偏见，因而感受到了宽容并为之崇敬。但是，这种观念是极为不明智的，它与所有的丧失了科学性的世界观沆瀣一气，并会导致破坏性的结果。我们必须谨记，真理并非是包容性的，不可以进行和稀泥式的调和或者进行某种限制。科学的任务要涵盖人类生活的所有方面，对于那些实施侵扰的另类势力，必须予以毫不留情的批驳与排斥。

艺术、宗教与哲学是与科学相抗衡的三种力量，其中尤以宗教为最。一般而言，艺术基本上是有积极作用的，抛开那些为艺术所痴迷的个别的人以外，并没有什么人愿意与现实对抗。就哲学而言，它不仅不与科学相抗衡，反而在某种程度上仿效科学的方法。虽然哲学会因为迷信自己可以对宇宙做出系统的理解而与科学分道扬镳，但实际上这种所谓的理解也必然会随着科学知识的发展而解构。对于大多数人而言，哲学并未构成什么影响，除了一些为数不多的上层学者对哲学颇感兴趣之外，其余的人都在远离哲学。与哲学不同，宗教的势力极为庞大，可以震撼人类的心灵情感。据我们所知，宗教曾经关系到与人类的精神领域相关的一切因素。宗教在科学诞生之前就成为科学的替身，它构建了一种庞大而完整的世界观体系，尽管这一宗教色彩的世界观曾经一度备受谴责并呈现出式微趋势。

假若我们需要公正地评估宗教的重要价值，就不得不回忆它在人类的发展史上所做出的贡献。宗教赋予人类关于宇宙起源的知识，是人类在延续不断的进程中体验了关爱与终极性的福祉，而且宗教凭借着其独有的神圣性的警句指导人类的思想和行为。总体来看，宗教具有三种功能。其一，宗教实现了人类的求知欲望。在这一点上，由于宗教以其独特的方式实现了与科学同样的目的，因而与科学形成分庭抗礼的局面。宗教所具有的第二种功能是其最为强劲的力量，即消弭了人类对于灾难的恐惧心理，并且可以保障人类的最终完满幸福以及慰藉他们的不幸。这一切是科学所不能及的。科学的意图也在于使人们获得逃避危险的能力，并且学会如何富有成效地消除痛苦。虽然科学也旨在为实现人类的幸福做出不遗余力的努力，然而在很大程度上只能使我们感到失望，只能规劝我们忍受那些难以逃避的苦难。宗教的第三种功能是创造警句与禁律。这一功能使其与科学的鸿沟更加深远。科学的使命是挖掘事实并对其进行彻底的解释，虽然科学的结论也能够以某种特殊的规范术语体现出来，而且在某些情形下这些规范术语与宗教律令的制定颇为相似，但二者在这一点上的根据截然不同。

> 人类所承受的苦难与教义宣扬的普世仁爱与公正的理念背道而驰

科学的发展在日益完备的时候，就会以极大的勇气对宗教观念中的那些最核心而且是最具感情色彩的教义进行验证。宗教的教义宣称，人们只要遵循伦理义务，就可以获得安全和福祉。事实上，正如人们所想，这种许诺是不可以轻信的，虽然这种态度在很长时间以后才敢于自由表达。在宇宙中，我们很难设想有一种类似母爱般的神秘力量可以保障人类的福祉。恰恰相反，人类所承受的苦难与教义所宣扬的普世仁爱与公正的理念是背道而驰的。地震、洪灾以及火灾并不会因人而异，无论是心地善良的人还是恶贯满盈的人，无论是宗教信仰者抑或是无神论者都毫无例外地深受其害。如果将无生命的自然界搁置不提，仅就生命个体的社会关系以及每一个体的结局而言，所谓的德福一致、恶有恶报的说法未必尽然，在某些情形中凶残险恶的人可以实现无所不能的欲望，而道德修养卓越的人却一无所获。人的命运受到某种残酷势力的摆布，而宗教教义所宣扬的对人世间的赏罚似乎只是空中楼阁。

无论是宗教信仰者还是无神论者，他们生活中处理事务的思维方式与科学的思维方式基本上是一致的。科学的思维方式难免在一定程度上表现得特殊一些，其兴致在于顾及到一些不可以直接引用的因素，并且会竭力回避个人的情感波动带来的影响。科学的意图是旨在符合现实抑或是不以人类的意志为转移的外部世界的事物，也就是那些可以经历到的、与人类的欲望相融合或是背离的具有决定性影响的事物。我们称之为真理性的认识就是所谓的观念与外部世界的相符。科学研究的目的正在于此，虽然我们曾经对这一研究的价值并不关心。在此意义上，假若宗教认为自己可以取代科学，或者认为自己对人类是有利的，可以自诩为真理性的观念，那么我们会从人类的某种利益出发将宗教的这一自诩斥责为是对科学的冒犯。人们已经在逐渐掌握着如何借助于科学规律、尊重客观事实以处理自己的事务，倘若此时要求让他们将自己的命运托付于某种与思维控制方式无关的神灵权威，这就显得强人所难了。对于宗教教义所宣扬的那种赋予信仰者的承诺，我可以用如下的比拟加以揭示：譬如一位汽车司机向我们信誓旦旦地说，他可以凭借想象力在公路上纵横驰骋而不受任何道路情况的限制，那么我想没有人敢乘坐他的汽车和他一起飞驰。

宗教基于维持自身在世界中存在着的禁锢人类的思维活动，其结果必然是人类与社会深受其害。根据分析的结果，宗教禁律在最初时候只是局限于个别领域，但后来却呈现无限扩大的倾向，以至于成为人类承受压制的重要因素。如果这种限制赋予某位女性身上，那么该女子就会变得忧郁寡欢甚至于性欲冷淡。我们从古代名人的传记中发现，他们中的绝大多数因为受到宗教教义的禁锢而落得悲惨的结局。然而，理性的力量是另外一番情形。此种力量可以整合人类的思维，但由于人也是一种动物，因此只有历经艰辛之后才会有所进展，但是要实现完全的控制则是不可想象的。假若我们设想每一个体都按照自己的乘法规则与度量单位，那么可想而知人类社会将是什么情形。从未来着眼，我们的最大愿望就是求知，即追求科学理性，并使其能够掌控人类的灵魂。科学理性将成为人类的最强盛的力量。可以预料，凡是阻碍科学发展的任何事物（如宗教教义）对人类思想的禁锢，都不可避免地危及人类的未来。

虽然科学也具有某些缺陷而且面临着诸多挑战，但与我们的生活须臾不可分离，它是任何事物都无法替代的。科学的发展将永无止境，而宗教的价值观念则并非如此，虽然它的观点看上去无可挑剔，但即使有什么不妥之处，也绝不会进行更改，而是继续持存。更重要的事实是，科学所关注的总是我们与外部现实世界的关系，而宗教是某种假象，它的力量源于人类的本能欲望。这一事实是任何企图诋毁科学的人都无法回避的。

2. 双刃剑下的困惑

> 人类对于文明的敌视产生于文明对人类的压制

当局限于特定的精神生活环境中时，人们总是对文化的起源问题感到好奇，他们常常思考文明现象从何而来。在某些时候，他们也试图从其他视角来分析一下文明产生之前的景象以及以后的发展状况。然而，使他们困惑的是，这种探索在初始阶段就会由于各种原因而举步维艰。这是因为，此种探索只适合于为数极少的人，而对于大多数人而言，则总是将自己置身于一个或者是几个文化生活的氛围中。此外，假若个体对历史与当代的情形知之甚少，那么他必然对将来的发展难以作出正确的预测。不仅如此，个体的主观臆测对于准确的评估也是一种严重的障碍，因为他们总是标榜自己纯粹的个人经验，以及他们自己独有的那种片面的生活情结。或许人们可以对此时的生活情景形成一些朴实无华的体验，但是对于其中内在的因素却难以言说。因此，人们在寻求对未来的评断的有利因素以前，应该使自己与当前的情形有所间隔，也就是说，将当前的状态视为过去历史发展的某个阶段。

人类文明，是指人类生命由动物长期进化而来却与动物生命存在着的一切不尽相同的方面。对于文化与文明的区别，我并不在意。人类的文明向我们展示的经常是这样的内容：一是指人类为了利用自然和改造自然而满足自身需要的一切知识和能力；二是指人类为了使人的社会关系融合协调，尤其是在分配有限的可资利用的社会财富的问题上所必须坚持的制度。需要指出的是，文明的这两方面的内容不是互不相关的，这是因为：第一，人际关系受到本能满足程度的深层影响，而可以通过本能获得满足的仅是目前有限的财富；第二，个体之间存在着财产的作用力，因此其中一个受作用的人可以利用其工作能量抑或是将其视为性欲对象；第三，虽然文明情结为人类所普遍关注，但对个体而言，他们每一个人都是与文明相对抗的。由于个体无法独立生存，为了营造共同的生活环境，势必被束缚于文明要求他们做出自我牺牲的沉重枷锁之中。如此，文明就会对每一个体的私欲严密控制，文明社会的一切规章制度、风俗习惯等都是为了完成这一使命，其目的不仅是对财富的分配施加影响，而且要对这样的分配加以维护。毫无疑问，就防止人类的敌对性的冲动对于财富的破坏而言，文明社会的规章制度、风俗习惯以及其他要求都是完全必要的，如若不然，这些人类自己创造的财富将瞬间灰飞烟灭。此外，科学与技术可以创造这些财富，但同时也可以毁灭它们。

人们经常会认为，文明的本质只是少数人强行施加于绝大多数反抗者的一种工具，而这些少数人知道如何去获取权利并采取严酷的控制方式。假如这种情形不是文明本身的结果，只是由于过去的一切历史所铸就的文明还存在严重的不足，那么这就是极为正常的情况。无论如何，对于文明的这些不足之处加以解释并不是什么复杂的事。尽管人类在改造和控制自然方面已经取得有目共睹的成就，但是这并不足以说明人类在处理一切事务时也同样成绩斐然。或许在某个时期，人们已经在不断反思：业已铸就的这些不值一提的文明成果是否有保护的价值？可能还会有这种想法，即有可能重新调整人类的诸多关系，以摒弃对本能的压制的方式就可以将那些因文明而引发的不满情绪连根拔起。如此，人们就会由于内部矛盾的消失而可以一心一意地创造财富并为此而快乐地生活。

毫无疑问，这种情形的确是一个令人充满遐想的理想时代，但是令人困惑的是这样的景象是否可以如愿。每一文明社会都必然要建立在对人类本能的压抑之上。此外，任何人都无法确认的是，是否对绝大多数人的本能施以抑制，就会有助于开展那些为创造新的财富所必需的工作？在我看来，如下的事实必须为人们所关注。在当今时代，每一个体都或多或少地具有破坏性的意识，这也就是抗拒社会与文化的思想倾向。在为数不少的人身上，这种倾向是极为严重的，并且会促使其产生对抗社会的行为，这绝非危言耸听。

如果我们使用某一时髦的而又不是心理学意义上的语言来描述一个文明社会的律令规范的内在变化幅度的话，就可以是这样的一种陈述：当我们评估一个文明社会的价值时，该社会中的人的道德水平并非是唯一需要考虑的心理资源。此外，从理想与人的创造中都可以获得财富，也即是从这些资源中可以实现某种欲望。

人们总是愿意将文明的美好愿望，抑或是将那些人们奋斗的最高的、所有的成就视为某种精神财富。似乎文明的美好愿望可以决定某一文化社会的发展成就，然而事实上只有将文化的内在财富与外部环境相结合才能取得初步的成功。正是在此初步成功的基础上，文明的美好愿望才有可能实现。这种美好前景赋予人类的即是自恋欲望的实现，是对已有成果的沾沾自喜。

正如我们所说，人类对于文明的敌视产生于文明对人类的压制。此外，假如某个体企图将文明社会中的禁令废弃的话，也就是说，假如一个人可以肆无忌惮地将任何一位女性都视为自己的性欲对象，假如一个人可以随心所欲地杀死他的情敌或者阻碍他行事的人，假如一个人也可以不声不响地占有他人的物品……这是多么让人兴奋的事情！如此，人类的生活是多么美不胜收！然而，人们会立刻面临这样的困境：每一个人都可以像我一样为所欲为，也都可以像我对待他们那样对待我。所以，文明社会的禁令废除事实上只可以使一个人如此嚣张，这个人就是拥有至高无上权力的暴君。但即便是真的存在这样一个独裁者，我们也完全可以期待着“你不应当杀人”这样一种起码可以为他人想象到的禁令。

企图解除文明的禁令无疑是一种叛逆

然而，企图解除文明的禁令无疑是一种叛逆，也无异于饮鸩止渴。如果不存在文明社会的禁令，那么换来的只不过是使人更加无所适从的原始状态。毫无疑问，自然绝不会要求我们禁锢自己的本能，反而会鼓励我们肆意妄为，但自然具有规束我们的独特的方式。我们发现，自然借以毁灭我们的东西，正是那些可以满足我们欲望的事物。也正是自然中我们所面临的危险才使我们组织起来构建文明社会，而文明社会的意图正是使我们形成共同的生活。可以认为，文明的功能即在于使我们免受自然之灾。

显而易见，文明已经在许多领域发挥了积极的作用，而且会随着历史的发展而不断增加新的功能。然而，没有人会自以为是地认为自然已被人类所征服，也同样没有人会漫无边际地猜测自然将会成为人类永恒的奴隶。一些自然现象似乎在讥讽人类对自然的完全控制，如地壳随时会发生地震或是地裂，以至于可以瞬间毁灭全部的人类及其所有的财富；肆虐的洪水可以使一切土地沦为泽国；狂风可以使天色突变，并以摧枯拉朽之势扫荡万物。此外，还有一种我们近期才知道真相的灾难，即由其他有机物的攻击性所引发的烈性传染病。直至临终之时，我们仍然困惑地面对死亡之谜而束手无策，而且人们迄今为止，甚至是永远都不可能研制出使生命之树永不凋零的神奇药物。这就是自然所掌控的对我们产生极大威胁的力量，这种力量暴戾恣睢，无法抗拒。这一切使我们再次燃起先前的幻想，即我们曾以为文明的成就可以避免这一切灾难。只有当人类处于自然的肆虐中时，才会记起众志成城地保护自己免受自然之灾的重任。

无论是对个体还是全部人类，不堪负重的生活是完全相同的。由人类构建的文明不仅引起为数不少的人们的贫困与凄惨，而且在许多方面使人承受了巨大的痛苦与折磨。这种情形是由于文明社会中的禁令以及依然不完善的社会状况。此外，就是客观的不可抗拒的自然侵害，即难以驾驭的自然赋予人类的摧残。

或许人们会联想到，屡受折磨的生活容易引发恒久性的焦虑期望，而且会在很大程度上侵害到他们对自然的依恋。众所周知，个体会对文明或者是别的人对他自己的侵害做出回应，这表现为他对文明社会的禁令的抗拒以及某种程度上的敌视情结。然而，自然的暴戾仍然会像威胁一切人类一样危机到任一个体，个体究竟该如何保护自己的安全呢?

为了免除人类遭受自然的摧残，文明的努力不会停滞不前，无非是所采用的方式有所变化而已。这一使命涉及多个方面，人的尊严如果受到侵害就必然要寻求善意的慰藉，人类也必须消除生活中的一切使人惊悚的威胁。此外，我们也必须解释这样的一个问题，即人类那种因强烈兴趣所激发的好奇心理。

人类已经逐渐地从自然的人化过程中受益匪浅。面对命运般的力量，我们只能永远选择敬畏与远离。然而，假若这些人类不可抗拒的自然因素偶然性地激情四溢并肆虐起来，就会在我们的心灵深处产生剧烈的震荡。假如死亡并非某种本能，而是出于阴险的意图施以残酷性的威慑，假如自然界中也到处存在着文明社会里秩序井然的情形，那么我们就可以自由奔放地生活，即使是处于极其恐怖的境地也会产生一种家庭般的温情，并且我们还可以通过心理疗法来消除我们并未觉察的焦虑状态。我们也可能会显得无助，然而并不会像瘫痪者那样无所适从，至少我们可以做出反应。我们也许会真的无法实施防卫，但依然可以采取一些我们在生活中曾经屡试不爽的方式来抵御那些暴戾的天外来客。例如，我们可以向他们恳求、抚慰以及贿赂，借助于这些方式对它们施加影响并减弱其侵犯能力。这是一种以心理学取代自然科学的方法，不仅使紧张态势立刻获得缓解，而且为今后的环境控制奠定了基本路向。

3. 宗教的价值评估

难以置信的宗教理念如何赋予人类最为强势的影响

在已经逝去的历史长河中，人们已就自然现象的规律以及表现方式的同一性做了一定程度的考察。在这一探索过程中，自然本身的能力也逐渐失去了人类所赋予的特性。然而，人类仍然是最为孱弱的。对他们而言，父亲与神灵的关爱是期盼已久的乞求。神灵具有以下三种功能：一是必须消除人们对自然的恐惧；二是要使人与自然和谐相处，这与死亡情形中的某种态势极为相似；三是有必要使人类由于遭受文明的侵害而导致的痛楚与贫瘠得以弥补。

然而，神灵的这些功能却渐渐地产生某种特殊方式的更替。基于内在的因素，导致自然现象是不以人类的意志为转移而自发形成的。当然神灵是自然界的主宰者，他们原本对自然界做出了秩序井然的安置，然而此时却任由自然肆无忌惮地行事。或许仅是在为数极少的情形中抑或是在某种奇迹出现的情形下，神灵才会干预自然的发展进程。这似乎在表明，神灵们无意放弃一直属于他们自己的控制自然的权利。然而，人类此时仍然对于命运的安排显得闷闷不乐，好像他们的痛苦与怯懦是终生无法避免的。在这一点上，我们发现神灵的使命将极有可能丧失殆尽。假如人类的命运是由神灵一手操纵的，那么我们就必然对神灵的理念讳莫如深。远古时代的睿智之士可以理解这一观念，即命运之神摩依拉居于众神之首，而其他诸神分别掌握自己的命运。假若自然界的自主权利逐渐增多时，神灵对自然界的操纵程度就越低，从而使得人与自然的和谐相处就会越为真诚，同时也表明伦理观念就逐渐会成为人类社会居于主导性地位的因素。因此，此时神灵的重要使命就是，剔除文明社会中存在的不完善的事物以及各种邪恶情形，密切关注社会交往中所产生的痛苦与折磨。此外，还必须对人类尚未完全服从的文明禁令的实施状况予以高度重视。文明社会的禁令据说是源于某种神圣的事物，其发展态势已然不局限于人类社会，而是扩展至整个自然界甚至是外层宇宙空间。

因此，我们再次深切地感受到人类不可避免地要容忍本身怯弱无援的状态，而且这种感受也来自于人类及一切种族对其幼时的那种怯弱无援的回忆。人们可以异常清晰地认识到，此种观念有助于人类逃避自然与命运的残害以及人类社会本身对他们的戕害。然而，在这一世界的生存中还有一个我们难以猜度的目的，但是这一目的是善意的，它所昭示的是人类秉性的完美。这里所揭示的就是人类的心灵活动。灵魂会随着历史的延续漫不经心地抑或是不甘心地与身躯渐行渐远并彻底脱离，这也就是精神升华之所在。我们所生活的世界上的一切情形，毫无遗漏地体现为某一比我们更具有优势感的睿智之士的意念。尽管我们所遵循的这一智者所安排的发展路径决非一帆风顺，但是这一路径的指向是一种为我们不遗余力地奉献的美好前景。我们从中会深刻地体验到，我们所赖以生存的世界是何等的美轮美奂而又趣味无穷。我们所有的言行举止受到一位心地善良的上帝的密切关注。上帝似乎呈现给我们严肃的形象，然而它并不会使我们成为残暴冷酷的自然界任意摆布的玩偶。就死亡而言，其本身并非意味着物种的毁灭抑或是无生命的状态，它向我们展示的是一种重新开始的生活，这种生活只不过是向更高级阶段发展的中间环节。

根据这一观念，文明社会中的道德与法律也将成为漫无边际的寰宇的支配因素，所不同的只是，这些律令是由某种极为强势的力量以及最高的法律裁判机构来保障的。退一步讲，即使事实上我们不是处于这种生活状态之中，也必然会在死亡的寓所中重新存在，而且会使一切的善恶因果恒久轮回。那么，在这种情形中，所有的恐惧与折磨都会荡然无存。在生命终结之后，也会存在某种虚幻的情状融入现实的有形成分中来，我们仍然会感觉到，自己照样过着地球上的生活而且会抵达至善至美的境界，而且我们甚至会觉察到，在先前的地球生活中也没有经历过这一情景。导引我们进入这一美不胜收的领域的，毫无疑问是来自于超越了人类睿智的神秘之所在。其所展示的是永不泯灭的善举以及内在的公平正义，其赋予我们的一切都体现为神灵的完满特性。

上述经历了漫长发展过程的宗教观念仍然在持续着，并且为每一文明社会所奉行。此时，我已择取了某一发展阶段的态势，其大致与现时代的白人基督教的文明情形相类似。我们可以清晰地发现，该图景的每一部分并未呈现出全然的同一性，当然也不会确定无疑地揭示所有期盼解释的疑团，而且我们社会中的矛盾冲突也实难消弭。然而，在我们所生存的文明社会中，这些波及深远的宗教理念成为最为宝贵的财富。在宗教理念与人们从自然界获取的财富以及人类所必需的食物抑或是免除疾患之间，人们所珍爱的对象无疑是前者。假如宗教理念没有囊括人类所祈求的价值观念，那么人们必然会感受到生活的万般痛苦。然而，现在需要我们回答的是：这些宗教理念在心理学意义上需要作出何种解释呢？人们为什么会对这些宗教理念顶礼膜拜？我们甚至会发问：宗教对于人类的本真价值究竟是什么？

然而，人类的行为仍然呈现出千姿百态的方式。毫无争议的是，尽管宗教理念过去在某种程度上给人以难以置信的感觉，但是却给人类造成了最为强势的影响作用。实际上，这种影响作用与有关新心理学方面的问题相关联。这使我们产生疑问，考虑到理性对这些宗教教义的观念嗤之以鼻，那么宗教内在的强势力量到底是什么？另外，是什么原因导致了宗教理念在社会中构成巨大的影响？在我看来，现在已经有了对这些问题进行思考的方式。回答这些问题的关键，是我们必须将思考的路径移至宗教理念的起源方面。对于这些起教导作用而堂而皇之地呈现于人类面前的宗教教义，我们并不认为它是由某些经验积淀而成，或是将其视为思维观念的最终形式。我们认为，宗教教义只不过是人类的幻觉，它会实现人类久已存在的那些强烈的愿望。无疑，宗教力量的迷雾之下正是这些期盼多时的愿望。众所周知，个体在幼小时期的怯弱无援，使其自然产生需要保护的意识，这种保护来自于父亲的关爱。然而，个体怯弱无援的状态会持续一生，因此他所需的父亲的关爱也必须自始至终地存在，但是这一关爱的主体已经是另一种意义上的法力无边的父亲了——这就是为人类顶礼膜拜的上帝。上帝向人类颁布的那些怜悯善意的规则会逐渐消弭人类在生活中的恐惧感，其所构建的伦理道德规范将毫无疑问地保障着人世间的公平正义。而这一切在人类现实的文明社会中只是一种天真的奢望。伴随着宗教理念的发展，对于那些往往可以激发人类遐想的宇宙之谜的解释也在不断地翻新，诸如宇宙是怎样产生的以及个体的身心关系如何等等。如果我们把在爱恋情形中形成的那些仍未完全消除的童年时代的矛盾冲突从人类心灵中彻底根除，而且以某种众人赞赏的方式加以解决，那么这无疑会对人类的精神生活产生慰藉的作用。

当宗教的一切成效被我们视为幻觉的时候，我们有必要对这一概念做出界定。就幻觉而言，它与错误是完全不同的两个概念，而且幻觉本身未必是什么错误的情形。有一种观点，至今仍为一些愚蠢的人所坚持，就是亚里士多德[①]曾认为的害虫产生于粪肥的观点，当然这一观点是不正确的。还有其他的一些错误认识，如医生们曾以为脊髓痨是因为纵欲过度而导致的。如果我们将这些错误的认识看作是幻觉的话，就是错上加错了。关于幻觉的情形，例如哥伦布认为他发现的正是通往印度的新航道。显然，哥伦布的愿望是产生这一错误认识的关键因素。

在一些民族主义者的眼中，世界上唯一的文明种族是印欧语系[②]的种族。他们还持有一种为精神分析学所深恶痛绝的观点，即认为儿童缺乏性欲。这些民族主义者的认识，我们认为是一种幻觉。实际上，幻觉的主要特点即是它产生于人类的愿望。在此意义上，幻觉的情形与精神症患者的妄想非常类似。当然，除了两者都存在着极为复杂

① 亚里士多德（前384—前322），古希腊著名的哲学家、渊博的学者，古希腊伦理思想之集大成者。——译注

② 世界最大的语系之一，通行于欧洲、美洲、亚洲和拉丁美洲的广大地区。——译注

的情形之外，其他方面都大相径庭。关于妄想，我们认为它最根本的特点是它与现实存在着显而易见的矛盾，因此妄想是一种错误的观念。幻觉则并不必然是错误的认识。某一中产阶级的少女或许会产生这样的幻觉：一位王子将成为她的丈夫。这种情形是有可能的，虽然这是一种极为罕见的事情。然而对于另外一种情形，则是根本不可能发生的，如弥赛亚不久之后来到世间并创立辉煌的时代。对于这些信念而言，是将其解释为幻觉还是某种妄想，这与个体自身的态度有直接的关系。幻觉成真的事例难以见证，然而炼金士所认为的一切金属都可变成金子的幻觉可以被看作是这样的事例。虽然那种对不计其数的金子的占有欲望，确实已经被当代的有关财富决定因素的理论在一定程度上消弭了，然而化学知识却告诉我们，将一切金属变为金子并非不可能实现。所以，我们可以将某一信念视为是幻觉的话，那么满足我们的愿望必然构成其中最为关键的动机因素。如此，我们并不关注幻觉与现实的关系，正如幻觉本身对证据是那样的不屑一顾。

现在，由于我们已经对幻觉以及相关的因素有了一定的了解，因此可以继续探讨宗教观念了。需要再次强调的是，一切宗教观念都是彻头彻尾的幻觉，我们对其无法证实。而且，我们绝不可以将宗教观念真实可信的观点强加于任何人。宗教观念中的若干观点是根本不能被认可的，这些观点与我们历尽艰辛而获得的对现实世界

> 一切宗教观念都是彻头彻尾的幻觉，我们对其无法证实

的洞察结果丝毫不能等同。当我们对一些心理意识的差别予以一定的关注时，就可以将这些宗教观点视为妄想。而对于宗教教义的价值所在，我们无从评判，正如无法证实那些观念一样，也同样无法对其进行批驳。我们对此类观念的认识还十分有限，所以也无从进行批判性的分析。在科学的探索不断前进的时候，有关寰宇中的疑团渐渐显露出来，但是还有很多的疑问并没有得到科学的解释。然而，科学以外的一切做法都无法使我们真实地考察现实世界。对于直觉或内省而言，我们仍然将它们看作一种幻觉。它们除了可以向我们展示自己的心理活动外，不能提供其他任何的东西。对于这些问题，尽管宗教观念认为可以轻而易举地做出回答，但是对于那些问题所涉及的信息因素却必然束手无策。假若我们任由某个人肆意妄为，任凭他按照自己的主观臆断，信口雌黄地宣扬宗教教义中某些观念是多么的令人心驰神往或是何等的颠扑不破，那么我们会毫不犹豫地嘲讽他强词夺理、不可一世。

关于这一点，人们必然会期待反驳的观点。对于这些宗教观念，既然那些顽固的不可知论者也认为理性的力量在其面前软弱无力，既然千百年来人们顶礼膜拜的这些宗教观念是那样的理直气壮，并且赋予人类前所未有的慰藉，那么我们为什么不能对它们以诚相待呢？是啊，为什么我们不能产生虔诚的信念呢？的确，我们不能强迫一个人做出相信或者是不相信的选择。然而，我们决不能自欺欺人，也决不能轻易地认为那些观念可以使我们的思维豁然通达、准确无误。我们可以承认自己无知，但是决不可以试图从那些观念中获得能够说服人们的结论。任何一位睿智之士，在面对其他的事情时都绝不会如此不顾一切地做出荒唐之举，或者只要存在一些微不足道的理由来肯定他的认识和行为就会自以为是、沾沾自喜。假如他确实存在着这样的认识或行为，那唯一的可能就是，他所面对的正是那些无与伦比、神圣不可僭越的情形。事实上，这种情况是在一个人已经彻底放弃了宗教教义之后发生的，为此他会竭力地伪装自己，因而在别人看来他依然对宗教痴心不改、毫不动摇。

对于宗教信仰问题，人们会因为任何的不虔诚或者意识中存在某种异端思想而进行自我谴责。关于宗教方面的某些词语，其涵义已被哲学家们肆意篡改而显得词不达意。由于哲学家们对上帝一词进行了主观式的歪曲理解，而使其演化为某种界限不明的事物。如此，他们就可以在人们眼中成为堂而皇之的自然神论[①]者或者是上帝的忠实崇拜者。此外，这些哲学家们还可以自命不凡地夸夸其谈，吹嘘自己已经创造了一个绝对精确、无比崇敬的上帝的概念，虽然他们所说的上帝绝不是什么宗教观念中首屈一指的人物，而只不过是某种虚无缥缈的幻象而已。对于那些在宇宙面前自以为是、渺小而怯弱的人，批评家们始终将其视为对宗教教义五体投地的虔诚者。事实上，宗教的应有之

① 又译为“理神论”，指一种提倡以理性作为宗教基础的哲学思潮。——译注

义并非仅仅是这种臣服性的感受，而是指由这一感受所引起的某种行为，如对于压制这一感受的反应。

我们的探讨并没有涉及这些宗教观念的本真价值，而只是在心理意义上将其视为某种幻觉，然而我们却为此感到欣慰。对于这样一个众所周知的重要问题，我们不会缄口不言，何况上述认识也对我们的思想产生了十分强烈的影响。关于这些宗教观念的产生时期以及它们的创造者，我们大致上已有所耳闻。假如更进一步，我们可以探寻到创造这一观念的初始动机的话，那么我们关于宗教问题的理解方式或将产生显而易见的改变。我们或许会喃喃自语：假如真的存在一个可以创造世界并能泽被苍生的上帝，假如真的存在某种伦理道德可以覆盖整个寰宇以及人类的未来生活，这将是多么的美不胜收！然而，真正令人震惊的是，那些困惑人类许久的宇宙之谜，竟然可以被生活于远古时代的怯弱无助而又愚蠢至极的任人宰割之辈成功破解！

宗教对人类的控制已经延续了千百余年，而且在过去的一定历史时期，宗教也向我们展示了它的所有愿望。假如宗教确实可以为众多的人类谋求幸福生活并使他们获得心灵的慰藉，而且其本身可以成为传递文明的工具，那么人们就必然会放弃改变当前现状的观念。然而，我们所处的生活情景却与之相反，社会中大量充斥着对于文明的愤懑，生活于其中而感到苦恼的人数不胜数，对这些人而言，文明社会无异于一条拥有巨大束缚力的缰绳。同时，这些苦闷的人没有丝毫的能力去改变这一现状，而且也不可以对社会暴露自己的敌视情结，这就导致了他们在文明的压迫下一筹莫展。而此时宗教便对我们产生抱怨，认为我们生活的现状与科学不无关系，正是因为科学力量所产生的微末之功，而使宗教丧失了对人类的某些作用。尽管宗教的抱怨不会产生什么威慑性的作用，但我们会高度重视这一观点并对其进行分析，以求将来为我所用。

在历史上，宗教对于邪恶的辅助绝不少于对道德的支持

还有必要思考的是，人们在那种没有宗教观念控制的时代是不是生活得更为美满？生活于那个时代的人们是不是道德水平更高一些？这一切都是不可能的。人们所关注的只能是宗教教义的阐释与理解，而且会遵守宗教的禁令而压制自己的意念。劝说人们对宗教虔诚是牧师义不容辞的责任，他们也有必要在宗教事务上与人们的意向相吻合。假如有人实施了犯罪行为，那么他只有为此做出补偿才可以为自己争取赎罪的机会。就此而言，俄国人的内省程度已经令人感到惊异。在他们看来，犯罪在事实上符合上帝的意图，它对于神恩赐福是一种完全必要的行为。牧师唯有对人的本性采取妥协的态度才会使他们皈依宗教，这已经是众人皆知的。所以人们感叹，自己是怯弱而负罪的，而上帝是无与伦比、恩泽仁爱的。在历史上，宗教对于邪恶的辅助绝不少于对道德的支持。假如在人类的幸福美满、文化发展以及道德的驾驭等方面，宗教的作用十分有限的话，那么我们就会扪心自问：是不是我们轻

视了宗教观念对人类重要的影响力？我们将自己的文化要求置于宗教理念之上是否合适？

现在让我们对现时代宗教的状况进行一番缜密的思考。据说，目前宗教（此处是指欧洲的基督教）对于人们的影响已经大不如前了。出现这种状况的原因是人们对宗教的前景日益丧失信心，并非是宗教观念本身的日暮穷途。我们必须承认的是，出现这种状况是因为人类社会的高级阶段中科学理性的日臻完善，当然我们并不认为这是唯一可能的原因。宗教文献的价值已经在批评的浪潮中逐渐变得渺小，其众多观点的虚假歪曲被自然科学批驳得体无完肤。

科学理性对人类社会中的日常事务独具慧眼，虽然在面对宗教的时候若有所思，但最后还是越过了这一界限。科学理性的发展始终是一如既往，从中受益的人与日俱增，而同时对宗教的排斥更加变本加厉。人们在当初只是对那些有些废弃的或者是持异议的一些宗教观点搁置一边，但是随着事态的发展，宗教教义的一些基本理念也被颠覆了。

有教育经历的人与脑力劳动者并不恐惧文明社会。利用人世间的一些观念来取代宗教，并使其成为文明的内容，使处于这一置换过程中的人类拥有一种从容不迫的感觉。此外，这些具备一定知识的人本身在很大程度上就是作为推动社会文明发展的动力存在的。反之，对那些没有接受过任何教育而且忧郁寡欢的人来讲，则完全是另外一种情形。这些人是阻碍社会文明进步的敌对者。如果他们还不知道现在人们已经忘记了上帝的话，可以说一切都没有改变。然而，即便是我的这篇文章没有发表，这些人也必然会发现人们已经对上帝不屑一顾了。他们也对科学理性的成果艳羡不已，但是科学理性在众多人生活中产生的福音却与他们相远离。假如你不可以杀害你的邻居的唯一理由是上帝不允许你这样做，如果你违反了上帝的禁令，那么会遭受上帝的惩罚。然而当你知道上帝并不存在的时候，也就是你不会遭受那种惩罚的话，那么只有世俗压力阻止你杀害你的邻居。所以，有必要对这些危险分子施以严密的控制，同时又要谨慎地剥夺他们获得科学理性的机会。这是为了防止文明社会与宗教观念的关系发生根本性的颠覆。

4. 三大痛苦及消解方式

> 剔除痛苦和折磨与获得极致的快感是对幸福渴望的两种追求

关于人类生存的目的，人们已经进行了无数次的探讨，然而至今没有令人信服的解答，或许根本不存在这一解答。在一些人看来，如果说人类的生活是没有任何目标的，那么对人类而言，所有的事物都丧失了存在的价值。然而就算是有这样的观念也不会产生什么影响。从另一方面来说，人们似乎并不在意这些问题，这些问题对于人类而言可以任由他们漫无边际地遐想。例如就动物生存的目的而言，似乎没有人津津乐道，如果说偶尔被提及的话，也是将其视为人类生活的协助品。然而，这种观点是不堪一击的，因为对人类产生利益的动物为数不多，它们的价值不过是被研究者加以观察分析以及做出物以类聚似的研究。而且，有些物种在人类出现之前就灭绝了，所以它们的价值更是微乎其微。宗教又一次挺身而出，标榜自己才可以破解人类生活目的的谜团。下述这一论断应该是不容置疑的，即那种认为人类生活具有自身的目的的观念与宗教的发展状况有所关联。

现在，让我们思考一些较为具体的问题，例如人类的行为方式呈现出何种生存目的？还有，人类对于生活的期盼是什么，他们的愿望是什么等等。对于这些问题，我们会毫无例外地回答，人类所努力奋斗的一切是为了人生的幸福，他们希望获得幸福的生活并使其恒久持存。对幸福的渴望凸显了相并存的两种追求，即剔除痛苦和折磨与获得极致的快感，后一种目的在一定范围内即是幸福的宗旨。人类的行为目的也与其生存目的的分类方式相等同，也可以被视为两种发展路径。

快乐原则的作用是显而易见的，精神活动在最初就受其牵制。然而，快乐原则的意向与整个世界，抑或是与整个宏观世界和微观世界的价值取向相背离。人们一般认为，在上帝创造世界的宏大规划中并不包括人类对幸福的追求。如果从最为严格的视角分析人类所谓的幸福，那么它是由那些遭受到极端性压抑的欲望引起的。这种幸福在实质上是稍纵即逝的，而置于其中的欲望满足，在快乐原则所期盼的某种状态不断延续时，只能是微乎其微的。由于人类特有的本性，使得我们的欲望快感无法在某种状态中生成，以至于幸福的实现程度遭受严重的限制。与幸福状态相比，有关不幸的体验会随时降临。人类所承受的苦难表现为以下三种情形，一是由我们的躯体所造成的。血肉之躯必然要日渐衰弱并最终死亡，另一方面，假如肉体无法感受痛觉、焦虑的话，那么其本身就已经名存实亡了。二是由外部世界所导致的痛苦。来自于外部世界的残暴攻击与我们的自身防御形成严酷的对抗状态。三是由于人类社会关系的侵扰。这一因素较前两方面更为严重。虽然我们经常将其视为某种难以名状的附属品，而且它与前两方面的因素一样都是命运使然。

事实上，快乐原则会在外部世界的作用下日渐接近于具有节制性的现实性原则。与此类似，假如人们处于各种痛苦的压迫下，也会自然地降低他们对于幸福的期待程度。假如人们自以为幸福的感受就在于逃避了不幸或是承受住暴虐的摧残，假如人们同样认为对于免除痛苦的追求已经超越了获取快感而居于首要地位，那么这种理解方式并不会使人觉得莫名其妙。幸福的实现可以获得殊途同归的效果，而且一些人生哲学已经对此进行了探讨并为人们所接受和践履。那种在幸福的追求过程中欲壑难填的行为，事实上是一种具有震撼心灵、孤注一掷的生活情形。而且，这种以无节制的享乐取代小心翼翼的行为方式会迅速地使人自食其果。

对于其他一些以逃避痛苦为目的的行为而言，会因为这些痛苦的深层原因的差异而有所不同，例如会分别采取极端的、适宜的或是有针对性的方式，当然也会同时借助于多种手段而予以克服。对于因社会关系的侵扰而引起的痛苦来说，最为简易的抵御办法就是主动地隐退独居，依靠这一方式可以获得安逸清静的幸福状态。而面对残暴的外部世界，人们只有躲避才可以独自寻求安全。此外，还有一种特别实用的方式，即融入人类的共同体中并依靠科学技术对自然界实施改造，以使其处于人类的控制之下。如此，人们就会在同一目标的维系下共同进退。然而，对逃避痛苦来说，最能引起人们兴致的是对自身施加某种调控作用。事实上，一切的痛苦都是身体的感觉，这些痛苦因我们的感觉而存在，而这种感觉会因为某种调控作用而更加明显。

在所有的作用于身体的调节方式中，致醉作用是一种最为暴虐同时也是最具效果的手段。据我所知，似乎没有人可以完全掌握这一调节作用的内在机制。事实上，存在着以下两方面同时并存而且密切相关的情形。当一些特殊的成分融入人的血液或者是其他的身体器官中时，会直接产生快感。另外，那种可以调控我们感觉的因素也会因为这些特殊的成分的摄入而发生变化，从而消除我们身心之中的痛苦情结。不仅如此，还有与此类似的物质也以类似于化学作用的方式存在丁我们的身体中。我们所熟悉的狂躁症状即是这种作用之下的情形之一。在我们没有使用任何导致醉状的药物时，狂躁症的表现方式与醉状大致相同。

此外，我们还发现这样一种现象，即在较容易释放的快感与难以释放的快感之间会产生一定的波动，与之相应的是痛苦程度的降低与提升。这种现象发生在人们的正常精神活动领域内。然而当今的科学研究还未能对此作出解释，这是令人颇感失望的。总之，导致醉状的方式在幸福的追寻与逃避痛苦的过程中大有裨益。这一方式赢得了它的声誉，今天以及远古时期的人类，都在与他们有关的力比多作用形式中赋予其特殊的地位。

这一方式之所以为我们赏识，就是因为它可以使我们瞬间获得快感，而且我们还会因此而远离外部世界的纷扰。借助于这一排忧之物，我们可以随时远离现实生活中的压抑，在属于自己的领域中发现可以产生良好感觉的避难之所。当然，这一物质所引起的危险和侵害也众所皆知。因此，在某种程度上，它们应为那种可以改善人类生存的巨大的能量浪费承担责任。

此外，其他因素也对个体所具有的异常复杂的神经器官造成一定的影响。这类似于本能的情形，假若我们由于外在的原因而忍受饥饿的折磨，我们就会因为无法实现这一欲望的满足而陷入极端痛苦的状态中。为此，人们或许会选择调控本能的冲动以求远离痛苦的感受。这种方式与东方人生哲学中的瑜伽术[1]极为相似，其实质是消除本能，也即是控制我们机体的某种内在的深层因素，而不是对感觉器官施加作用。假如这种方式获得了应有的效应，那么个体就失去了某种活动的意义，或是毁灭了自己的兴致。同时，个体借助于这种方式再一次进入清静安逸的状态。假如我们只是想抑制自己的本能的冲动而不是追求更高的生活目的的话，这种方式也不妨一试。在这一过程中，起控制作用的是慑服于现实原则的高级心理机制。此时，对于痛苦感觉的防范程度获得进一步增强，但欲望的目的并未完全失去。如同本能未遭受遏制的情形一样，人们对于本能处于依附状态并不会感到极端的愤懑。与此形成鲜明对比的是，人们将在很大程度上失去享受快感的机会。与来自于自我抑制的本能满足的快乐感受相比，那种产生于放荡不羁的本能欲望的满足的快感显得更为鲜明强烈。因而，我们此时也对异常状态中的不可抗拒的本能进行了简明的阐释。

身体中的神经器官允许个体利用力比多的转移来实现痛苦的解除，在这一转移过程中，力比多的活动方式显得更加灵活多变。此时，我们需要做的是采取上述手段变更力比多的目的，并且借助于本能的升华作用，使力比多避免再一次地遭受来自外部世界的攻击。假如此时人们可以从心理和脑力活动中获得快感，那么将会给他们带来最大

① 指印度瑜伽派通过调息、意念和姿势等的锻炼，以达到保健强身的一整套自我身心锻炼方法。——译注

的利益，而且命运的力量在这一刻也显得力不从心。我们会发现，艺术家可以从他们所塑造的作品中感到愉悦，科学家可以为破解某一难题或者是获得某种真理性观念而欣慰不已。关于诸如此类的感受，我们现在只能用所谓的更高级的满足来形容。但是，我们在将来的某一时刻完全可以用某种心理学的言辞来加以阐释。不过，这种欲望的满足与那种原始性的粗俗的性本能欲望的实现相比，就是小巫见大巫的了。这种满足的方式不足以覆盖我们的肉体欲望，而且这种方式只是因人而异，不可以普遍地适用于任何个体。事实上，它绝不是下里巴人式的大众化的应用，因为其所针对的是那些具有特殊才能和性格的人群。而且，即便是这种方式可以适用于此类为数极少的人，但是也无法起到根除痛苦感受的作用。因此，它并不具备可以抵御一切无法抗拒的威胁的功能，假如引起痛苦的深层因素存在于个体躯体中时，这一手段就会黯然失色。

显而易见，上述方式可以使个体从内在的心理方面获得快感并且远离外部世界的侵害。然而，我必须指出的是，接下来的这一方法将会更为鲜明地体现这一效果。我们将会发现，借助于这一方法，欲望的满足来自于某种幻觉，而与现实之间的距离变得更加疏远。在人们看来，幻觉与现实世界的差异并没有对幸福感受有任何的冲击，他们反而更加迷恋这种幻觉。幻觉来源于漫无边际的遐想，而现实世界对这一幻觉并未形成什么障碍。对于艺术品的鉴赏是一切凭借想象力而获得欲望满足的最高级的表现形式，而且那些没有参与创作的人们也会获此感受。对于那些受到艺术感染的人来说，他们不会对艺术作为快感之源抑或是生活的某种安慰的价值进行过高的估量。即便如此，艺术品所引起人们的如痴如醉的感受使他们在某种程度上消弭了内心的压抑感。可惜的是，这一作用并不能让现实中的痛苦情结在我们的记忆中灰飞烟灭。

另有一种脱离痛苦感的方式显得更具有根本性的意义。现实对它而言是唯一的敌视对象，也是造成痛苦感受的根源，任何人都不能生活于其中。因此，人们只有与现实世界完全分离才可以实现幸福的梦想，这就是隐退独居的方式，而唯有这种隐居之人才可以对现实世界漠然视之，并与其彻底断绝一切的关系。同时，就有可能出现这种情况，即人们会试图建立新的世界并以之取代先前的一切。于是，人们原先生活的世界中的一切引起痛苦的事物荡然无存，面临的新景象是人们梦寐以求的幸福状态。然而，不可避免的是，任何人只要履行这一寻求幸福的方式并且极端地藐视现实世界的话，那么最终他必然会一无所有。在现实面前，这种人实在显得微乎其微，而且人们会因为他的狂妄而不肯付出一臂之力。然而毫无疑问的是，我们之中的任何人都在一定程度上具有狂妄的愤世嫉俗的特性，也会想象着以某种力量来颠覆其所不堪忍受的现实世界。而且对于绝大多数人来说，他们也幻想着进入另外的某种现实世界来享受恒久的快感。可以说，这种观念是十分普遍的，宗教意识就是这样的一种观念。

> 性爱产生的无与伦比的快感是谋求幸福的途径

关于谋求幸福与远离不幸的方法，我并没有全部罗列出来，而且就这一问题来说，处理的方式也会不尽相同。还有一种方法我没有提及，这倒不是因为我的疏忽，而是考虑到这一方法与以后的某些理论有所关联。人们一定对艺术的那种方法还记忆犹新，这一方法显然将各种特性都无一例外地进行了整合。正如我们先前所述，这一方法的目的是使个体不再遭受不可抗拒的力量的摆布，因此个体便将欲望的满足过程安置于神经系统之中，与此同时，力比多的转移起了至关重要的作用。然而，需要指出的是，这一方法的运用与现实世界紧密结合，而不是与其彻底分离。在这一过程中，它借助于现实世界中的对象物的情感纽带而实现自身的目的。对于逃避不幸这一消极目标，它视而不见而且会弃之如敝屣。遵循这一方法所作出的努力是主动性的进取，以积极的姿态来实现幸福的目标。不过，这种方法实际上会比其他的方法更容易使人逃避痛苦。

显而易见，我们此时探讨的方式，就是借助“爱”这一所有事物的核心要素，并在爱的相互作用中谋求幸福。于是，我们不禁联想到了性爱，它作为爱的一种形式使我们深深感受到一种无与伦比的快感，我们也因此而寻找到谋求幸福的途径。然而，这种方式的不足之处也是显而易见的，否则人们会选择追求幸福的其他方式。我们认为这一方式的不足体现为这样的情形：在这种爱意的缠绵中，对于痛苦的防范会比其他任何时候都显得苍白无力；然而在失去了爱欲对象或者是这种爱意的时候，却又深陷于任何时候都难以比拟的痛苦之中，而且会有一种众叛亲离的感觉。当然，对于构建在爱意之上的谋求幸福的方式而言，其中的这些弱点毕竟是微不足道的。

我们不妨分析这样一种颇有趣味的情形。众所周知，幸福感的主要来源是美的事物，我们所获得的美感，无论是什么形式，总会融入我们的感觉之中，例如人的体型之美、某种物体或是景色之美以及艺术和科学成果之美都是如此。人们可以从美的事物中获取某种特殊的陶醉感。我们虽然不能从美感中寻求到某些可资利用的东西，而且美在社会文化中也并不必然具有不可或缺的特性，但是对于文明社会的组成来说是必不可少的。美学的任务在于分析何种情形中的事物被人们赋予美感，而不是对美的本质和根源进行阐释。让我们感到无比遗憾的是，精神分析理论并没有太多地涉及美的问题。不过，我们依然可以做出这样一种判断，即美可以被认为是来源于性欲激情，美感与吸引力都可以作为性欲对象的特征。值得一提的是，虽然观看性器官可以使人兴奋不已，但是性器官的形态并不被认为有什么美感。

在此，我准备对上述不尽全面的列举做出总结性的分析，尽管这是需要足够的勇气的。尽管快乐原则的主旨在人们寻求幸福过程中的作用不尽如人意，但事实上，我们不可能借助这一原则的作用来达到一定的目的。在实现幸福的各种不同的方式中，我们既可以将主要精力投向于积极的寻求快感，也可以把主攻方向定位于消极式的逃避痛苦。然而，这两种努力并不可以使我们的愿望完全实现。假如我们在较低的层次上理解幸福，那么可以将其视为个体力比多的作用形式，此种意义上的幸福是可以实现的。每一个体有必要寻求那些适合于自身的解救方式，而且在自身努力过程中会受到不同因素的影响，那种所谓的具有普遍意义的黄金法则是根本不存在的。

此处所面临的问题是，个体可以从现实世界中谋求何种程度的幸福，可以在何种程度上疏远现实世界，以及在改变现状的意向中自己的能力强弱问题。在这些问题上，具有决定意义的因素是个体的心理机制。其因人而异的情形表现在如下几个方面，钟情于爱欲的个体优先关注的因素是与其他人的情感，而有自恋情结的人则乐意于在精神范围内寻求自我满足，对于那些注重身体力行的人而言，则会持之以恒地眷顾能力所指向的身外世界。其中，唯有对于自恋倾向的人来说，他的旨趣才可以受到其本人才华以及本能升华状况的决定性影响。正如那些慎重的投资者绝不会将一切资金倾注在单一的投资目标上一样，人生哲学或许也会告诫我们切不可将所有幸福的实现都孤注一掷地寄托于独一无二的理想愿望上。因此，假如在幸福的追寻中已然存在着一种并不合适的方式，那么个体就绝不可以做出这种不顾一切的选择，否则会使自己置于危机之中。据此，我们发现幸福的实现是无法预测的，这是由于相关的影响因素错综复杂，而且只有对其进行适当的整合才可以发挥效用，如必须使心理作用适合于现实状况，之后才可以从新的状况中获取那种寻求快感的力量。假如某一个体的本能具有先天性的缺陷，而且也没有经受力比多的转移与组合作用的话，那么该个体在寻求幸福的问题上就会受到严重的阻碍。而这种力比多作用对于实现快感而言是不可或缺的。当个体处于困境的时候，那种最不可取的寻求快感的方式会导致某种神经症状。个体在青春期的时候往往可以躲过此劫。在风烛残年之际，当个体在追寻幸福的问题上已然心灰意冷之际，可以利用强烈的化学效应使其沉醉于某种快感的慰藉之中，或是在某种神经质的状态中进行绝望的垂死挣扎。

然而，此种因人而异的方式选择及其适用性受到宗教观念的残酷抑制，这是由于宗教观念的意向性所致，由于其不分青红皂白地将某种单一的谋求幸福与逃避苦难的方式强行注入人类的精神世界中。这种意向性在于贬损生命的意义，企图借助于上帝的淫威颠覆人类的现实生活。宗教观念会导致人类心理的极度低能化，并以诱迫的方式使人类沉醉于共同性的空想中。在此种情形下，人们获得的是免除神经症的侵扰，然而，这就是唯一可以实现的奢望了。我们已经对追寻幸福的各种途径进行了探讨，然而并不存在任何一种途径可以轻而易举地实现这一美好的愿望，即便是宗教教义也不可能大言不惭地认为自己可以确保这一目标的实现。假如那些虔诚的宗教徒在最后时刻意识到，自己无论如何也要奉行上帝所具有的深不可测的意念，那么他们无非就是向人们坦白自己在痛苦情状中所能获取的慰藉与幸福只不过是一种无条件式的屈服而已。从另一方面来讲，假如这些宗教徒为此做出过某些预备性的努力，或许他们在当初就可以选择一种合适的生活方式。

5. 关于文明的深思

人类为什么会对文明产生强烈而奇异的敌视情结

迄今为止，我们对如何追寻幸福的研究依然没有什么重大的突破性进展，也依然没有提出某种使人耳目一新的见解。不仅如此，即使是在先前分析的基础上，继续探讨为什么人类不可以轻易地谋求幸福的问题，我们也对于那种可以呈现出创新性的观点之前景感到十分渺茫。在此之前，我们已经对有关痛苦的问题做出了解释，而且也说明，外部世界的压倒性力量、人类本身的怯弱无援以及作为调节国家、社会、家庭的人际关系准则的匮乏，是导致人类陷入苦难境地的三种深层性的原因。就前两个原因而言，我们可以立刻对其进行相关的阐释。同时，我们无论如何也得默认这些引起苦难的深层原因，而且屈服于这些势所必然的力量。对于残酷暴虐的自然界，我们将永远不能将其制服。人类自身的血肉之躯原本就是自然界的组成部分，而且每一个人的生命在漫长历史进程中都是稍纵即逝的，因而与生生不息的自然界相比，它所具有的适应能力与实现超越的力量也都是微不足道的。然而，我们并不会为自己的坦诚而感到悲观。反而正是由于我们认识到这一点，所面临的这一情状会为我们指明奋斗的目标。退一步讲，即便是我们无法消弭所有的痛苦与折磨，但是我们起码可以使这些痛苦与折磨的程度有所减弱或降低。这就是人类数千年的历史经验向我们展示的颠扑不破的真理。

关于导致人类痛苦的第三种原因，也即是所谓的人际关系准则的匮乏，我们现在可以做出另外一种强硬的声明。这就是，我们可以断然地否认它的存在。令我们无比困惑的是，人们在文明社会中自行制定的法则为什么不能成为每一个人避免苦难的保护伞，为什么不能有助于人类谋求生命的利益？然而，当我们面对着这些痛苦与折磨而联想到自己是何等的怯弱无援而又一筹莫展的时候，就必然会疑虑重重，难道其中真的存在某种人类不可抗拒的力量？我想这一心态就是人类的心理特征使然。

然而，当我们的思维正转向上述疑虑中的可能性时，一个使我们感到惊异的观念浮现在眼前，我们因此不得不搁置一切来耐心细致地分析这个奇异的问题。根据这一观念，人类以文明的理念塑造的一切事物竟然是他们产生痛苦与折磨的根本症结，假如我们抛弃一切文明成果并返回到远古世界的话，那么我们将会获得更加幸福安宁的生活。这一观念之所以被我们认为是那样的惊异，是因为我们无论在何种意义上对文明这一概念做出解释，文明也是那些给人类造成无以复加的痛苦与折磨的事物的始作俑者。

那么，人类为什么会对文明产生如此强烈而奇异的敌视情结呢？在我看来，促成这一态势的根本原因在于人类长期以来对生活于其中的社会文明状况所积聚而成的愤懑，因而会由此变本加厉地对这一状况进行咒骂，而产生这一情形的初始原因是历史上某些特殊的事件。考虑到自身的才疏学浅，我无法在已经逝去的历史长河中溯流而上，去追寻那些发生在最后的以及在此之前最临近阶段的一些原因。然而，我可以断言，那些对文明现象产生敌对情绪的原因，必然在基督教取得与其他宗教抗争的胜利后就已经产生了，因为有关文明的不满与基督教观念对于世俗生活的那种不屑一顾的态度有着密切的关联。

在这些相关的诸多因素中，有一种与航海事业的发展密切相关，它是在航海事业的突飞猛进以至于人们可以与生活在新大陆上的原始民族发生关系的时候产生的。或许是因为欧洲的航海者对于这些原始民族的粗略性的考察以及对他们的风俗习惯形成不恰当的认识，因而使其感到这些所谓的原始人类的生活具有某种朴素快乐的性质，这些人对未来没有什么贪婪的追求，但是就这种生活方式而言，其他已经实现文明社会的国度中的人们却无法企及。然而，这种认识是极端错误的，以至于许多人将那些原始民族的生活方式归咎于文化情结的匮乏，但实际上这种生活方式产生于自然条件的便利性，而且与他们在那种情况下的欲望需求可以轻易地实现有关。直到后来，这些错误的认识观念才被逐渐更正。

还有一种我们颇为熟悉的原因，或许我们可以将其视为在思维中处于最后阶段的原因。它是在神经症的发生机制为人们所认识的时候出现的，并因此而形成一种威胁，即可以减弱生活在文明社会中的人们的那些微不足道的幸福感。人们会观察到这种情形，即某个人之所以成为神经症患者，是因为他对于社会强行赋予其精神中的文明理念不堪忍受，从而引起痛苦的感受。这样，我们就可以进行如下的推断，假如想重新回到幸福的状态中，就必须摆脱或减轻这些文明理念的束缚。

在过去的数百年中，科学与技术所取得的成就与日俱增，因而人类对自然界的掌控形势超越了前人的想象。我们没有必要仔细回顾这一进程中每一个日新月异的阶段，人们的确会、也一定有权利为这些科学的成就感到骄傲。然而，人们也仿佛觉察到，曾经为人类数千年以来梦寐以求的对于时空的控制以及征服自然等愿望已然实现，但这并没有使他们所希望的现实世界中的愉悦程度进一步提升，并没有使他们所希望的现实世界的愉悦程度进一步提升，也没有使他们的幸福感进一步增强。如果我们对此供认不讳，就可以做出这样的判断，正如人类对于自然的控制并非是文明社会的唯一目标一样，自然界向人类的俯首称臣也不能成为追求幸福的唯一前提。当然，我的意思并不是说，科学与技术的突飞猛进与社会经济发展意义上的幸福之间毫无关系。

然而，人们会因此产生许多质疑。例如：假如我可以如愿以偿地听到几百英里之外的孩子的声音，或者是当我的朋友在历经艰险的长途跋涉之后安全抵达目的地时，我可以最迅速地得到他的状况，难道我不会因为这种情形而感到快乐吗？难道我的幸福感会因为他们的安然无恙而削弱吗？众所周知，医学的发展已经在很大程度上降低了孕妇分娩的感染率和婴儿死亡率，而且还延长了人们的平均寿命，那么，在这种情形下，我们会认为医学毫无价值可言吗？诸如此类的科学成就，我们可以不胜枚举。然而，我们所要强调的还有许多对科学技术严加斥责的声音，上述内容中涉及的幸福感都是以在某些轶闻中颇受赞赏的低成本式的满足为参照的，譬如在严寒的夜里把腿伸出被子之外，然后再迅速缩回的那种享受行为。假如不是铁路延长了距离，那么我的孩子就不可能离我而去，我当然就无需借助电波倾听他稚嫩的童音；假如我们没有能力扬帆远航，那么我的朋友就绝不会漂洋过海，当然我也就没有必要通过电缆来消除我对他的担忧。还有，正是婴儿死亡率的下降在某种意义上成为现实社会中分娩率降低的罪魁祸首，所以尽管人们普遍地应用卫生技术，但是我们并未因此而比缺乏卫生技术的时代抚养更多的婴儿。与此同时，我们也为性生活感到严重的苦恼，或许我们仍然与自然选择的成效相抗衡。如果是这样的话，那么由此看来，婴儿死亡率的下降又有什么意义呢？再者，假如生活中的痛苦与折磨随时袭来，整个生活状况变得暗无天日，以至于我们必须通过结束自己的生命来逃避的话，那么生命的延续又有什么价值可言？

毫无疑问，生活在文明社会中的人们几乎没有什么惬意的感觉。然而，对于远古时代的那些人们的状况，例如他们的幸福感如何以及他们的文化观念对于培养幸福感有何影响，我们现在已无从想象。我们所应该做的，是设身处地地分析他们的幸福或者是不幸，即将我们自身已经具有的抑或是我们所期盼的需求和情感安置于远古时代的状态中去，之后我们再深入探寻他们的快乐或痛苦的产生动因。由于这种方法并不涉及某些主观意向，所以它似乎给我们一种客观的印象。然而，这一看似客观的方法却是最具有主观色彩的，这是由于它把我们的精神意识强行赋予原始人类的思想中，虽然他们对此毫无觉察。毫无疑问，幸福感在本质上是主观性的产物。就一些令人惊悚的现象而言，如工业文明之前的苦役、三十年战争[1]时期的农民生活状态、宗教裁判所刑具下的异教徒以及断头台上的犹太人的凄惨哀鸣，无论我们对这些情形是何等的恐惧，但是我们根本无法设身处地地在那种境遇中，对脑神经由最初的迟钝状态逐渐发展到了愚昧无知的地步并最终导致内心的绝望这一过程进行推测，而且我们也无法对通过残酷的手段对他们由快乐转化为痛苦的变化过程进行任何的猜度。此外，处于极度痛感中的人们也具有某些特殊的精神

① 即1618年至1648年由神圣罗马帝国的内战演变而成的全欧洲参与的一次大规模的国际战争。——译注

防御方式。不过，我已经觉察到，在这一点上继续进行探讨已经没有什么价值。

文明范畴中的安全、美感、秩序和理性

还是让我们将思维的对象锁定在有关文明的探讨上，这是因为人们仍然在文明能否成为实现幸福的价值方式上存有疑问。然而，在我们经过深入探讨并获得一些观点之前，不应该仅以寥寥数语来描述文明的核心内涵。所以，我在此仍将对文明这一概念进行完整的陈述，即文明是指那些与远古时代人类共同祖先的生活方式和文化特征截然不同的内容，如对自然界和人类社会关系的改造。文明的目的则在于保护人类免遭自然的侵害以及调整人类社会中的各种关系。在以下关于文明的探讨中，我们会将人类社会的发展过程中所显现的文明特征加以总结，以便人们可以掌握更多的相关知识。同时，我们会毅然使用某些特定的语言方式作为这一研究的指导性手段，而唯有如此，方可毫无偏失地做出抽象的术语表达所无法展示的深入的理解。

先让我们看一些简明的情形。在我们看来，凡是有助于人类改造和控制自然界并使之为人类谋求利益与幸福、抵御暴虐性的自然摧残而获得安全的做法，都打上了显而易见的文明烙印。在这一点上，我们丝毫不可怀疑文明的特征。在人类发展的历史长河中，最先具有文明特征的行为是工具和火的使用以及简易房屋的搭建。其中，对于火的利用和控制是最具意义的，可以被称之为威震古今的巨大成就，这一成就对于人类此后的一系列伟大创举具有难以估量的动力价值。任何一种新工具的发明和使用，都极大地增加了人类自身器官的功能，或是弥补了这些器官的不足。不仅如此，正如人们可以自由地进行肌肉运动一样，一些特殊动力所支持的运动方式可以使人随心所欲地行动。人类因为轮船和飞机的发明而冲破了海洋和空间的阻隔；眼镜的发明弥补了人类视力的某些缺陷；人类可以凭借望远镜看到更为遥远的景色，而显微镜的发明则使人类观察到此前不可想象的微观世界。另有两种情形体现为人类记忆功能的物化形式，如唱片机可以录制人或者其他东西所发出的声音，照相机则为人类再现了过去的生活景象。人们通过电话可以清晰地听到别人在遥远的地方谈笑风生，而这一离奇的情形在过去的童话故事中也被作者看作是不可思议的。妇女的子宫是人类最早的安居之所，而房屋则是子宫的替代性产物。

在远古时期，生活在自然界的人类不过是与动物相仿的某种有机体，他们每一个人显得是那么怯弱无援，不得不为了生存而寻求安身之处。如今，人类的生活景象已是今非昔比，所有的伟大创举都归咎于科学发展的日新月异。这些巨大的进步似乎只有在童话世界中才可以领略到，并且也毫无例外地成为童话创作者所梦寐以求的景象。所有的这一切成就都可以被视为文明现象的表征。远古时代的人类就已经把某种理想寄托于全知全能的上帝，其中包括了人类自身难以企及的愿望与世俗中受到限制的各种行为观念。在此意义上，上帝的全知全能被视为文明成果的企盼，现在人类几乎可以实现这些在过去看来不可企及的理想，他们似乎把自己看作是上帝的化身。

需要指出的是，这一认识并不具有普遍的意义，其正确性仅仅局限于那种按照人类普遍观点而产生的理想状态之中。如果将其不加区分地应用于其他某个方面的话，就会出现实质性或是局部性的错误。如今，我们确实可以将人类视为经历过整修的上帝化身，如果他们具有那些辅助性的器官的话，确实会让人感到无比崇高，然而这只是天方夜谭，即便是存在这一辅助性的器官也有可能对他们形成纷扰。也许在未来的社会中，文明的进步将会使人类产生更为强烈的震撼感，与此同时，人类可能会更加放肆地以上帝的化身来彰显自己。然而，最让我们印象深刻的是，文明社会中的现代人并未从以上帝自居的感受中体验到快乐的情趣。

不容否认的是，假如在一些国度中，那些有助于人类利用和改造自然并可以防范外部世界残暴侵袭的事物都得到了人们的重视，而且这些事物的功效都得以彰显的话，那么这些国家的文明程度毫无疑问地位居上流。我们将会看到在这些国家中发生的一切，由于肆虐的河水在治理之后被引入干旱的地域，因而原本可能遭受洪水侵袭的土地免受其害；广袤的土地在人类的智慧与行为的力量下展示出欣欣向荣的丰收景象；深深埋藏于地下的矿物质在人类辛勤的开采之后重见天日并造福社会；各种各样的交通工具应运而生，使人感觉到快捷、便利、安全；在那些对人类生命形成严重威胁的野生动物濒临灭绝之时，禽畜饲养业日益兴旺并普遍地提供供人类享用的肉食。当然，不仅如此，我们所期盼的是在文明的成就中获取更为全面的福祉，同时也希望这一切在上述的国度中显现无遗。

另一方面，我们也对以下的景致颇为欣赏，即人们会将其关注的目光转向一些缺乏实用意义的事物，譬如城市中那些弥漫着新鲜空气的运动场内所展示的花团锦簇的情景，抑或是人们在家中的窗台上摆着花盆，这些景致也体现了文明应有的特质。于是，我们立刻意识到美感已经注入了文明的内涵中。文明社会的成员要具有基本的美感意识，要对自然中美的事物以及体现于工艺品中的美崇敬有加。不仅如此，就文明社会应有的风貌而言，干净整洁的环境与有条不紊的生活秩序也是其中的应有之义。当我们在有关描述中发现位于斯特拉特福[①]的莎士比亚父亲家的不远之处有一个十分醒目的大型垃圾堆时，就会觉得莎士比亚时代的英国乡下的文明水准比较低下。与此类似，我们也会对威那瓦尔德的街道上到处散落着废纸的情景感到极为愤慨，并斥之为与文明分庭抗礼的野蛮行径。在我们的观念中，所有肮脏污秽的景象都与文明的氛围背道而驰。此外，我们也期盼每一个人的身体随时洁净无瑕。

我们会因为太阳王身上散发出令人难以忍受的气味而感到惊讶，对于拿破仑曾经在爱色拉岛上使用小脸盆的情

① 英国英格兰中部城市，位于明伯翰东南45公里的埃文河畔，是英国文艺复兴时期伟大剧作家威廉·莎士比亚的出生地。——译注

境也困惑不已。具有同样意义的是，生活秩序也是人类必不可少的。尽管洁净对于自然界来说是无法实现的，但是生活秩序却是从自然界的规律中引申出来的。正是从无边无际的宇宙中那些错落有致的天体序列中，人类意识到世俗中生活秩序的必要性，并且从中发现了构建秩序的初始模式。毫无疑问，生活秩序对人类来说是一种强迫性的重复方式，当某些规律在人类的思维中形成并固着于心的时候，就会在日常的生活中遵循应有的秩序规则来选择行事的时间和地点，而且人们在履行这一方式的时候并不显得牵强附会，而是体现出习以为常的自觉性。毫无疑问，秩序给人们的生活带来了诸多便利，可以使人们的精力随时处于良好状态而且会赋予人们最大程度的时空感受。关于秩序在人类最初生活情境中的重要地位，我们理应翘首以待。然而使我们感到诧异的是，这一情形没有在我们的期盼中自然生成。体现在人们生活行为中的是规则意识的匮乏以及本性的虚伪，而这一切必须经过持久的磨炼才可以形成那种与浩瀚太空中天体运行模式相仿的有条不紊的秩序情结。

显而易见，生活中的美感、洁净与秩序在文明社会中扮演着重要的角色。虽然这些因素在人们心目中的地位与那些可以改造和控制自然的能力抑或是其他一些可以与此等量齐观的要素还相距甚远，但是我想人们还不至于将其置于最为渺小的境地。在关于美的探讨中，我们对于事物的实用性问题进行了分析，并且在文明中至关紧要的部分中将美这一因素剔除在外。关于生活秩序的重要意义是显而易见的，而洁净的要求则是卫生学的首要之义。即使是在科学的预防措施还未被人类发现的时候，洁净与卫生学的关系可能就为人们所知晓了。当然在这几种因素之外，还必然有其他的因素与我们的生活紧密相关。

不过，假如我们要对文明做出概述式的最佳说明，就必然将崇尚理性、尊重科学与艺术等高级的精神生活纳入文明的范畴之中，同时也要承认人类思维方式的主导性与创造性。毫无疑问，宗教观念在这些思维模式中处于最为关键的地位。关于这一点，我在《幻想的未来》一文中已有所述。另外，哲学的理念也对文明的发展功不可没。还有就是每一个民族以及民族共同体的成员对于无限美好的境界的期望，这也就是人类的至真至善的理想。就以上这些与文明紧密相关的因素而言，它们之间是密切联系的，而不是各自为政。这样，当我们对其进行探讨时就会出现更多的困难，而且这些困难还体现在探寻其心理动因等诸多方面。假如我们在广义上将相互交织的实用价值与快乐目的视为人类所有活动的原初动因，那么就必须同时承认对于文明的向往也是如出一辙，虽然这种原初动力只有在科学研究与艺术作品中才昭然若揭。不过，我们并不可因此对满足人类需求的其他行为产生质疑，尽管我们不否认这些行为仅仅是对为数极少的人而言的。同时，我们也不可在宗教观念、哲学理念或是其他的理想的导引下偏离正确的思维方式。虽然我们期望在这些因素中寻找人类精神生活的最高价值目标，或者是在另外的意义上将其视为精神失常的观念性呈现，但是不容否认的是，在这些因素介入的领域，特别是它们可以操纵一切的范围内，都向我们呈现出欣欣向荣的文明景象。

文明独特的演进史与个体常态下的生长过程之间具有某种一致性

我们将调控人类社会关系视为文明的一项重要职能，至于这一职能在文明所有构成要素中居于何种地位，暂时搁置一旁另当别论。就个体的社会关系而言，包括个体的性欲对象、邻人、家庭成员以及国家成员。对于这一问题的探讨，使我们大伤脑筋的是要在回避某种理想意识的前提下分析文明的一般性涵义。我们或许可以形成如下认识，即在社会关系形成和发展的初级阶段中，个体可以对这一关系进行主导性的调控。这也即表明，体魄强壮之人可以依靠自己的利益取向以及本能态势来左右人与人之间的关系。这种情形是相对而言的，假如这一强壮的个体面对更为厉害的人，那么对方也会以彼之道还施彼身。当多数人形成合力的时候，就会对某一个体形成压倒性的优势，而且唯有如此才可能形成人类的共同生活。与那种被斥责为蛮横式的个体力量不同，群体的合力具有公认的合理内涵。从本质上看，群体合力的作用在于限制了每一个体的肆意妄为，因为个体本身对那些规则知之甚少。因此，对于文明的发展进程而言，个体的力量被群体合力所取代是其中极为关键的环节。在此意义上，我们将正义看作是文明的根本要求，在森严的法律体制内决不允许以私废公、触犯法典的行为出现。在文明的演进过程中，法律条文不能片面地作为某一阶层、等级或是种族的代言人，因为某一群体会像残暴的个体之间那样与其他的群体展开不可调和的抗争。这样，当每一个体放弃了自己的某种本能欲望之后，法律的意识就根植于他们共同的精神领域，因此除了那些坚持不放弃自身权利的人之外，没有任何人还会保持自身的特权。

我行我素的生活方式不属于文明的范畴，那种放荡不羁的行为在文明社会形成之前暴露无遗。然而在那个时代，自由本身没有什么价值可言，因为每一个体无法保障自己的自由利益。这种自由的生活方式在文明的进程中遭受了遏制，每一个体都毫无例外地在正义的要求下行使自己的权利。文明社会中的人们会以自由为借口来对抗现实中的不公正行为，但这种方式的抗争可能与文明的发展向度相吻合，并且以此来推动文明的发展。或许对抗的根源也存在于远古人类的性情延续过程中，而此种性情由于没有接受文明的洗礼而成为与文明社会相抗衡的内在原因。如此一来，对自由权利的追求反而与抗拒文明的某一方面甚至是全部内容相一致。应该承认的是，人类个体势必会基于自身权利的考虑而与群体意志形成对抗状态。可以说，人类的抗争史在很大程度上表现为寻求某种协调个体与群体之间的利益纠纷的过程，而这种调节的最终目标，即是实现个体幸福生活的愿望。然而，此处所牵涉的问题与人类的前程有某种关联，表现在这一调节方式能否以文明的特性表现出来，或是对那种个体与群体之间的矛盾无计可施。

至此，我们对文明社会的总体情形有了明确的认识。就人类生活的文明特性而言，其形成的根据在于人类共同体的感觉所具有的导向作用。但是我们应谨慎行事，绝不可以形成某些以偏概全的认识，譬如将文明规定为完美无瑕的同义语，或者是将其视为人类必然会抵达至臻完善境界的一个过程。另一方面，也存在着这样的观念，它可以使我们的思维发生某种程度的转向。文明的演进可以被视为人类社会发展历程中的某种特殊形式，而且我们对这一进程中的某些方面也了如指掌。例如，就文明发展进程中存在的人类的本能变化而言，我们发现这一进程与个体生命的发展具有密切的关系。个体本能欲望的某些要素随着文明的演进而逐渐丧失，取而代之的是表现在个体身上的性格特征。其中，幼儿的肛门性欲是典型的表现方式。

我们发现，幼儿在成长中对作为排泄器官的肛门的排泄作用以及由此产生的排泄物质的最初兴趣开始发生转向，结果是逐渐形成稳固的洁净意识与某种秩序感。毫无疑问，这些意识感受对人类来说大有裨益，而且被人们倍加崇尚。但是，这种感受可能会被强化并居于支配性的地位，最终导致肛门性格[1]。对于这一变化的内在逻辑，我们无从知晓，但是这一变化本身是无可置疑的。

秩序与洁净是文明社会的重要构成因素，虽然它们赋予生命的意义与其作为幸福源泉的因素一样都并不显著。

① 指精神分析学中的一种性格结构，其基本内驱力是性冲动。——译注

我们由此可以联想到力比多的发展与文明演进之间的类似的情形。非肛门性欲冲动的那些本能由于受到某种引诱而改变了获得满足的条件，并且开始寻找其他的发泄出路。本能的这一过程在大多数情形下与我们熟知的升华是一致的，但在个别情况下也有例外。在文明的演进过程中，本能的升华作用非常明显。假如没有这一作用方式，那么科学理性以及思想意识等高级的心理活动就无法在文明的演进中发挥关键的作用。假如我们从表象的层次来看，会觉得本能的升华作用是由文明一手操纵的。然而，我们绝不可以忽视以下的问题，即本能欲望的衰减在何种程度上可以促进文明的演进，克制以及压抑的方式在何等程度上可以使强烈的本能欲望因缺乏条件而消退。这就是在文明社会的人际关系中跨度极大的文化性受挫情形。这一情形导致了所有文明必须反对的对文明本身的敌对情结。关于如何剥夺本能欲望的权利，不仅我们难以形成任何的认识观念，而且也不可能无所顾忌地行使这种权利。假如本能的消耗无法得到应有的补偿，那么势必会引起诸多严重的后果。

就文明独特的演进史与个体常态下的生长过程之间的某种一致性而言，假如我们需要认识这种并行不悖的过程的价值和意义，就必须面对另外的一些问题，即影响文明演进之深层原因的事物是什么、文明演进是如何形成的以及左右这一演进方向的决定性因素如何。

6. 爱欲的阻力

性欲的发泄在事实上成为人类个体一切幸福的经典模式

从文明演进的初始成就来看，体现为众多社会成员具有的共同体性质的生活状况。考虑到这一共同体中的作用因素，人们可以期盼文明的成果有助于他们能以更好的方式支配现实世界，而且可以使这一共同体的规模逐渐扩展，并使其生活方式日趋文明。假如文明的演进无益于人类共同体的愉悦与幸福，那么人们对它的功能就会漠然视之。

我们曾将爱欲看作文明演进的深层因素。因此，在分析文明的敌对情绪发生之前，有必要在此问题上多费唇舌，以此作为对前文中相关探讨的必要性补充。

在此之前，我们探讨了性欲之爱的强大功能，它可以使个体获得无与伦比的欲望满足。依此而言，性欲的发泄在事实上成为人类个体一切幸福的经典模式，因此他们可以利用这一寻求幸福的方式继续在爱欲之河中驶向欲望的终点，而且应当将性器官的欲望冲动视为生活的核心。然而，在以性欲满足为基本内容的生活中也会面临着威胁，如个体要进行性爱对象的择取，但是如果他的这一行为遭到性爱对象的抵制，或是该对象背叛或死亡，就必然使他陷入性饥渴的状态之中并经受严重的折磨。虽然许多人对这种以性欲追求为核心理念的生活方式倾心已久，甚至于深陷其中而欲罢不能，但考虑到可能产生的危险情形，历史上的每一位圣贤之人都向人们敲响警钟，告诫他们要拒绝这种谋求幸福的手段。

由于自身的某些原因，使得为数不多的一些人企图在爱欲与幸福的道路上一意孤行。然而，他们的爱欲情结在幸福来临之前已经动荡不安。在他们的行为过程中，那些被其视为关键性的因素已经发生了爱欲的转移，即由被动式的爱欲变为针对他人的主动式爱欲，这就使他们置身于爱欲对象的意向之外。如此，他们必须采取某种方式来避免爱欲对象的丧失。然而，他们所选择的行为是将爱欲不加区分地赋予一切人类对象，而不是单一性地针对某一个体。考虑到两性间的爱欲会引发动荡并造成内心的伤感和失落，于是他们毅然选择了放弃。与此同时，他们将原先面向性爱对象的本能欲望转化为某种承受压抑的情形，于是在其内心深处产生出一种与巫山云雨般的性欲之爱截然不同的那种具有均衡性与稳定性特征的爱，虽然这种爱仍然源于两性之爱。另一方面，被我们视为借以满足快感的方式总是与宗教观念密不可分，尽管这一关联可能存在于非常难以捉摸的情形中。在那种情况下，人们对自我与爱欲对象的区别抑或是该对象本身的某些特点已然熟视无睹。我们会在某个伦理观念的引导下形成更为深入的认识，即人类之爱的巅峰正是那种对全人类的最为广泛的博爱情结。虽然我们对这一问题还没有进行深入的研究，不过仍然有必要提出与此相左的两种认识：一是那种所谓不加区分的爱意的自身价值受到了削弱，这是因为它与爱欲对象之间存在某种不正义的行为所导致；二是认为并非任何人都可以成为爱的对象。

在文明社会中具有重要意义的还有家庭式的爱，这种爱一方面仍然表现出最初的性欲体验的方式，而且还以那种受目标控制、已经发生变化的爱的形式体现出来。与生产劳动的利益效果相比，此两种方式的任何一种都可以产生更为强烈的影响。爱情一词在语言中的使用与发生学有关联。就爱情的涵义来说，一般是指一位男子与一位女子的感情关系，这种关系是基于传宗接代的需要而在建构家庭的愿望中产生的。同时，父母与子女的关系以及兄弟姐妹之间的特殊的情感也被人们标榜为爱情，虽然在我们看来，类似于这样的情感只可以被称之为某种目标受到控制的爱情。不过人们缺乏这样的观念，即目标受到控制的爱在原初时候也具有肉欲的特征。在此之后，单纯性的肉欲之爱与目标受到控制的爱使得相互陌生的人们建立了新的关系，其中以肉欲之爱的生殖功能为基础建立了众多的家庭，而那种目标受到控制的爱则形成了友谊式的情感关系。从文化的视角来看，友谊式的情感关系具有重要的价值意义，比如肉欲之爱的排他性特征在友谊关系中并不存在。

爱欲与文明的关系呈现出相互倾轧的情形

需要指出的是，爱欲与文明的关系呈现出相互倾轧的情形，不仅是文明的要求对爱欲构成了威胁，而且爱欲也与文明相对抗，它们之间的鸿沟看起来是势所必然的，而且我们还不可能在短时间内明晰造成这一局面的原因。不过，就其情形来看，造成这种局面的原因首先表现为个体所在的规模较大的群体与该个体的家庭之间的分裂。虽然家庭难以舍弃其成员，但是正如我们所知，文明社会的目标之一就是使人们置身于某个庞大的群体中共同生活。我们很容易想象，如果一个家庭内的成员之间的关系极为密切，那么这些成员与家庭之外的人就会极为疏远，因此他们就非常难以融入庞大的群体之中。此外，人类漫长的发展历史已经表明，远古时代的，或者可以说是在当代的儿童群体中才能被观察到的那种共同的生活方式，不会发展为后期的那种反映文明特性的生活状态。每一个体在成年之后都要试图走出家庭，这一过程往往得到社会中的青春期仪式或者是入社等活动的鼎力相助。完成这一使命中的困难与个体的心理因素存在着莫大的关联，归根结底，这些困难是一切有机体在发展过程中都难以回避的。

另一方面，女性立即置身于与文明演进相抗衡的位置上，并展示了她们对文明的抵制与控制的作用力。事实上，文明正是根植于女性对爱欲的期待，她们是实现家庭利益与性行为的主要参与者。由于男性越来越成为促进文明社会发展的主要力量，因而他们不得不通过本能的升华来面对日益繁重的工作，而这一切是女性所无法涉足的。由于男性缺乏足够的心理能量，因此他必须对自身的力比多进行合理的配置才能够不辱使命，于是他不得不在很大程度上远离性欲对象以及性行为，并以此作为实现文明发展的代价。在创造文明的过程中，男子与同性的交往显得极为频繁，而且他们之间的依赖程度也在不断增强，这样就使男性与丈夫和父亲的角色渐行渐远。在这种情形下，女性察觉到正是文明的演进使其陷于失落的境地，因此在内心中积聚了对文明的强烈愤懑。

与文明的演进对整个文化领域所产生的与日俱增的席卷力度一样，它对性行为的束缚也呈现出愈演愈烈的态势。在远古的图腾时代就已经存在关于乱伦滥交的禁令，这或许是人类发展史上对性行为最为严酷的摧残。诸多的习俗禁忌与法律规范对男女两性也都造成了严重的束缚。当然，并非是所有的文明演进都可以导致性欲障碍，性放纵的规模与程度也取决于一定的社会经济结构等因素。我们已经认识到，文明的演进以社会的成效与利益为圭臬，所以人们用以为文明服务的心理能量必须从性欲中汲取。在一定意义上，就如同某一民族或阶级对另一民族或阶级实施压迫和剥削一样，文明对于性欲的盘剥也与此类似。实施镇压的一方由于惧怕反抗者的暴虐行为，所以拟定了极为严厉的防范预案。于是，西欧社会的文明程度在这一态势中获得了极大的提升。假如从心理层面进行考察，那么某个文化共同体完全可以在构建初期就对各种方式的儿童性活动严厉禁止。这样一来，假如人们的性欲在幼时就遭受抑制的话，那么在他们成年之后就不会产生过度的欲望激情。我认为，这样的共同体必须承认既定的事实，而且诸如此种耸人听闻的事情的确有稽可考。对那些性欲成熟的个体而言，他们必须择取异性作为自己的性欲对象，而且要严厉禁止自己的变态性行为，如利用性器官以外的身体部位寻求性欲快感。这些禁令旨在表明，所有的个体都必须毫无例外地遵循那种整齐划一的性行为方式，而对于那些先天形成或后期导致的性差异漠不关心。因此，性禁令使许多人丧失了性爱的权利，因而也在很大程度上导致了不公正。

对那些未遭受自身因素制约的正常人的性欲冲动而言，类似上述的性禁令可能不会对他们的性快感的彻底实现构成任何的影响。另外，尽管对异性性器官的倾慕已经合法化，但是由于婚姻法律以及一夫一妻制观念的存在，人们的性活动依然处于受束缚的状态之中。基于文明的观点，唯有男子与女子在一个决不可变更的契约方式下进行性交才是合法的。文明对于获取快感的正常方式的性交并不反对，它反对的是那些不能容忍的非正常的性行为。之所以如此，是因为性交依然是其他行为无法替代的繁衍方式。

就上文提及的禁令而言，人们当然知道那只不过是某种极为罕见的情形，也知道这些禁令根本不可能付诸实施，即便是在极为短暂的期间内也绝无可能。或许只有怯弱的庸人才会屈服于这种对他的性权利构成严重侵害的淫威教条之下，而强者只有在接受某种补偿的许诺时才会屈尊就范。另一方面，文明社会也不得不承认那些违反禁令的人可以自由地逃脱应有的惩戒。无论如何，文明社会中的个体的性欲冲动遭受了严重的遏制。我们或许会形成这样的认识：正如牙齿和毛发的功能会日渐衰退，性行为作为人体器官的功能也会产生退化。在一定意义上说，性行为作为某种快感的来源，对于人类发展的意义也日渐呈现出式微倾向。因此，那些不能使我们的欲望获得充分满足的因素，不仅包括文明的侵扰，而且还包括我们本身性能力的不断衰弱。

7. 共产主义理论对人的影响

> 马克思理论的威力在于一语道破了此前人们毫不在意的根本性的因果缘由，但决不可认为经济因素是决定人们行为的独一无二的动机

共产主义的拥趸们坚信已经开辟了一条将人类从罪恶的深渊中拯救出来的捷径。在这些人看来，一切人原本都是乐善好施的善者，只是因为私有制的产生将他们善良的本性毁灭了。个人依靠庞大私有财产的支配权力可以欺凌旁人，反过来那些受剥削者也会怀恨在心并竭力反抗。假如私有制从此绝迹的话，那么一切财产就归于公有并使得每个人各得其所，这样在人类中就不会存在互相对抗的情形。鉴于每一个人的需求都可以如愿以偿，所以他们都不会也不应该互相以对抗者的姿态出现，所有人都会心满意足地做好自己的事情。由于我对私有制的废除问题的利弊影响没

有进行过什么研究，因此不会卷入共产主义理论对现实经济制度的责难之中。然而，我可以确定无疑地断言，共产主义理论的心理学论证不过是脆弱不堪的无稽之谈。私有制的废除意味着备受人类青睐的攻击性行为的丧失。攻击性行为尽管不是最为强劲的手段，但它毫无疑问是众多的强势行为之一，而且此种行为并非是因财产的不均而引起。在财产极度匮乏的远古时期，攻击性行为对人类生活的影响是极为普遍的，它是作为人们之间各种各样的情感关系的基础而存在的。当然我们不排除例外的情形，如母亲与她的儿子的关系并非如此。即便是不存在某一个体对私有财产的控制权，但性关系范围内的特权是不可避免的。在众多方面显示出平等权的人们之间，这种特权深深根植于那种无比强劲的而又令他们万分烦恼的敌对情绪之中。假如人类的性行为可以彻底地放荡不羁，而且作为文明社会中繁衍单位的家庭组织分崩离析，那么我们对于因此而消除特权之后的文明演进的趋势与特征就无法做出准确的预测。不过，我们可以通过对另一问题的说明来弥补这一遗憾，那就是人类本性中的恒久持存的因素可以与之同行。

我们可以坚定地认为，要求人类放弃攻击性欲望的满足是勉为其难的做法。人类会因为缺少这种欲望的满足而不堪忍受。就某个规模较小的文化共同体而言，它为其成员赋予的那种本能欲望的优越感不会受到众人鄙夷目光的注视，虽然这种优越感是以对侵扰者的敌对情结的形式产生的。那些可以忍受攻击性行为的人只要尚存，就可以借助爱的力量把为数众多的人合为一处。在此之前，我曾经探讨过下述这一情形，即那些在诸多方面密切关联而又疆域毗邻的群体，如西班牙人与葡萄牙人，德国北部的人与德国南部的人，英格兰人与苏格兰人等等，他们之间总是缺乏和谐的氛围而且经常性地互相讥讽和嘲弄。对于这种情形，我将其命名为关于微小差异的自恋情结，尽管我们使用这一名称却并不能对这一情形进行恰如其分的说明。

现在看来，我们可以将其视为某种适宜的攻击性欲望的满足，而且这种满足在某种程度上来说不会产生消极性的影响。对于群体而言，其成员可以借助于这一满足增强彼此之间的内在凝聚力。比如，分布在世界各地的犹太人始终坚持不懈地为生活于其中的国度做出价值非凡的奉献。但是令人无比懊恼的是，中世纪时期发生的犹太人屠杀行为并没有使那时基督教徒的生活呈现出安宁与和平的景象。所以对他们而言，虽然宗教教义为国家所关注而且如水银泻地无孔不入，但是他们对于宗教的冲突并不知情。因此，我们可以理解下述的一些情形，如日耳曼人统治世界的幻想要将反对犹太主义融入其中，残酷地迫害资产阶级的行为，竟然出人意料地成为在俄国发展共产主义企图的心灵支柱等等。在此之后，布尔什维克在彻底铲除与之抗衡的资产阶级之后还会有何种举措，将成为人们特别关注的问题。

假如人类的性行为与攻击性行为在文明演进中遭受了严重的摧残以至于日渐衰落，那么我们对生活在文明社会中的那些人为什么缺乏幸福感就不足为奇了。在这一点上，或许远古时代的人的感受与我们不同，因为他们并不会刻意地抑制自己的本能冲动。但是从历史发展的均衡性来讲，他们并不可能一如既往地处于那种幸福状态中。就文明社会中的人而言，他们的安宁与祥和或许是来自于一定程度上的幸福感。而对于远古时代的人来说，只有那些家族中的领导者才可以行使无拘无束的本能权利，其他一些人则是在残酷的压迫之下生不如死。因此，我们发现在为数极少的一些拥有利益支配权的人与那些遭受欺凌的大多数人之间存在着天壤之别。不仅如此，缜密的调查研究已然表明了现时代的一些原始族群的生活状况，文明社会中的人并不会对这些人自身本能冲动所展示的自由程度感到任何的羡慕。这些原始族群中的人可能处于更为难以忍受的束缚之中，比起今天的文明人所感到的约束有过之而无不及。

在我们面对文明的侵扰而据理力争地斥责其未能完全地符合我们关于幸福的种种期盼和愿望，同时也无法使我们逃避一切可能的悲惨遭遇的时候，以及在我们以毫不留情的态度去探寻文明缺陷的深层原因的时候，我们并不认为自己是文明社会的具有敌视情结的对立者，而是确定无疑地将我们这种行为方式视为自身应有的权利。我们当然会期待着文明社会能够满足我们的愿望，同时我们也不愿意看到文明的现状受到千夫所指。然而，我们也许会察觉到文明的演进呈现出不可逆转的趋势，这使得它不会屈服于任何势力。在剔除本能的抑制之外，我们还密切关注着这样的情形，即某一社会群体的凝聚力主要来源于众多社会成员的自发性的联结作用，而在这一群体的形成与巩固过程中，领导者的作用并没有完全彰显。我们将这一情形视为群体性的心理匮乏，这无疑是极度危险的。

> 马克思主义期待人类在新的社会秩序中安分守己并自由发展，然而这只是一厢情愿的意图性

就社会经济理论以及经济制度的运作方式对人类产生的影响而言，马克思的观点已成为当今不容置疑的权威性理论。关于马克思的一些细致入微的认识是否正确抑或是在何种程度上为人们所认可，我并不能做出评断，即使是那些满腹经纶之人想必也不置可否。不过，就马克思理论中的若干命题而言，似乎让人难以捉摸，譬如社会形态的变迁是一种自然的历史进程，或者是社会中的阶级力量遵循唯物辩证法的逻辑依次更替等等。关于这一观点的确切涵义，我无法做出明确的说明，这似乎与那种所谓的唯物主义难以相仿，反而似乎与艰深晦涩的黑格尔哲学极为相似。这一点不足为奇，因为马克思的理论在某个时期与黑格尔哲学发生过联系并且受其影响。与许多人的见解一样，我也有自己一直无法舍弃的观点，即人类历史上部落群体间的纷争产生了社会中的各个阶级。由于这些部落群体之间存在着不可避免的原始性的差异，因此我们将其视为社会差异形成的重要原因。部落斗争中的胜败取决于这样一些因素，如攻击性与团结性的心理因素以及拥有先进武器装备的物质因素等。于是在这些部落群体的残酷斗争

中，形成了胜者为王败者为寇的局面。在这一历史过程中，似乎难以发现任何的自然规律。我们必须承认如下事实，人们改造和控制自然界的成就对于社会关系的构成产生了重要的影响，这是因为人类往往喜欢凭借着新增的力量欺凌弱势群体，进而导致无休止的战争。毫无疑问，火药以及由此发明的武器结束了贵族与武士制度的暴虐统治，而就俄国的专制制度而言，它在镇压被粉碎之前就已经名存实亡。

对于上述在历史中产生深远影响的重大问题，我所作的只是一些肤浅的认识，而且这些认识对许多人来说毫无新意。为此，我感到有些自惭形秽。不过，我仍然要指出，人类改造与控制自然界的成就必然会成为战争的根源，因此也会对人类社会中的经济秩序产生重要的作用。在此意义上，我们认识到马克思理论的威力在于一语道破了此前人们毫不在意的根本性的因果缘由，即敏锐地洞察到人类社会的经济因素对于文化、道德以及艺术等领域的深刻影响，而并不在于其关于历史流变的一些观点以及由此作出的对历史发展趋势的预测。然而，当我们发现在同一种经济发展状况中，不同的个人、种族以及国家的行为表现却千差万别的时候，就绝不可认为经济因素是决定人们行为的独一无二的动机。

在此之前的演讲中，我曾经极力突出超我的地位，这是考虑到超我所代表的是远古时代的高尚道德与理想追求，当然超我在某种情形下也抗拒着来自新式的经济因素的压制。人类的生活状况不仅与经济因素密切相关，同时文化因素也对其产生不容忽视的影响。文化因素似乎呈现为某种有机物发展的模态，它在一定程度上取代了本能应有的目的，从而使人们对先前还可以容忍的事物产生了敌视情结。在此过程中，科学理性逐渐成为文化要素的重要组成部分。此外，还有如下一些情形值得关注，即人类普通的本能冲动、种族的历史变迁以及文化因素的流变是如何在诸如那些社会组织结构、人类改造自然的各种专业性的行为、生存方式等影响下不断地产生变化的，抑或是所有的这些因素之间是如何相互抑制或相互为用的。假如有人可以对这些情形作出详尽的解释，那么我们就可以认为此人对马克思的理论作出了重大的修正，甚至是将马克思的理论改造成为真理性的科学观念。社会学的研究任务是分析人类在社会中所表现的行为方式，因此在某种意义上被称之为一种应用心理学。在我看来，事实上只存在着两类科学，即心理学与自然科学，前者又有纯粹心理学与应用心理学之分。

在人类历史进程中，经济因素的巨大影响作用已经为世人所密切关注，于是由此而生的是以革命的暴力推动历史阶段的变迁，而不是对历史的发展变化听之任之。现已经由俄国的布尔什维主义掌控并且付诸行动的马克思主义理论，本身就彰显着某种世界观的色彩，同时我们发现这一理论与其所敌视的那些东西也极为相仿。马克思主义的观念原本就是作为科学而存在的，并且对于这一理论观念的实践也根植于科学与技术。然而，实难幸免的是，该理论与先前的所有思想包括宗教的禁律一样，展示了残酷的本性。与中世纪时期宗教所奉行的压迫与暴虐惩罚完全相符的是，对于马克思理论的谴责与愤懑都是绝不可以的，针对这一理论的真理性的所有质疑都将面临残酷的压制。在马克思的著作中也当然存在着难以避免的矛盾性认识以及艰深晦涩的观念，在这一点上宗教徒顶礼膜拜的圣经或古兰经也望其项背，但是这些著作的巨大影响性已经在俄国形成高屋建瓴的态势，其至高无上的地位与那些宗教圣书毫无二致。

尽管马克思主义已经以冷若冰霜的姿态横扫了所有的唯心主义幻觉，但是它在这一过程中也深陷于幻觉而无从证实。马克思主义期待着自身可以注入每一代人们的思想中并对其实行意识观念的改造，从而使人类在新的社会秩序中安分守己并且自由地发展。然而，这种一厢情愿的意图无疑是非常困难的。在新的社会制度还没有实现稳定并且倍感外部压力的时候，人们会积极地维护布尔什维克的一切主张。但是在这种社会制度日益完善而且所有的内忧外患尽皆消弭之后，人们的态度将难以预料。正如宗教惯用的伎俩一样，布尔什维克也必然会对其众多的拥趸们做出叹为观止的承诺，即消除一切的痛苦与贫穷，并以未来的幸福取而代之。假使在我们想象中的这一幸福的天堂即将浮现的时候，也会对其他的宗教观念记忆犹新。宗教意识中的犹太人对死亡之后的一切虽然无从知晓，但在生前也期待着救世主的光临。与此相仿，欧洲中世纪的基督教徒也对天国的梦想笃信不疑。

对于以上的责难，布尔什维克主义的回应将是预料之中的。他们会认为，假如人类的天性无法驯服，就不得不采用一些效果极为明显的措施，譬如实行强制性的教育或者是利用思想意识的桎梏方式，甚至在极端的情形下采取强硬的手段进行残酷的镇压。如果不给人们那种幻觉的话，他们就不会接受现实的一切。或许布尔什维克者会向我们友好地询问更好的解决方案，但是我们实在没有任何的策略以供其使用。我可以保证，这一正在俄国进行的实验是我以及与我有同感的人不敢涉足的。然而，还有一些与我们不尽相同的人会对此深信不疑，义无反顾。因此，创建新型社会制度的艰辛探索正因为有这些矢志不渝的人的参与而在俄国持续进行着。在其他的一些国家高调宣扬唯有基督教才可以解救人类的时候，发生在俄国的革命似乎在向人们昭示着生活的美好前景。不过，对于俄国正在进行的实验，无论是我们自己的重重疑虑还是他们的宏大蓝图都使我们对其结果无从猜度。历史的未来可以向我们证明一切，包括让我们明白这种实验是多么的轻率。假如我们还未能发现可以增强我们改造和控制自然并且使我们的愿望得以实现的新的力量，那么社会的发展与完善必定是十分渺茫的。可能在未来的某个时候，会产生一种理想的社会制度，生活在这一社会中的人们不仅没有了物质匮乏的威胁，而且也将获得精神文化的满足。

最后，我将对精神分析与世界观的关系问题进行概要性的说明。依我之见，精神分析不可能也没有必要孕育出自身独有的世界观，因为精神分析作为科学的组成部分要辅佐科学世界观的构建。然而，就科学的世界观本身而言，盛名之下，其实难副，这归咎于此种世界观是不完整的，它未能包容一切、一览无余，并由此而形成庞大的价值体系。不仅如此，科学的局限性依然存在，它对于许多重大的疑难问题还无法做出精准的解释。科学的世界观所涉及的主要是现实领域中的相关探索，除此之外则彰显出某种消极色彩，如仅是以真理性作为权衡一切的标准，而对于错觉之类的东西漠然视之。

图书在版编目（CIP）数据

弗洛伊德人生哲学 /（奥）弗洛伊德（Freud, S.）著；周斌译. — 北京：九州出版社，2010.1（2017.4 重印）
（哲人咖啡厅）
ISBN 978-7-5108-0002-3

Ⅰ.①弗… Ⅱ.①弗… ②周… Ⅲ.①弗洛伊德，S.（1856～1939）—人生哲学 Ⅳ.①B84-065 ②B821

中国版本图书馆 CIP 数据核字（2009）第 213137 号

弗洛伊德人生哲学

作　　者	（奥）弗洛伊德（Freud, S.） 著　周 斌 译
出版发行	九州出版社
地　　址	北京市西城区阜外大街甲 35 号（100037）
发行电话	(010)68992190/3/5/6
网　　址	www.jiuzhoupress.com
电子信箱	jiuzhou@jiuzhoupress.com
印　　刷	三河市九洲财鑫印刷有限公司
开　　本	880 毫米 ×1230 毫米　32 开
印　　张	12.5
字　　数	240 千字
版　　次	2010 年 1 月第 1 版
印　　次	2017 年 4 月第 4 次印刷
书　　号	ISBN 978-7-5108-0002-3
定　　价	29.80 元